电力电子新技术系列图书

LED 照明驱动电源模块化设计技术

刘廷章　赵剑飞　汪　飞　叶　冰　编著

机械工业出版社

随着 LED 照明技术的迅速发展和 LED 灯具的规模化应用，对 LED 驱动电源的要求也越来越高。本书结合近年来该领域的技术进展，采用模块化设计思想，将千变万化的 LED 驱动电路纳入一个统一的整体架构，并较为全面系统地介绍了主电路、电磁兼容、功率因数校正、反馈控制、调光调色等模块的原理与设计方法，进一步介绍了基于模块组配的 LED 驱动电源整体集成设计，还介绍了电源去电解电容方案及整体效率优化设计方法，以引导读者通过搭积木的方式，迅速提高对 LED 驱动电源的分析解剖能力和设计优化水平。

本书注重系统性、先进性和实用性，可供从事 LED 照明设计、研发、应用的工程技术人员及电力电子、电源领域的技术人员阅读和参考，也可作为高等院校相关专业教师、研究生的参考书。

图书在版编目（CIP）数据

LED 照明驱动电源模块化设计技术/刘廷章等编著 . —北京：机械工业出版社，2018.7（2024.1 重印）

（电力电子新技术系列图书）

ISBN 978-7-111-60312-2

Ⅰ. ①L… Ⅱ. ①刘… Ⅲ. ①发光二极管-电源电路-电路设计 Ⅳ. ①TN383. 02

中国版本图书馆 CIP 数据核字（2018）第 141417 号

机械工业出版社（北京市百万庄大街22号 邮政编码100037）
策划编辑：罗 莉 责任编辑：罗 莉
责任校对：樊钟英 封面设计：马精明
责任印制：郜 敏
北京富资园科技发展有限公司印刷
2024 年 1 月第 1 版第 2 次印刷
169mm×239mm · 17 印张 · 347 千字
标准书号：ISBN 978-7-111-60312-2
定价：85.00 元

电话服务 网络服务
客服电话：010 - 88361066 机 工 官 网：www. cmpbook. com
010 - 88379833 机 工 官 博：weibo. com/cmp1952
010 - 68326294 金 书 网：www. golden-book. com
封底无防伪标均为盗版 机工教育服务网：www. cmpedu. com

电力电子新技术系列图书
序言

1974 年美国学者 W. Newell 提出了电力电子技术学科的定义，电力电子技术是由电气工程、电子科学与技术和控制理论三个学科交叉而形成的。电力电子技术是依靠电力半导体器件实现电能的高效率利用，以及对电机运动进行控制的一门学科。电力电子技术是现代社会的支撑科学技术，几乎应用于科技、生产、生活各个领域：电气化、汽车、飞机、自来水供水系统、电子技术、无线电与电视、农业机械化、计算机、电话、空调与制冷、高速公路、航天、互联网、成像技术、家电、保健科技、石化、激光与光纤、核能利用、新材料制造等。电力电子技术在推动科学技术和经济的发展中发挥着越来越重要的作用。进入 21 世纪，电力电子技术在节能减排方面发挥着重要的作用，它在新能源和智能电网、直流输电、电动汽车、高速铁路中发挥核心的作用。电力电子技术的应用从用电，已扩展至发电、输电、配电等领域。电力电子技术诞生近半个世纪以来，也给人们的生活带来了巨大的影响。

目前，电力电子技术仍以迅猛的速度发展着，电力半导体器件性能不断提高，并出现了碳化硅、氮化镓等宽禁带电力半导体器件，新的技术和应用不断涌现，其应用范围也在不断扩展。不论在全世界还是在我国，电力电子技术都已造就了一个很大的产业群。与之相应，从事电力电子技术领域的工程技术和科研人员的数量与日俱增。因此，组织出版有关电力电子新技术及其应用的系列图书，以供广大从事电力电子技术的工程师和高等学校教师和研究生在工程实践中使用和参考，促进电力电子技术及应用知识的普及。

在 20 世纪 80 年代，电力电子学会曾和机械工业出版社合作，出版过一套"电力电子技术丛书"，那套丛书对推动电力电子技术的发展起过积极的作用。最近，电力电子学会经过认真考虑，认为有必要以"电力电子新技术系列图书"的名义出版一系列著作。为此，成立了专门的编辑委员会，负责确定书目、组稿和审稿，向机械工业出版社推荐，仍由机械工业出版社出版。

本系列图书有如下特色：

本系列图书属专题论著性质，选题新颖，力求反映电力电子技术的新成就和新经验，以适应我国经济迅速发展的需要。

理论联系实际，以应用技术为主。

　　本系列图书组稿和评审过程严格，作者都是在电力电子技术第一线工作的专家，且有丰富的写作经验。内容力求深入浅出，条理清晰，语言通俗，文笔流畅，便于阅读学习。

　　本系列图书编委会中，既有一大批国内资深的电力电子专家，也有不少已崭露头角的青年学者，其组成人员在国内具有较强的代表性。

　　希望广大读者对本系列图书的编辑、出版和发行给予支持和帮助，并欢迎对其中的问题和错误给予批评指正。

电力电子新技术系列图书

编辑委员会

前　言

进入 21 世纪，能源紧张、环境污染已经成为全球面临的共同问题，节能减排、绿色环保成为国际共识。LED 照明具有节能高光效、长寿命、绿色环保等显著优点，被公认为最具有发展前景的高效照明技术，具有巨大的产业辐射力和带动力。为此，各国相继出台半导体照明产业促进计划，有力地推动了 LED 照明的技术突破、产业升级和市场拓展。我国从 2003 年开始持续推动国家半导体照明工程，并将其列入战略性新兴产业，同时开始逐步淘汰白炽灯，使 LED 照明产业呈现高速发展的态势，LED 照明已经成为当之无愧的主流照明形式。总体上讲，目前我国 LED 照明产业已经形成巨大市场并具备了内生发展动力，发展型态正在从"政府推动型"转为"市场拉动型"，发展重点将是充分结合 LED 的优点以及传统灯具不具备的独特优势，进行技术创新、产品研发及市场应用。

LED 驱动电源是 LED 照明灯具的重要组成部分，其功能必须满足 LED 光源需要的能量转换及灵活的调控要求，其性能不仅影响 LED 器件及灯具的光、色性能，而且极大地影响整灯的可靠性、使用寿命、效率及电磁兼容性能，因此，驱动电源已经成为高性能 LED 灯具设计的关键，近年来备受学术界关注。新技术、新方案的不断涌现，推动着 LED 驱动电源技术的发展。然而，LED 驱动电源的电路结构千变万化，控制模式多种多样，控制芯片层出不穷，产品研发工程师和技术研究者在设计时往往眼花缭乱、茫无头绪，迫切需要对其设计方法进行系统性的梳理。模块化方法可以通过整体结构的把握和模块知识的积累，提高对驱动电路的分析解剖能力，迅速掌握各电路的创新点，提升设计优化水平。为此，本书作者参阅了大量国内外相关文献资料，并总结了作者多年来在 LED 驱动电源技术研究中形成的模块化设计方法，撰写了本书，以期抛砖引玉，切磋于同道。

本书撰写过程中力图体现以下特点：

1）内容的系统性。全书较为全面地介绍了 LED 驱动电源的组成原理、实现形式及设计方法，覆盖了主电路、EMC、PFC、反馈控制、调光调色等关键技术，并以模块化设计思想构建了统一的 LED 驱动电源整体模块化架构，其中，第 1、2 章为整体概述，介绍 LED 照明及其驱动电源的系统架构；第 3~7 章为各模块介绍；第 8~10 章为整体集成，包括集成设计、去电解电容设计和效率优化设计。以期提供一种通过模块化设计整体集成，从而快速设计高性能电源的技术方法。

2）技术的先进性。近年来 LED 驱动电源技术有了很大发展，出现了许多无电解电容的新型拓扑电路，在控制策略、色温调节、效率优化等方面也有新的进展。本书吸收了这方面的一些新技术和新方法，特别是总结了作者的相关研究成果，方便读者在产品设计时拓展思路、推陈出新。

3）方法的实用性。LED 驱动电源设计是一项与生产实践紧密结合的应用技术，因此本书在介绍设计方法的基础上，以少而精为原则，选择了一些作者前期研发的实际案例，结合案例较为详细地展示了 LED 驱动电源的设计脉络，方便读者迅速掌握在工程应用中的设计要点，以期举一反三，触类旁通。

本书共 10 章，刘廷章教授撰写了第 1、2、6、7 章，与叶冰工程师共同撰写了第 8 章，赵剑飞博士撰写了第 3~5 章，汪飞副教授撰写了第 9、10 章，全书由刘廷章教授进行统稿。

以前在拜读本领域的一些学术经典时，每每叹服其思虑精详、脉络清晰、深入浅出、恰中关窍，展读之余，不胜仰慕风采。见贤而思齐，虽不能至，然心向往之。感谢电力电子新技术系列图书编辑委员会和机械工业出版社诸君，他们的出书理念与作者不谋而合，本书书稿虽然一再拖期，但他们没有刻期求效，而是屡屡以书稿质量见嘱，使作者能够静心推敲，不致面对读者时惶愧无地。

感谢作者历年的研究生栾新源、宋适、王世松、沈晶杰、郑祺、曹凌云、乔波、陈斌瑞、胡力元、刘晓石、闫斌、徐晟、刘建波等，他们在 LED 驱动电源方面的研发工作为本书提供了丰富的素材和案例；研究生植俊、卢航宇绘制了本书大部分的插图，邢琛、李林、蒋青松对一些公式进行了核查及推导，刘勇、钟元旭对一些波形图进行了仿真和实验验证，在此一并表示感谢。

由于作者水平所限，书中难免有舛误与不妥之处，恳请广大同行、读者批评指正。

作　者
2018 年 2 月 1 日于上海大学

目　　录

第1章

LED照明与驱动技术概述

1.1 LED照明发展概况

1.1.1 LED照明发展简史

照明是人类生活和工作的基本条件，照明技术的发展与人类发展的历史共始终。火的发现和利用，使人类摆脱了自然光源的束缚和限制，产生了人造光源，实现了照明技术的第一次革命。此后，人类不断探索更加稳定的照明技术，随着18世纪电的发现和利用（1809年，英国化学家戴维首次由电产生了光；1879年，爱迪生发明了白炽灯，这是人类历史上第一个人造电光源），从此人类从火的照明时代进入电的照明时代，实现了照明技术的第二次革命。由于白炽灯电-光转化效率较低，其后人们不断寻找更加高效的照明技术，20世纪30年代，气体放电产生可见光的技术出现（1938年，美国GE公司的科学家伊曼发明了荧光灯，之后出现了其他各种气体放电灯，如钠灯、汞灯、金卤灯等），实现了照明技术的第三次革命。上述两类电光源是靠通电情况下的白炽化或气体放电来工作的，工作过程涉及高温或斯托克斯位移，因此较大的能量损失是这两种工作原理的固有特性。20世纪末出现的LED照明（也称为半导体照明或固态照明），提供了产生光的另一种方法，它在通电情况下通过注入载流子使过剩电子和空穴复合释放光子，能量损失很小，因此，以其长寿命、高效节能、可调可控等优点，得到广泛应用，引发了照明技术的第四次革命。

LED（Light-Emitting Diode，发光二极管）在照明领域的发展可谓异军突起。最初发明LED并不是以照明为目标的，1907年，Round首次发现碳化硅（SiC）电致可发出微弱黄光，1962年，Holonyak基于磷砷化镓半导体材料发明第一个可见光LED——红光LED，此时商用化的红光LED光效大约为0.1lm/W，比一般的60~100W白炽灯（15lm/W）低100多倍。随后利用氮掺杂工艺的发展，磷砷化镓器件的效率达到了1lm/W。20世纪70年代，黄光LED、绿光LED相继出现。

20 世纪 80 年代，砷化镓、磷化铝的使用催生了第一代高亮度 LED，红光 LED 的光效达到了 10lm/W。其后，LED 的亮度一直得不到很大提高，而且其发光颜色也比较单调，所以直到 20 世纪末，LED 主要实现显示、指示功能，广泛用于各种信号、数字、文字显示等领域，但 LED 仍然不够进入照明领域的门槛，原因有三：一是 LED 还无法发出白光；二是光效低于白炽灯；三是单颗 LED 的功率小，在十几 ~ 几十 mW 之间，即使光效高也无法输出大的光通量。

蓝光 LED 的发明是 LED 进入照明领域的里程碑。1996 年，日本 Nichia 公司科学家中村修二在 GaN 基片上研制出了第一只蓝光二极管，自此三基色（红色、绿色和蓝色）LED 均研制成功，使得 LED 产生白光成为可能，引发了 LED 照明的研究与应用热潮，其为此荣获了 2014 年诺贝尔物理学奖。白光 LED 主要通过两种方法实现：①利用荧光粉对 LED 单色光波长进行变换，如 YAG 荧光粉将蓝光 LED 的部分蓝光转换成黄光，黄光与未转换的蓝光合成白光；三色荧光粉将紫外光泵浦后会发出三基色光，从而也可合成白光。通过蓝光激发 YAG 荧光粉产生白光的 LED 于 2000 年研制成功，此后由于这种方法构造简单、成本低廉、技术成熟度高，所以成为制备白光 LED 的主要方法。②把不同基色的 LED 所发出的单色光合成，进而实现白光，如用三原色 LED 芯片或者色光互补的黄、蓝 LED 芯片合成。这种方法必须精确控制各 LED 芯片的电流大小才能发出白光，电路复杂，成本较高。

LED 照明的白光问题解决后，其单管功率和光效也迅速提升。最初的 LED 单管功率一般均在几十 mW，1999 年单管输入功率达 1W 的 LED 就商品化，2002 年就有 5W LED 出现，这段时间的 LED 光效大约为 20lm/W。其后，美国 Cree 公司的 LED 芯片光效不断提升，成为行业的标杆，其白光 LED 光效在 2003 年达到 65lm/W，2005 年达到 70lm/W，2007 年达到 129lm/W（实验室光效），2008 年达到 161lm/W，2009 年达到 186lm/W，2010 年达到 208lm/W，2011 年达到 231lm/W，2012 年达到 254lm/W，2013 年达到 276lm/W，2014 年达到 303lm/W，其后基本稳定在这个水平。

在 LED 芯片突破光色、光效和功率的门槛之后，配套的驱动技术、配光技术、散热技术及灯具集成技术随之跟进，各种 LED 灯具在照明领域开始得到推广应用，LED 照明的独特优点逐渐体现，在全球节能减排浪潮的推动下，LED 照明的新时代已经到来。

1.1.2　LED 照明的特点与应用领域

1. LED 照明的特点

与白炽灯、荧光灯等传统照明技术相比，LED 照明技术可以将电能直接转化为光能，明显提高了能量转化效率，其应用于照明领域具有以下优点：

1）节能高光效。白炽灯和卤钨灯的发光效率为 12 ~ 24lm/W，荧光灯和 HID（氙气）灯的光效为 50 ~ 120lm/W，LED 经过不断的发展其发光效率一直在不断提高，目前 LED 芯片实验室光效已经达到 303lm/W（Cree 公司，2014 年），LED 灯具光效达到 134lm/W（Cree 公司，暖白色，2016 年），已经超过白炽灯和荧光灯。在光输出相同的情况下，LED 灯具的能耗较白炽灯可减少 80%。

2）使用寿命长。白炽灯的使用寿命为 1000 ~ 2000h，荧光灯、节能灯的寿命为 5000 ~ 10000h，LED 芯片的寿命一般可达 80000 ~ 100000h。从技术上讲，LED 整灯的使用寿命达到 30000h 已经不成问题，但实际上往往考虑成本因素选用质量较差的驱动电源及散热模块，从而导致 LED 整灯的使用寿命大幅下降。

3）响应时间快。白炽灯响应时间为 ms 级，LED 的响应时间一般只有几 ns ~ 几十 ns。

4）色彩丰富。白炽灯和荧光灯基本上为冷白色和暖白色，如要产生彩色光，需要在灯具表面刷涂料或遮盖有色片，或者在灯具中充惰性气体，因此色彩的丰富性受到了限制。LED 目前已有多种单色芯片，包括红、绿、蓝三原色芯片，因此理论上可以组合出任意颜色。

5）控制灵活。白炽灯和荧光灯等传统灯具一般适宜于开关控制，LED 灯具不仅可以开关控制，而且可以方便地实现连续调光，对于多种基色混光的 LED 灯具还可实现连续调节色温或颜色；LED 的开关次数与寿命无关，因此也可实现丰富多彩的动态变化效果，成为景观照明、情景照明的理想选择。

6）绿色环保。一般荧光灯含有汞，废弃后如处理不当会污染环境。LED 不含汞、铅等危害健康的物质，废弃物易回收再利用、不污染环境。

7）电气安全性好。传统的光源大多在高压下工作，使用升压逆变环节又降低了能源利用率，而 LED 采用低压直流供电，电气安全性好。

8）属于冷光源。LED 不是由于被加热到高温状态才发光，属于由于电子能级跃迁而释放光能的冷光源，而且 LED 光谱比较集中，因此不会像白炽灯、荧光灯那样辐射大量的红外线和紫外线（除专用的红外 LED 灯、紫外 LED 外），热辐射少，在对于热辐射、紫外辐射敏感的照明场合特别适用。

9）小型化。常见的大功率（1W）白光 LED 器件尺寸在 1mm × 1mm 左右，单颗灯珠尺寸也在 3 ~ 5mm 见方，容易制成各种形状，体积小、重量轻、易集成、易隐蔽，容易实现景观照明中"见光不见灯"的梦想。

10）全固态器件。LED 芯片为半导体器件，完全封装在环氧树脂内，属于全固态发光体，抗振动、耐冲击、不易破碎，坚固耐用。

2. LED 照明的主要应用领域

LED 光源具有其他照明方式不可替代的优点，因此它在照明及相关拓展领域具有广阔的应用市场与前景，下面主要从成熟市场、成长市场和新兴市场三个方面进行介绍。

（1）成熟市场

1）景观照明：LED 功耗低、控制灵活、色彩丰富，因此在用电量巨大的景观照明市场中具有很强的竞争力，景观及装饰照明是 LED 率先进入的照明领域之一，在奥运会和世博会等重大 LED 示范工程的带动下，LED 景观及装饰照明逐渐从一线城市推广到中小型城市，实现了规模化应用，2013 年市场规模达 528 亿元。

2）汽车车灯：LED 低功耗、长寿命和响应速度快的特点在汽车车灯领域具有优势，目前 LED 已应用到汽车内部和外部照明，在汽车内部主要应用在仪表盘、背光照明、汽车阅读灯、显示系统等，在外部主要应用在制动灯、尾灯、转向灯、倒车灯、雾灯等（前照灯也已开始应用），2014 年 LED 汽车灯市场规模约 134 亿元。

3）显示屏显示器件：我国 LED 显示屏起步较早，市场上出现了一批具有较强实力的生产厂商，已经形成了一个配套齐全的成熟行业，2014 年 LED 显示屏市场规模约 302 亿元，国内 LED 显示屏市场的国产率接近 100%。

4）LED 背光源：随着 LED 背光技术的逐渐成熟，LED 背光源已经成为液晶产品的主流形式，目前，LED 在以手机、平板电脑、笔记本电脑等为主的中小尺寸背光源市场和以液晶电视为主的大尺寸背光源市场渗透率均已达 100%，使用比例不断扩大，2014 年 LED 背光源市场规模已达到约 468 亿元。

5）交通信号灯：目前，高亮度 LED 城市交通信号灯也已广泛应用，我国交通信号及指示灯市场规模达到数十亿元。另外，LED 在铁路信号系统中也有广阔的应用前景。

6）太阳能 LED 照明：太阳能光伏板与 LED 灯具均为低压直流，新能源与绿色光源可以完美匹配，主要形式为太阳能 LED 路灯、草坪灯、庭院灯等，市场规模达到数十亿元。

（2）成长市场

1）室内普通白光照明：目前 LED 已经进入室内普通白光照明领域，特别是在环境要求不间断照明的室内公共照明场所，如加油站、地下停车场、医院、星级酒店、商务会馆、商品展示柜台、高档商用写字楼等商用场所。随着技术的成熟和成本的下降，LED 将逐步进入家庭、办公室等通用照明领域，这将成为未来推动 LED 照明新一轮爆发式增长的主要驱动力，普通白光 LED 照明有非常大的潜在市场需求。

2）道路照明：LED 路灯的优点是省电、方向性强，环保、安全、长寿命，易维护，耐开关，易控制。用 LED 路灯替代传统路灯，一盏灯每年可节电约 1000kW·h，目前珠三角多个城市已经开始换装 LED 路灯。我国用于城市道路照明的路灯存量约为 2850 万只，年增量 150～200 万只，市场潜力巨大。此外，全国隧道总长近 5000km，隧道灯市场潜力也很大。

3）智能照明：智能照明不仅能满足工作、学习、生活的基本照度要求和照明品质，还可以根据用户意愿来自行营造光环境，照明系统也可根据环境变化进行自适应调控，并可通过互联网＋实现更广的功能拓展，以更大程度地发挥 LED 照明的高效节能、灵活可控的优势。全球性的市场研究咨询公司 MarketsandMarkets 2016 年发布的市场研究报告《智能照明市场——全球预测至 2022》指出：到 2022 年，智能照明市场产值将达 194.7 亿美元，2016～2022 年的复合年均增长率将达 27.1%。

（3）新兴市场

1）生物照明：利用 LED 植物灯，根据植物生长需求组合出特定波长的光，不仅能提升植物产量，还能控制对植物生长无效的波长，已经应用于农业温室中的植物栽培；此外，通过选定波长 LED 对藻类的照明，可以促进藻类的光生物反应，可用于废水处理、氧气再生等；通过特定波长 LED 照明，还可用于农业中的诱虫杀虫和渔业中的诱鱼捕鱼；利用紫外 LED 照明，可对水、空气、厨卫用具及医疗器械等进行杀菌消毒。

2）医疗照明：基于特殊波长光线对引起人体某些疾病的组织、细胞、病毒等的影响机理，LED 照明可以用于疾病的光动力理疗、病毒灭活、美容保健等。

3）光固化：光固化是指高分子单体、低聚体或聚合体基质在光诱导下的固化过程，主要的固化产品包括油漆涂料、油墨和黏合剂，应用领域很广，如工业印刷、木材和家具油漆、电子器件涂层、汽车部件涂层、3D 打印等，紫外 LED 在很多场合可以取代传统汞灯，实现高效紫外光固化。利用特定波长的可见光也可对某些材料进行光固化，如用小巧的 LED 灯对牙科复合材料进行光固化。

4）特殊场合照明：LED 在航空航天照明、博物馆照明、狭小区域照明等方面有独特优势，很多细分市场有待开拓。例如，LED 光源发热量低，安全防火要求容易满足，光谱中不含损坏文物的红外线和紫外线，非常适合博物馆文物展示。

5）可见光通信：它基于可见光实现无线通信，即利用 LED 发出的肉眼看不到的高频信号来传输信息，可以直接利用 LED 照明光源，频谱不需要申请，无电磁辐射，保密性好，具有广阔的市场前景。

1.1.3　LED 照明快速发展的外在推动力

1. 节能减排的战略需求

进入 21 世纪，能源紧张、环境污染、气候变暖，已经成为全球面临的共同问题，节能减排、绿色环保成为国际共识。电能是能源的主要形式之一，其中照明是主要的耗电大户，占发电总量的比例在发达国家是 20%，我国是 12%。随着经济发展，照明用电需求还将增加，绿色节能照明的研究应用越来越受到重视。由于 LED 照明在绿色节能照明领域的突出优势，美、欧、日、韩等国和地区都先后出台了相关的 LED 照明推进计划，通过国家战略进行技术攻关和产业布局，以在国际竞争中抢占先机。1998 年，日本携其率先发明蓝光 LED 的优势，首先开展"21世纪照明计划"，计划在 2006 年完成用 LED 替代 50% 的传统照明；欧盟 2000 年启动了"彩虹计划"，通过欧盟补助金来推广白光 LED 的应用；美国 2000 年制订了"下一代照明计划"，计划到 2010 年使 55% 的白炽灯和荧光灯被半导体灯取代，到

2025 年半导体照明光源的使用将使照明用电减少一半，并形成一个年产值超过 500 亿美元的半导体照明产业市场。韩国 2004 年启动了"GaN 半导体开发计划"。

发达国家不仅对 LED 照明"雪中送炭"，还进一步对落后的照明光源进行"釜底抽薪"，为 LED 照明的发展扫清障碍。2007 年开始，各先进国家纷纷出台淘汰白炽灯的计划和时间表，如澳大利亚、加拿大 2010 年开始逐步禁止使用白炽灯，2012 年全面禁止使用白炽灯；欧盟对照明灯具划定最低效率限制，并从 2009 年起禁止销售 100W 白炽灯，2012 年全面禁止使用白炽灯；美国从 2012 年起淘汰 100W 白炽灯，2014 年全面禁售所有的白炽灯；日本从 2012 年起停止制造并销售高耗能白炽灯；韩国于 2013 年前禁止使用白炽灯。

我国也十分重视 LED 照明产业的发展，于 2003 年启动了"国家半导体照明工程"，通过科技专项、"十城万盏"LED 应用示范城市等形式推动 LED 照明技术的研究应用，并通过建立半导体照明工程产业化基地，整体推进 LED 照明的工程应用。2010 年国务院确定重点培育的七大战略性新兴产业，其中节能环保产业主要包含六大类，半导体照明为六类之一。此外，我国也于 2011 年出台淘汰白炽灯计划，分别于 2012 年 10 月 1 日、2014 年 10 月 1 日、2016 年 10 月 1 日起禁止进口和在国内销售 100W 以上、60W 以上、15W 以上普通照明用白炽灯。

我国的照明节能潜力巨大。根据中国工程院建立的国家照明系统预测模型，设定我国未来 LED 照明发展的不同情景，得到 LED 适度发展情景、LED 快速发展情景相对于参考情景的节能效果预测结果：我国 2030 年的照明节电潜力分别为 937 亿 kW·h、988 亿 kW·h；2050 年节电潜力分别为 1172 亿 kW·h、1658 亿 kW·h。考虑到 LED 高速发展的理想情景下，我国在 2020 年、2030 年、2050 年照明用电的节电潜力分别是 1817 亿~2287 亿 kW·h、1937 亿~2611 亿 kW·h 和 2070 亿~2668 亿 kW·h，如能全部挖掘这部分潜力，那么未来 40 年我国照明用电绝对总量可维持不变，基本保持在 2010 年的消费水平（约 3000 亿 kW·h），甚至还可能低于 2005 年我国照明用电量总量（约 2870 亿 kW·h）[1]。

2. 产业和市场需求

LED 照明的发展是我国照明产业转型升级的迫切需求。我国的照明产业规模巨大，是世界第一大照明电器生产国和出口国，占全球市场份额的 18%，是国内许多地区的支柱产业。然而，照明电器的主要产品为白炽灯、荧光灯和 HID 灯，随着国内外白炽灯淘汰计划的逐步实施及逐步提高灯具能效门槛，传统灯具（特别是白炽灯）的生产、销售、出口量都受到巨大压力，因此很多传统照明电器企业纷纷向 LED 灯具转型，各级地方政府也对 LED 技术极为重视，将其视为照明产业结构调整的良好契机，出台了相应的 LED 产业扶持促进政策，并取得了良好效果。据中国照明电器协会统计，2014 年我国照明行业整体销售额达到 5200 亿元，较 2013 年增长 10.6%，出口额为 415.5 亿美元，同比增长 15.5%；生产方面，白炽灯产品总产量为 32.9 亿只，同比下降 8.1%，荧光灯 60.9 亿只，同比下降

12.4%，高强气体放电灯（HID灯）的总产量为1.51亿只，同比下降10.6%；出口方面，普通照明用白炽灯出口约28亿只，同比下降5.71%，紧凑型荧光灯同比下降7.38%，金属卤化物灯同比大降28.44%，而LED照明产品出口金额同比增长50%。LED已经体现出了对照明产业的支撑作用。

　　LED照明在我国有巨大的市场需求。随着我国城市化进程的发展、经济的繁荣、社会的进步和人们生活质量的提高，城市夜景照明发展迅速，为LED照明新技术的应用提供了巨大的市场空间。同时，国家通过一系列的重大工程对LED照明进行了示范应用，2008年北京奥运会通过"奥运五环""梦幻鸟巢""多彩水立方"等，展现了LED的独特魅力和巨大潜力；2010年上海世博会为全世界提供了一个LED照明的展示舞台，各场馆大量采用LED照明技术，照明形式涵盖室外景观照明、道路照明、广场照明、室内白光照明等多种形式，显示了LED作为照明主流形式的可能性。这些示范工程的成功应用，增强了社会各界对LED照明技术的认识和接受程度，极大地激发了LED产业界和市场的热情。我国LED照明产业近10年呈现高速发展态势，如图1-1所示，2006年我国LED照明产业整体规模为356亿元，到2016年已达到5216亿元，LED照明产品国内销售数量占照明产品国内总销售数量的比例达到42%。

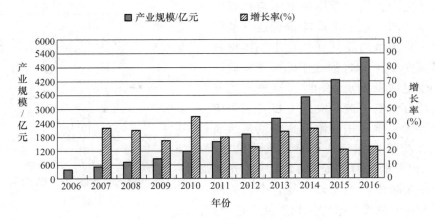

图1-1　2006～2016年我国LED照明产业规模及增长率

（数据来源：国家半导体照明工程研发及产业联盟（CSA））

1.2　LED的发光原理与基本特性

1.2.1　LED的发光原理

　　LED芯片通常用Ⅲ～Ⅴ族化合物半导体（如GaAs、GaP或GaN等）材料作衬底，其核心是PN结。高纯半导体的电阻率很高，如果在其中故意进行掺杂，就能改变其导电性。例如，在Ⅳ族元素硅（Si）中掺杂Ⅴ族元素砷（As），就形成导带中具有电子的N型材料（N区），在硅中掺入Ⅲ族元素镓（Ga），就能形成价带中有空穴的P型材料（P区）；若在硅晶体中一半掺杂砷，另一半掺杂镓，则在两半之间的边界上形成一个PN结。

LED的发光原理如图1-2所示。跨过PN结，电子从N区扩散到P区，而空穴则从P区扩散到N区，如图1-2a所示。作为这一相互扩散的结果，在PN结处形成一个高度为$e\Delta U$的势垒，阻止电子和空穴进一步扩散，达到平衡状态，如图1-2b所示。当PN结加正向电压时，即P区接电源正极，N区接负极，外加电场将削弱内建电场，使空间电荷区变窄，结区势垒降低，载流子的扩散运动加强，电子由N区扩散到P区是载流子扩散运动的主体。进入对方区域的少数载流子的一部分会与多数载流子复合，当导带中的电子与价带中的空穴复合时，电子由高能级跃迁到低能级，电子将多余的能量（接近半导体材料的禁带宽度E_g）以发射光子的形式释放出来，产生电致发光现象。除了这种发光复合外，还有些电子被非发光中心（这个中心介于导带、价带中间附近，也就是杂质能级或者缺陷）捕获，不能形成可见光，如图1-2c所示。为了提高LED的发光效率，应尽量减少产生无辐射复合中心的晶格缺陷和杂质浓度，减少无辐射复合过程。

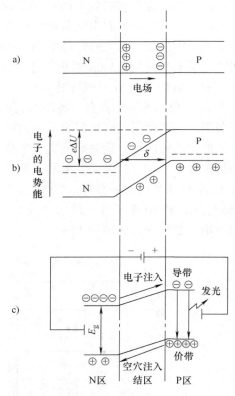

图1-2　LED的工作原理

a）电子和空穴扩散　b）形成势垒

c）复合发光

LED所发光的峰值波长不同导致所发光的颜色不同，比如若要产生可见光，波长应在380～780nm之间，理论和实践证明，其峰值发光波长λ_0取决于选用半导体材料的禁带宽度E_g，二者关系式为

$$\lambda_0 \approx 1240/E_g \qquad (1\text{-}1)$$

式中，λ_0的单位为nm；E_g的单位为eV（电子伏特）。

不同的LED制造材料，可以产生具有不同能量的光子，即产生不同波长的光子。LED光源使用的第一种材料是砷化镓（GaAs），其发出的光线为红外线；另一种常用的材料为磷化镓（GaP），其发出的光线为绿光。通常，把用GaAs（改进制作工艺后可发红光）、GaP（发绿光）、GaN（发蓝光）这些用两种元素生产的LED

称为二元素 LED；把 Ga、As、P 三种元素生产的 LED 称为三元素 LED；目前最新的工艺是用混合铝（Al）、镓（Ga）、铟（In）、氮（N）四种元素生产的 LED，称为四元素 LED。四元素 LED 的颜色可以涵盖所有可见光及部分紫外线的光谱范围。

1.2.2　LED 的结构

LED 主要由 LED 芯片、电极和光学系统组成。LED 的制作流程是将一块电致发光的半导体材料置于一个有引线的架子上，然后四周用树脂密封。典型的大功率 LED 结构示意图如图 1-3 所示。

LED 芯片是 LED 的核心部件，芯片形状一般为正方形或者长方形，边长一般为 $200 \sim 500 \mu m$，厚度一般为 $70 \sim 120 \mu m$。

封装树脂是影响 LED 性能和寿命的重要材料之一，现常用的封装树脂主要有环氧树脂和硅树脂两种。封装树脂不仅起保护内部芯片的作用，其高透射率、高折射率、高耐光性决定了 LED 的光学性能。

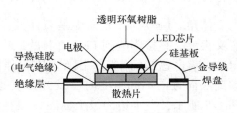

图 1-3　大功率 LED 结构示意图

大功率 LED 发热较多，因此其结构必须满足散热的要求。图 1-3 所示的硅基板、导热硅胶、绝缘层等都具有较好的导热性能，散热片通常使用的是铝基板，可以向外界散发大量的热量。此外，金导线的导热性能也相当好，也可将部分热量传导到周围线路中散发掉。

针对不同应用场合对 LED 外形、散热、光学特性等方面的要求，生产商提供了不同封装类型的 LED 以供选择。常见的大功率 LED 封装产品如图 1-4 所示。

图 1-4　常见的大功率 LED 封装产品

1.2.3　LED 的光特性

1. LED 的主要光学参数

（1）光通量

人眼对各种波长的光的视觉灵敏度不同，因此不能直接使用光源辐射能量来衡量光能的大小，而必须用人眼对光的相对感觉量即光通量（Φ）来衡量。光通量是指在单位时间内，波长在 380～780nm 之间的可见光范围内光源向整个空间所辐射出的总能量，单位为流明（lm）。光源的光通量越大，则人眼感觉越明亮。

（2）发光效率

发光效率是指电光源所发出的光通量与它的总输入电功率之比，单位为流明/瓦（lm/W）。发光效率通常简称光效，表征了光源的节能特性，是衡量现代光源性能的重要指标之一。

（3）发光强度

发光强度（I）是指点光源在给定方向单位球面角度内发射的光通量，单位为坎德拉（cd），公式表示为 $I = \dfrac{\mathrm{d}\Phi}{\mathrm{d}\Omega}$，其中，$\mathrm{d}\Omega$ 为点光源对给定方向面积元 $\mathrm{d}A$ 所张的立体角。LED 的发光强度是表征其在某个方向上的发光强弱，这个参数的实际意义很大，直接影响到 LED 灯具的最小观察角度。很多 LED 采用圆柱形、圆球形封装，有凸透镜的作用，因此具有很强指向性：位于法向方向的发光强度最大，当偏离法向方向不同角度时，发光强度也随之变化。典型 LED 的发光强度分布如图 1-5 所示，左半边为极坐标图（极径为相对发光强度，极角为偏离法向角度），右半边为平面坐标图（横轴为偏离法向角度，纵轴为相对发光强度）。

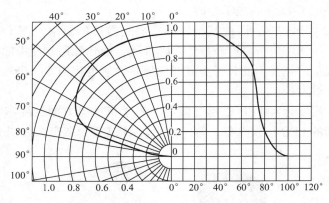

图 1-5　典型 LED 的发光强度分布

（4）照度

照度（E）是指受照表面单位面积上的光通量，单位为勒克斯（lx），即流明/平方米（lm/m^2），照度是衡量物体表面被光源照亮的程度。公式表示为 $E = \dfrac{\mathrm{d}\Phi}{\mathrm{d}\sigma}$，$\Phi$ 为受照表面接收到的光源光通量，σ 为受照物体表面面积。对点光源而言，$\mathrm{d}\Phi = I\mathrm{d}\Omega$，因此，受照面上某点的照度（$E$）和该点至点光源距离（$d$）的二次方成反比，和光强（$I$）及入射角（$\theta$）的余弦均成正比，即[2]

$$E = \frac{\mathrm{d}\Phi}{\mathrm{d}\sigma} = I\frac{\mathrm{d}\Omega}{\mathrm{d}\sigma} = \frac{I}{d^2}\cos\theta \tag{1-2}$$

（5）峰值发光波长及其光谱分布

LED 所发的光不是单一波长。LED 的波长分布有的不对称，有的则具有很好的对称性，具体取决于所用的材料种类及其结构等因素，典型 LED 的光谱如图 1-6 所示。不同 LED 的光谱分布曲线尽管所处的波长范围和形状不同，但都有一个相对发光强度最大处，与相对发光强度峰值对应的波长称为峰值发光波长 λ_0。在 1/2 峰值相对发光强度对应的两波长之差称为光谱半波宽度 $\Delta\lambda$。LED 的光谱特征表征其单色

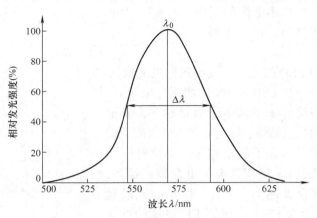

图 1-6　典型 LED 的光谱图

性的优劣和其主要颜色的纯正性。像交通信号灯等场合，对 LED 的光色要求比较严格。

（6）发光亮度

发光强度的概念不能直接应用于不可看作点光源的广光源，此时需用发光亮度来描述。光源表面的发光亮度（L）是在给定方向上发光体表面单位投影面积的发光强度，单位为 cd/m^2。它是衡量 LED 发光性能的又一重要参数，具有很强方向性。

（7）寿命

LED 的光输出会随着长时间工作而出现衰减，一般在开始的一段时间内光输出衰减较快，随后的一段时间衰减较慢，但在即将耗尽或发生灾变性失效阶段，光输出急剧衰减。LED 光输出衰减趋势可近似表示为

$$L_t = L_0 e^{-t/\tau} \tag{1-3}$$

式中，L_t 为 t 时间后的光输出；L_0 为初始光输出；τ 为老化时间常数。

通常把光输出衰减到初始值的一定比例所经历的时间称为 LED 的寿命，单位为小时（h）。LED 光输出降到 $L_t = 50\% L_0$ 所经历的时间 t 称为 L_{50} 寿命，光输出降到 $L_t = 70\% L_0$ 所经历的时间 t 称为 L_{70} 寿命，分别适用于不同应用领域，一般通用照明采用 L_{70}，装饰照明采用 L_{50}，国内外许多标准都对 LED 寿命做了限制。虽然各 LED 厂商均声称其 LED 的使用寿命可达 50000 ~ 100000h，但在实际使用过程中，多种因素影响都会引起 LED 寿命下降，往往达不到 50000h。影响 LED 寿命的因素包括静电影响、封装中各种材料的热膨胀系数失配及 LED 电极材料不均等[3]。

2. LED 的光电特性

LED 的发光亮度 L 与正向电流 I_F 近似成正比，即

$$L = KI_F^m \tag{1-4}$$

式中，K 为比例系数。

在小电流范围内（$I_F = 1 \sim 10\text{mA}$），$m = 1.3 \sim 1.5$；当 $I_F > 10\text{mA}$ 时，$m = 1$，式（1-4）可简化为

$$L = K I_F \tag{1-5}$$

即 LED 的发光亮度与正向电流成正比。

当 LED 的 PN 结加正向电压时，流动的少子和多子数量越多，发出的光线越强；同时在 PN 结内流动的少子和多子数量越多，单位时间内流过 PN 结横截面的电荷数也越多，复合就越多。因此，LED 的光通量基本随流过 LED 的正向电流线性变化。图 1-7 所示为大功率 LED（白光 LED，型号为 CSHV - NL60SWG4 - A2，额定功率 1W，额定电流 350mA，正向工作电压典型值为 3.4V，光效典型值为 80lm/W）在常温下（25℃）相对光通量 Φ 与正向电流 I_F 的关系曲线。

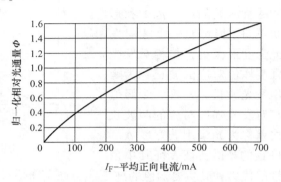

图 1-7 相对光通量 Φ 与正向电流 I_F 的关系曲线

由上述 LED 的光电特性可知，其发光亮度和光通量均与正向电流大小基本成正比关系，这意味着控制 LED 的正向电流即可控制其光输出。

1.2.4 LED 的伏安特性

LED 是一种可发光的二极管，核心是 PN 结，因此 LED 的伏安特性与普通二极管的伏安特性相同。LED 的伏安特性是指流过芯片的电流随加到其两端的电压变化的特性，它是衡量 LED 性能的主要参数，是 LED 制作优劣的重要标志。LED 的正向电压 U_F 与正向电流 I_F 的关系式为

$$I_F = I_0 \left(e^{\frac{qU_F}{\beta kT}} - 1 \right) \tag{1-6}$$

式中，I_0 为反向饱和电流；q 为电子电荷，$q = 1.6 \times 10^{-19}\text{C}$；$k$ 为玻尔兹曼常数，$k = 1.38 \times 10^{-23}$；T 为热力学温度；β 为介于 $1 \sim 2$ 之间的常数。

在室温（25℃）条件下，$T = (273 + 25)\text{K} = 298\text{K}$，$q/(kT) = 39\text{V}^{-1}$。由此可见，LED 的正向电流 I_F 与正向电压 U_F 之间呈指数关系，而且当 U_F 为几百 mV 时，指数幂远大于 1，因此式（1-6）可以化简为

$$I_F \approx I_0 e^{\frac{qU_F}{\beta kT}} \tag{1-7}$$

完整的 LED 伏安特性包含正、反向特性两个方面，与普通二极管相同，LED

同样具有单向导电性和非线性特性，如图1-8所示。LED的伏安特性曲线可以划分为正向特性区、反向特性区以及反向击穿区。

1. 正向特性区

LED两端加以正向电压 U_F，就产生正向电流 I_F。如果 U_F 小于其门槛电压，由于通过LED的电流太小而不会发光。对于普通LED，U_F 通常为 $1.5 \sim 2.8V$，I_F 通常为 20mA；对于 1W 大功率白光 LED，U_F 通常为 $3 \sim 4V$，I_F 通常为 350mA。

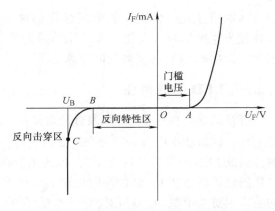

图1-8　LED的伏安特性曲线

LED的电流与电压呈指数关系，但在电流较大区域基本上是一个线性区域，因此，可以取两点做一条直线做线性化，如图1-9所示。

用图1-9中的直线取代指数曲线，可得到如下公式，即

$$U_F \approx U_{ON} + R_S I_F + (\Delta U_F / \Delta T)(T_J - 25) \quad (1\text{-}8)$$

式中，U_{ON} 为 LED 的开通电压，由 PN 结的内建势垒电场决定；R_S 为 LED 的等效内阻；T_J 为 LED 结温；$\Delta U_F / \Delta T$ 为电压温度系数，通常为 $-2mV/℃$。

一般情况下，LED 的伏安特性曲线可以进一步简化为

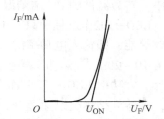

图1-9　LED 伏安特性线性模型

$$U_F \approx U_{ON} + R_S I_F \qquad\qquad (1\text{-}9)$$

2. 反向特性区

N 型半导体中包含少数空穴，P 型半导体中存在少数自由电子，当 LED 外加反向电压时，这些载流子在反向电压作用下通过 PN 结，因此形成反向电流。反向电流有两个特点：①随温度升高而增长很快；②只要外加的反向电压在一定范围之内，反向电流基本不随反向电压变化，如图1-8中的 OB 段。反向电流是 LED 的一个重要参数。反向电流越小，说明其单向导电性能越好。

3. 反向击穿区

当 LED 的反向电压增加到某一数值后，反向电流急剧增大，出现反向击穿现象，这个电压值叫作反向击穿电压。由于 LED 所使用的材料不同，反向击穿电压也不一样，例如 AlInGaP LED 反向击穿电压为20V，而 InGaN LED 的反向击穿电压仅为7V。

由 LED 的伏安特性可知，U_F 的微小变化会引起 I_F 的较大变化，而 I_F 与 LED 光

输出基本成正比，因此，如采用恒压源驱动 LED，输出电压的微小变化将引起 LED 发光亮度的较大变化；若采用恒流源驱动 LED，就很容易控制 LED 光输出。因此，大功率 LED 适宜采用恒流源驱动。

1.2.5 LED 的热特性

LED 的热特性与 PN 结结温有密切关系。当电功率 $W = U_F I_F$ 施加到 LED 的 PN 结上后，该电功率中有一部分会转变为热量，该热量不会随着所发出的光向外部辐射，因此 LED 被称为"冷光源"，但该热量必须有一个向外部散发的通道，否则该热量的聚集将会使 PN 结的温度快速上升导致 LED 无法正常工作。PN 结向外散热的通道主要是银浆-LED 壳体-散热基板-散热器等，大部分热量会经该通道散发到周围环境中去，建立新的热平衡后 LED 内部 PN 结处的温度即为结温。假设 LED 的总热阻 R_{J-A} 为 PN 结与 LED 壳体、壳体与基板、基板与环境之间的热阻之和，则 LED 的结温

$$T_J = T_A + R_{J-A}P \tag{1-10}$$

式中，T_J 为器件的 PN 结结温；T_A 为环境温度；P 为器件的热损耗功率。

LED 的工作过程中只有 15% ~ 25% 的电能转换成光能，其余的电能几乎都转换成热能，即输入电功率的 75% ~ 85% 将转化为热功率。小功率 LED 一般工作条件为 10 ~ 20mA，热功率较小，故长时间工作时 LED 结温上升幅度也较小，可忽略不计。大功率 LED 一般工作条件为 350mA、1W 以上，热功率较大，如果散热不良，则器件结温会迅速上升，从而引发一系列问题。首先，结温升高直接减少芯片出射光子，使光效率降低，实验结果表明：在室温环境下，LED 温度每升高 1℃，光效下降 1%，结温为 85℃ 时的光输出约是 25℃ 时的一半；其次，结温升高会导致芯片出射光线红移，色温质量下降，尤其对于蓝光 LED 激发黄色荧光粉的白光 LED 器件更为严重，其中荧光粉的转换效率也会随结温升高而降低；更严重的是，结温升高还会导致 LED 光衰加剧、器件寿命呈指数下降甚至直接导致 LED 器件损坏[4]。因此，一般 LED 的产品说明书中都会指明其最大允许结温（一般为 125℃）以及工作温度范围，供散热设计时考虑。

为了保证 LED 正常工作，必须限制其结温不能超过上限并且一般留有一定余量。由式(1-10) 可见，要控制结温，可以从降低环境温度、降低热功率、降低热阻三方面考虑。环境温度主要受 LED 灯具的使用环境限制。热功率主要由 LED 光电转化效率决定，这需要从 LED 芯片的制造材料、工艺、结构等方面来改进其复合发光效率。降低热阻的方法主要包括在光源器件级通过材料、结构的改进优化 LED PN 结到 LED 壳体之间的导热通道，如采用陶瓷基板、COB（Chip on Board）封装、金属固晶（锡膏固晶、金锡共晶）、微管道结构等，保证热量"导得出"；在灯具级通过散热技术提高 LED 壳体与环境之间的热交换效率，保证热量"散得掉"。

1.3 LED 的分类与产业链

1.3.1 LED 的分类

LED 可以根据多种方法进行分类，如亮度、光色、发光角、封装形式、功率等，在应用领域一般可以按照 LED 发光的波长将其分为两大类：可见光 LED（450~780nm）和不可见光 LED（红外 850~1550nm、紫外 180~420nm）。

可见光 LED 按亮度又可分为一般亮度 LED、高亮度 LED 和超高亮度 LED。其中一般亮度 LED 主要用 GaP、GaAsP 及 AlGaAs 等材料制成，主要有红、橙、黄等产品，发光强度低于 100mcd，主要用于 3C 家电、消费电子产品、室内显示等场合；高亮度 LED 主要用 AlGaInP 及 GaInN 等材料制成，包括红、橙、黄、绿、蓝及白光等，发光强度为 100~1000mcd，主要用于户外全彩屏、交通信号、背光源、汽车灯、照明等领域；超高亮度 LED 的发光强度大于 1000mcd，随着技术的进步，目前 1W 以上大功率 LED 亮度已经达到数十 cd，广泛用于各种 LED 照明领域。

不可见光 LED 可分成红外线 LED、紫外线 LED。红外线 LED 主要用 GaAs、AlGaAs 等制成，应用范围比较广泛，除了遥控器、开关等传统应用外，还包括信息设备、无线通信及交通系统等新应用的 IrDA 模块；紫外线 LED 主要用 InAlGaN、AlN 等制成，根据紫外波段的不同可用于固化、生物医疗、杀菌消毒等领域。

1.3.2 LED 的产业链

半导体照明的产业链包括上游的衬底材料、设备及外延生长，中游的芯片制造，下游的 LED 封装和应用产品的生产，如图 1-10 所示。

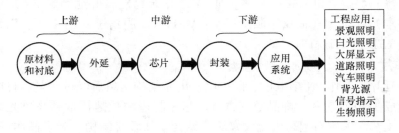

图 1-10 LED 照明产业链

1. 衬底

衬底是在其上生长 PN 半导体材料的基底材料，原料经过提纯、减薄、抛光、切割等一系列工序最后制成可以作衬底的晶圆。衬底的关键是可与外延良好配合的材料，衬底材料需要满足以下要求：结构特性好，即外延材料与衬底的晶体结构相同或相近、晶格常数失配度小、结晶性能好、缺陷密度小；接口特性好，即有利于外延材料成核且黏附性强；化学稳定性好，即在外延生长的温度和气氛中不容易分解和腐蚀；热学性能好，包括导热性好和热失配度小；光学性能好，即制作的器件所发出的光被衬底吸收小；机械性能好，即容易加工，包括减薄、抛光和切割等；价格低廉；大尺寸，一般要求直径不小于 2in（1in = 25.4mm）。

目前常用的衬底材料有蓝宝石（Al_2O_3）、硅（Si）和碳化硅（SiC）等，但其在导热性和稳定性等方面尚有不足。未来可能的新型衬底材料包括氮化镓（GaN）、氧化锌（ZnO）、铝酸锂（$LiAlO_2$）等。氮化镓是氮化镓外延生长的理想衬底，可提高外延质量，降低位错密度，提高寿命、光效、工作电流密度；氧化锌与氮化镓外延晶体结构相同，禁带宽度接近，但缺点是在外延生长环境中易分解和腐蚀；铝酸锂与氮化镓外延的晶格不匹配率只有 1.4%，但晶体易挥发、强腐蚀，制备困难。

2. 外延

外延主要是在晶圆衬底上生长缓冲层、N 型层、量子阱、P 型层、扩散层等结构，是半导体照明产业链中技术含量最高、对最终产品品质影响最大的环节，同时也是利润较为集中的环节。在一定程度上，外延的品质直接决定了后续芯片、封装及应用产品的品质和最终应用领域。

外延生长的主要方法包括液相外延沉积（LPE）和气相外延沉积（MOCVD）。MOCVD 系统是 GaN 基 LED 外延生长的主要设备，技术含量非常高，全球 90% 以上的市场被德国的 AIXTRON 和美国的 VEECO 所垄断。

外延的关键技术主要包括稳定少缺陷的生长工艺、与衬底配合良好的 PN 结材料、具有良好内部量子效应效率的结构。采用新工艺将改善外延片晶体质量，如 M 面 Al_2O_3 上生长技术、横向外延过生长技术（ELOG）等将降低极化电场的影响，新型 P 型掺杂技术将提高 P 型载流子浓度与迁移率；采用新结构（如多量子阱（MQW）等）将提高电光转换效率。Ⅲ-Ⅴ族化合物能较好地满足 PN 结对半导体材料的要求，目前 Al/Ga/In（阳离子）+ As/P/N（阴离子）的二元、三元、四元化合物是 LED 的基础材料。

3. 芯片

在外延片上制作 PN 结电极、保护层、出光结构，然后经过分割、打磨、测试等，就制成了 LED 芯片，即晶粒（die）。芯片制造的关键技术是高出光结构、材料和制作工艺。采用新型高出光效率芯片结构，如垂直结构、光子晶体等微结构，可提高侧向出光的利用，提高光输出效率。采用 P 型 GaN 欧姆接触材料以及电极图形的优化设计，可使电流注入均匀、发光均匀、透光率高。

4. 封装

将 LED 芯片涂覆荧光粉，加一次配光，加固定结构，用塑料、陶瓷等材料进行封装，并引出镀金引脚，再进行测试等若干步骤后，就制成了 LED 器件。封装直接影响 LED 器件的电、热、光和机械性能，还影响其可靠性、成本及寿命。

封装的关键技术主要包括高性能荧光粉，光提取效率高、散热好的封装材料与结构。LED器件的封装形式主要有引脚式封装、贴片式封装、功率型封装、COB（Chip on Board）封装、COM（Chip on metal）等。LED芯片的封装结构主要有正装结构、倒装结构（Flip-chip）和垂直结构。封装环节的光损失包括材料本身吸收部分光子、菲涅尔损失和全反射角损失，因此低吸收率、高折射率、高透光率的新型封装材料可以有效提高光提取效率。目前主流的白光LED主要通过蓝光芯片激发荧光粉产生白光，不同荧光粉材料及配比会影响光转化效率、光色以及在高结温下的荧光粉老化失效曲线，因此高效荧光粉的研发可提高器件寿命、光效，改善显色指数；对于紫外/深紫外光激发的芯片，由于紫外光会加速有机材料老化，因此荧光粉更为关键。此外，高热导率系数的新型支架材料与结构，对大功率、长寿命、高亮度器件至关重要。

5. 应用系统

将封装好的LED器件根据应用需求进行系统设计，加驱动、控制、二次配光、散热等部分后，就形成了应用系统。应用系统的产品形式多种多样，与应用领域密切相关，包括各种LED灯具、信号灯、显示屏、背光源等。

在LED产业链中，上游和中游是资金和技术密集型行业，也是投资强度大但收效慢的领域，专利竞争最为激烈。芯片的品质主要取决于外延的质量，而高质量的外延片很难在市场上获得，因此大多数芯片制造商都有一定的外延生产能力。外延/芯片的产业集中度较高，主要分布在日本、美国和我国台湾等地，国内近年相关产业也迅速发展。下游封装和应用环节技术含量和投资强度较低、收效较快，是与市场应用联系最为紧密的环节，也是LED产业中规模最大、发展最快的领域。白光LED是半导体照明的基础和产业发展重点，近几年发展最快。LED封装企业主要集中在我国、日本、韩国以及东南亚等国家和地区，台湾产业有向大陆转移的倾向。LED应用系统企业主要集中在我国大陆。

1.4　LED灯具的基本组成

LED灯具是LED应用于照明领域的最主要形式，它是将输入电能转化为要求光输出的电光源装置。LED灯具主要由LED光源、二次配光、驱动电源、散热器、控制器和结构件等部分组成。

1.4.1　LED光源

常用的大功率LED器件单颗功率一般只有1W～数W，目前1W的LED光通量一般为100lm，而一般传统灯具的单灯光输出为1000lm以上，因此要达到传统灯具的光输出，LED灯具需要多颗LED器件组成光源。多颗LED器件焊接在基板上，并通过基板上布设的线路进行串并联连接，就制成了光源板。光源板一般根据灯具的类型设计成不同的形状，如图1-11所示。

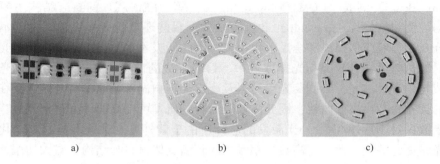

a)   b)   c)

图1-11   LED光源板

a）LED灯管光源   b）LED吸顶灯光源   c）LED筒灯光源

1.4.2   二次配光

LED器件在封装过程中会完成一次配光，产生如图1-5所示的发光强度分布曲线，一般单颗LED器件的光束立体角比较小，近似点光源和朗伯光源，但多颗LED芯片组成光源板后，其整体的光均匀度较差、配光曲线也有较大改变，因此需要二次配光。二次配光的主要任务是通过光学系统的设计对出光进行分散或会聚，重新分配LED的光输出，使LED灯具产生满足国家标准和用户要求的光输出（如配光曲线、均匀度、光束角等）。

LED灯具的二次配光主要通过光学透镜、反射器和混光腔等实现，如图1-12所示。光学透镜结构复杂、成本高，但可以设计出不同的配光曲线；反射器较难控制配光，一般以轴对称光输出为主，用于大角度照明产品；混光腔可使光源板上多颗LED的光线充分混合，从而使灯具出光均匀、减小眩光。经过二次配光后，LED灯具的光输出可以灵活调整，不仅可以得到传统光源的配光曲线，而且可以实现传统光源无法满足的特殊配光要求。

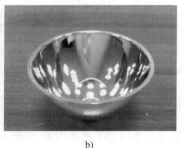

a)   b)

图1-12   二次配光组件

a）光学透镜与反射器   b）反射器

1.4.3　驱动电源

LED驱动电源是把输入电能转换为LED光源需要的特定电压和电流，以驱动LED发光的转换器。通常情况下，LED驱动电源的输入包括工频交流市电、低压高频交流电（如电子变压器的输出）、低压直流电、高压直流电等。由式(1-5)和式(1-7)可知，LED光输出与其正向电流成正比，正向电流与正向电压呈指数关系，因此LED驱动电源的输出一般为恒定电流，如图1-13所示。驱动电源有内置式和外置式之分，内置式安装于灯具壳体内部，外置式独立于壳体外部。驱动电源性

图1-13　LED驱动电源

能的高低将直接影响LED灯具的性能及寿命，因此一般需满足高可靠性、长寿命、高效率、高功率因数、良好的电磁兼容及保护功能等要求。

1.4.4　散热器

大功率LED的很大一部分输入能量会转变成热能，如果不能及时散出，就会引起结温升高过快，严重影响LED性能甚至引起失效。因此，LED器件级要能将热量及时导出，且在灯具级需要将热量及时散掉。散热技术是LED灯具设计人员的主要手段，主要包括被动式散热和主动式散热两种方式。被动式散热主要包括自然散热和热管散热，前者是在LED灯具上加装散热片，通过自然对流、传导和辐射等方式将热量散发到环境中，适用于低功率LED灯具；后者采用传热效率较高的热管作为换热元件，通过热管内工作介质蒸发和冷凝的相变过程实现冷、热流体间的热量传递，适用于较大功率LED灯具。被动散热可以通过散热器材料、结构的优化及特殊涂层处理等提高散热效率，这是目前一般LED灯具常用的散热形式。主动式散热主要通过外加设备强迫性地将LED壳体的热量带走，包括风冷、液冷、半导体制冷、化学制冷等方式，主要用于大功率LED灯具。常见的几种LED散热器如图1-14所示。

1.4.5　控制器

LED控制器是对LED灯具的光输出按照要求进行自动调控的装置。控制器主要以单片机或微处理器系统为核心，还可包括传感器、通信模块、显示屏、按键、旋钮、触摸屏等外围单元，以及相应的控制软件。功能方面，主要控制输出的白光亮度、色温或彩色光的亮度、色坐标，实时显示工作参数，控制方式可以根据传感

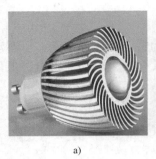  

a)   b)   c)

图 1-14　常见的 LED 散热器

a）散热片　b）热管散热器　c）风冷散热器

器的环境信息或时间表设定进行自动控制，也可以根据按键、旋钮、触摸屏等进行
手动控制，还可通过手机、遥控器等无
线控制，通过网络还可远程控制甚至与
其他灯具或设备联动控制。LED 控制器
的结构和功能有很大的伸缩性，可以根
据使用场合和用户需求组配，简单的控
制器一般与驱动电源集成在一起，复杂
的控制器有时需要外置。某款筒灯、驱
动电源及其控制器如图 1-15 所示。

图 1-15　筒灯、驱动电源及其控制器

1.4.6　结构件

LED 灯具的结构件主要包括灯具外壳壳体及内部安装各功能部件的机械结构
件，如图 1-16 所示。外壳壳体对内部各功能部件起支撑、固定作用，对外部环境
起防潮、防水、防尘、防腐蚀、防冲击等保护作用，户外灯具壳体一般还要满足一
定的 IP 防护等级。内部结构件用于将光源板、配光器、内置式电源、散热器等各
功能部件连接固定到壳体上，也有很多灯具的散热器直接与外壳做成一体或安装于

图 1-16　LED 灯具的结构件

壳体外面以便于散热。结构件一般用塑料或钢、铁、铝等金属材料制作，结构设计对于 LED 灯具的散热性能、体积、可靠性等具有重要影响。

1.5 LED 照明的发展趋势

1.5.1 LED 器件的发展趋势

未来 LED 器件总体上朝着高性能、大功率、模组化、低成本的方向发展。

1. LED 光效提升有赖于新的技术突破

LED 进入照明领域以来，芯片光效的提高一直是技术发展的主线，美国 Cree 公司逐年发布其 LED 芯片的实验室光效，基本呈现线性增长趋势，到 2014 年已达到 303lm/W，但其后到目前再没有新的突破，这说明已达到一定的光效瓶颈。光效的进一步提高有赖于新材料、新机理、新结构、新工艺的突破。新的衬底材料可以与目前的外延材料更好地匹配，也可能在目前主要的材料体系之外引起 PN 结新材料的突破。外延环节将主要通过新的材料体系和发光机理提高内部量子效率。芯片和封装环节将主要通过新材料和新结构以减少光损失、提高光提取效率，石墨烯和纳米等新材料有应用潜力。

2. LED 综合光学性能的提高将成为技术重点

以前 LED 的技术重点是高光效，但发展到目前，一方面 LED 的光效已经远超传统光源，另一方面光效进一步突破的难度加大，因此下一阶段 LED 将在高光效的基础上追求单色纯度与白光色彩饱和度、显色性、色温、色彩稳定性等综合性能的提高。目前蓝光激发荧光粉产生的白光光线中红色波长较弱，从而导致光线缺少暖感、颜色显示不真实，采用特殊荧光粉可以改善色温和显色性，但通常会带来发光效率的降低。研究表明结合量子点技术可有效改善 LED 的色彩表现能力，普林斯顿大学的研究团队已经成功 3D 打印出基于量子点的 LED（QD-LED）[5]。已有研究尝试用硅作为封装材料取代环氧树脂，环氧树脂使用 3000~6000h 后会出现色偏移现象，使用硅材料可大大延缓出现色偏移的时间。

3. LED 从独立器件向模组化发展

虽然 LED 光效有了长足发展，但商用量产的单颗器件光输出在 100~200lm 之间，要达到传统照明灯具数千 lm 的水平，一般需要多颗 LED 器件组成光源板。面向该市场需求，原先只生产 LED 芯片和器件的国际厂商，现已积极进行产业链的垂直整合，将产品线拓展到光源模组（也称为光引擎），如美国 Cree、荷兰飞利浦、韩国三星等国际 LED 芯片大厂纷纷推出多颗 LED 芯片的系列化集成封装模组，模组功率从数 W~数十 W，模组光输出从 1000~10000lm（甚至更高），直接可以作为光源板集成到照明灯具中，光学性能、可靠性提高，体积减小、成本降低，也简化了灯具的设计。

4. LED 器件向大功率发展

目前，常用大功率 LED 器件的功率为 1W，单颗 LED 的更大功率有 3W、5W、10W 等，但由于内部量子效率、散热等的限制，随着功率增大光效有较大幅度降低。通过材料、工艺和结构等新技术的应用，如果增大功率仍能基本保持 1W 时的光效，那么单颗 LED 器件就能满足一般照明场合下要求的光通量，这将直接秒杀光源模组和光源板，在可靠性、体积、成本、灯具设计等方面更具优势。如采用新的 GaN 衬底的蓝光 LED 芯片可以有效提高电流密度，韩国首尔半导体已经研发成功以 GaN－on－GaN 制程为核心的 nPola 产品，比传统蓝宝石衬底 LED 在同样面积上的亮度提高 5 倍，同时能有效减少缺陷；日本松下公司也推出了基于 GaN 衬底的 LED，并用于前照灯，可实现小型化并提高了设计自由度。通过大功率芯片的倒装技术，可以增大输出功率、降低热阻，提高器件可靠性。

5. LED 器件成本将持续下降

LED 的发展历程基本遵守 Haitz 定律，每 10 年单位 lm 成本下降为原来的 1/10，光输出则提高 20 倍。LED 的应用方兴未艾，市场远未饱和，可以预见，随着技术的进步和应用规模的扩大，LED 的成本仍将遵循 Haitz 定律持续降低。美国能源部2011 年版的固态照明发展计划中，制定了冷白光、暖白光封装后 LED 器件的目标价格，由 2010 年 13 美元/klm、18 美元/klm，至 2012 年计划降至 6 美元/klm、7.5 美元/klm，到 2015 计划降至 2 美元/klm、2.2 美元/klm，到 2020 年计划都降至 1 美元/klm；实际的发展超过预期，2015 年冷白光、暖白光封装后 LED 器件的价格已经降到 0.9 美元/klm、1 美元/klm，因此 2016 年版的固态照明发展计划已将2020 年的冷白、暖白 LED 器件目标价格调整为 0.35 美元/klm、0.36 美元/klm。目前LED 球泡灯零售价已经接近节能灯价格，制约 LED 进入千家万户的成本因素正在逐渐消失。此外，政府节能补贴政策也使 LED 的实际价格进一步下降，2009 年，广东省率先通过财政补贴推广 800 万只 LED 节能灯；2012 年，国家财政部首次针对 LED产品推广进行补贴；2013 年，《节能产品政府采购清单》中首次列入 LED 照明产品。

1.5.2 LED 应用系统的发展趋势

未来 LED 应用系统将朝着多元化、模块化、标准化方向发展。

1. 形式多元化

通用照明应用系统将趋于两极分化：一类走低端化路线，回归"灯与照明"；一类走高端化路线，进阶"智能终端"。特种照明应用系统将走向专用灯具。

（1）低端应用系统将向简单化、通用化、一体化、低成本方向发展

这类灯具主要面向通用照明领域的一般照明应用场合，目标是替换传统灯具。在系统功能方面，回归传统灯具的基本照明功能，删繁就简，简单实用，从而减少功能模块、降低技术难度；在结构形式方面，由于模块减少、技术简化，整个灯具可以实现高度集成化、一体化，这将极大地降低成本、提高可靠性。在 LED 器件

方面，高压 LED、交流 LED 可以极大地简化驱动电路；在驱动技术方面，分段交流直驱技术可以使驱动电路集成化，光电子集成电路技术（OEIC）有可能使 LED 器件、驱动控制电路、静电保护等实现集成化。

（2）高端应用系统将向多功能、智能化、信息化方向发展

这类灯具主要面向通用照明领域的高端照明应用场合，目标是基于灯具、超越灯具，走向"智能终端"。在系统组成方面，不仅有常规的 LED 灯具组件，还有控制器、环境传感器、监控传感器、有线/无线通信模块等。在控制形式方面，可以手动、自动，也可通过网络实现照明的远程控制，还可通过无线方式实现手机 App、遥控器等控制，还可语音控制；不仅可单灯控制，还可多个灯具与设备联动。在系统功能方面，通过智能控制，可以满足用户高品质照明的需求：根据环境传感器对环境的感知，自动平滑地调节 LED 光的明暗和色彩，实现环境自适应照明，以更大程度地发挥 LED 照明的节能优势；也可根据不同日期、时间、功能区域预先设定照明形式，实现时间表控制；还可根据不同场合，按照用户意愿来调整灯光模式，营造不同的光环境，实现情境照明。通过互联网＋技术，可以将照明系统与其他系统联动控制，例如楼宇自动化系统、监控报警系统、车库刷卡系统等。此外，通过无线通信模块还可作为通信终端自动组网；可以作为信息终端将特定信息无线发给附近用户，如将灯具固定位置坐标发给用户可帮助用户进行定位与导航。飞利浦公司已经推出个人无线智慧照明系统 Hue 系列，基于 WiFi 可用手机 App 调节 LED 灯泡光色，实现家居的智慧情境照明；LG 公司研发了 Smart Bulb，支持蓝牙连接，可通过智能手机及音乐调节照明效果；美国卡内基梅隆大学在英特尔和福特公司的资金支持下，设计了一种全新的智能 LED 前照灯，能在雨雪天气或能见度较低的情况下，智能调整照明和灯光分布，可有效改善驾驶员的视野。此外，在应急照明[6]、办公室照明[7]、家居照明[8]等方面，国外已经开展了智能照明技术研究，提出了相应的实现方案。

（3）特种照明应用灯具将向专用化发展

这类灯具主要面向特殊的应用对象，利用 LED 光谱集中、易于筛选、易于控制的特点，根据应用对象的专业照明需求，进行指向性明确的精准照明，目标是专用灯具。如植物照明，首先要根据该植物选择合适的光谱，然后选择合适的 LED 灯具，再根据植物生长不同阶段需要的光谱组合及光照量进行 LED 照明的动态控制，日本已有多个成功运行的采用 LED 照明的植物工厂。在医疗照明方面，LED 可以代替常规灯具用于光动力疗法（photodynamic therapy，PDT）治疗癌症、皮肤病、血液病等，也需要针对不同病症选择合适的光谱、照射强度及其变化曲线，如有研究表明在蓝光 LED 的光照下，激活的胆红素能显著抑制白血病细胞的增殖[9]。

2. 组件模块化

目前 LED 照明应用系统是由多个功能部件组成的综合体，主要包括光源、电源、控制器、配光器、散热器、结构件及壳体等部分，各部分又分别属于光电子、

电子、信息、光学、热学、机械等不同的专业领域，因此，根据各功能部件进行合理的模块划分，然后进行应用系统的模块化设计、制造和集成，这样各模块可由专业厂家生产制造，容易实现大规模生产，从而降低成本、提高可靠性；对于应用系统生产厂商，这样可以简化产品设计，减少产线复杂度和专业覆盖面、增加集中度，如果各模块以系列化、标准化加以规范，则对不同厂家的模块可以筛选、互换，损坏模块也易于更换，维修方便、升级更新容易，设计成本、生产成本、采购成本、维修成本都将降低。模块可以是单一功能模块，如驱动模块、散热模块、光源模块、接口模块等，目前许多LED芯片厂商都推出了光源模组或阵列；也可以是复合功能模块，如驱动散热模块、光源散热模块，以及被称为"光引擎"的光源驱动模块。

3. 接口标准化

目前LED应用系统的设计五花八门，针对同样的应用需求，不同厂商采用的芯片类型、数量配置、串并联方案均不相同，导致与配套电源的电流、电压、功率接口不同，配套的散热器也不同，这样各模块很难标准化、通用化，严重影响其互换性和易维修性，只能小批量生产，难以通过规模化生产降低成本、提高可靠性。标准与规范是一个行业健康发展的保障，尽管国内外已经发布了许多LED照明方面的标准，但重在对LED的功能和性能质量（如寿命、能效、色温一致性等）进行规范，较少涉及接口的标准化。一些国内外相关组织与厂商已经注意到这个问题，并开展了接口标准化的工作。总部位于欧洲的ZHAGA联盟，从2011年开始着重针对LED光引擎产品推出了系列接口标准，涵盖了物理尺寸、光学、电气、配光、散热等主要环节，以实现在ZHAGA联盟中不同制造商之间的光引擎产品可以实现相互兼容、互换等。2014年，国家半导体照明工程研发及产业联盟（CSA）发布了CSA023、CSA025标准，分别规定了LED筒灯、LED射灯照明应用中，满足可互换的LED模组、控制装置和灯具的接口要求。一些国际大厂（如日立、松下、欧司朗、飞利浦、科瑞（Cree）等）推出的LED球泡灯，为了替换白炽灯，均采用了标准化的螺纹接口，但功率等级均不相同。LED灯具接口的标准化需要以灯具的系列化为基础，这方面工作亟待加强。目前市场上LED灯具型号太多太乱，缺乏规范，不同厂商的灯很难选择，也很难等效替换。传统灯具的工作电压一般均为工频交流220V，因此以电功率进行系列化即可；而LED以直流恒流工作，光源板的不同串并联导致电源供电电流各不相同，因此以何种指标进行系列化仍有待研究。未来随着LED应用系统接口标准更趋全面和完善，LED应用系统的标准化与系列化将成为发展方向。

1.5.3 LED应用市场的发展趋势

1. 成熟市场

在建筑景观照明、显示屏、背光源、汽车灯等LED成熟领域，市场增速将明显放缓并趋于稳定。

2. 普通白光照明市场

随着白炽灯禁令的普遍实施，以及 LED 灯具成本的持续下降，普通白光照明市场将快速发展，当白炽灯替换逐渐完成后将趋于稳定，最后达到饱和。该市场体量较大，但随着技术门槛的降低，竞争加剧，利润趋薄。据美国能源部（DOE）2014 年公布的《固态照明在一般照明应用中的节能潜能》报告预测，如果 DOE 的 LED 目标价格和光效都能实现，2020 年 LED 照明产品在通用照明市场中占比将达 68%，照明能源消耗将减少 15%；2030 年的占比将超过 90%，照明能源消耗将减少 40%。

3. 路灯照明市场

目前制约 LED 路灯应用的一些技术问题已基本解决，LED 路灯照明市场逐渐启动。欧美已开始路灯的 LED 替换计划。在国内，由于路灯属于市政工程项目，从政府层面易于推动，因此国内很多省市都将 LED 路灯作为推进半导体照明工程的主要突破口，广东、浙江等多个省份已开始用 LED 路灯替换常规的钠灯，预计路灯照明市场上升速度将快于普通白光照明市场，但随着替换潮的结束，该市场也会更早趋于稳定和饱和。

4. 智能照明市场

智能照明能够满足高品质照明的需求，为 LED 照明的创新应用提供了很多可能性，与智能家居、智能建筑、智慧城市的结合有很大空间，但目前上市的智能照明系统功能大多还是停留在远端遥控及亮度、颜色、色温调控上，其巨大潜力仍有待挖掘。该市场目前已开始启动，具有广阔的市场发展前景。

5. 交通信号灯市场

传统的交通信号灯一直采用小功率 LED 光源，每个信号灯一般需配数十个 LED，未来将采用大功率 LED 替换原来的小功率 LED，这将大大简化光源、电源等的设计，易于实现一体化、轻量化，提高可靠性、降低成本。目前已有采用数颗大功率 LED 的交通信号灯面市。

6. 特种照明市场

特种照明能够充分利用 LED 某些方面的独特优势，面向特殊对象提供特殊照明，技术难度大，进入门槛高，利润空间可观，一旦找准突破点，市场发展很快。如紫外 LED 用于光固化领域，短短数年时间，已有全面取代紫外汞灯的趋势，毛利率比普通白光照明高出数倍。LED 特种照明目前在农业、渔业、医疗、紫外、红外等方面已有成功应用，还有很多的细分市场有待发现与拓展。

总体上讲，我国 LED 照明到现在，发展形态主要是"政府推动型"，以此来扶持产业、培育市场，主要的技术关键词是"替换"，重点是参照传统灯具如何"做得像""做得好"，以取而代之。目前 LED 产业已经基本成型，市场已有较大规模并具备了内生发展动力，因此未来政府推动力度将逐步弱化，市场将会引领产业发展，发展形态将转为"市场拉动型"，主要的技术关键词将是"创新"，重点是充分结合 LED 的优点以及传统灯具不具备的独特优势，进行技术创新、产品研发及市场应用。

参 考 文 献

[1] 刘虹，陈良惠．我国半导体照明发展战略研究［J］．中国工程科学，2011，13(6)：39－43.

[2] COATON J R，MARSDEN A M．光源与照明［M］．陈大华，刘九昌，徐庆辉，等译．4 版．上海：复旦大学出版社，1999.

[3] 郑代顺，钱可元，罗毅．大功率发光二极管的寿命试验及其失效分析［J］．半导体光电，2005，26(2)：87－91.

[4] NARENDRAN N，GU Y. Life of LED－Based White Light Sources［J］. Journal of Display Technology，2005，1(1)：167－171.

[5] KONG Y L，TAMARGO I A，KIM H，et al. 3D Printed Quantum Dot Light－Emitting Diodes［J］. Nano Letters，2014，14(12)：7017－7023.

[6] MATOSO H M，MORAIS L M F，CORTIZO P C，et al. Intelligent Power LED Lighting System With Wireless Communication［J］. IECON 2012－38th Annual Conference on IEEE Industrial Electronics Society，2012，2(1)：4557－4562.

[7] ONO K，MIKI M，YOSHIMI M，et al. Development of an Intelligent Lighting System Using LED Ceiling Lights into an Actual Office［J］. IEEE Transactions on Fundamentals & Materials，2011，131(10)：321－327.

[8] HUYNH T P，TAN T K，TSENG K J. Energy－Aware Wireless Sensor Network with Ambient Intelligence for Smart LED Lighting System Control［J］. IECON 2011－37th Annual Conference on IEEE Industrial Electronics Society，2011，6854(5)：2923－2928.

[9] SHIRAI R，OKAMOTOK，HATTORI T，et al. Inhibition of Leukemia Cell Proliferation Using High Power LED Irradiation And Bilirubin Administration［J］. IEEE Transactions on Electronics Information & Systems，2014，134(11)：1603－1612.

第2章

LED驱动电源的基本原理及模块化

LED驱动电源是LED照明灯具的重要组成部分，在功能上必须由它实现各种供电输入条件下向LED光源需要的电压和电流的转换；在性能方面，质量低劣的驱动电源不仅影响自身的可靠性和寿命，还会引起LED光源的光衰、失效或损坏，从而使整灯寿命远低于LED器件的理想寿命；驱动电源的效率也会影响整灯光效；采用高频开关方式的电源还会引发电磁兼容等问题。由此可见，高性能驱动电源的设计对LED照明的推广应用至关重要。尽管各种LED驱动电源的电路实现方式千变万化，但其组成原理仍有规律可循，通过模块化设计思想，可以快速掌握其规律、提高驱动电源的设计分析水平。

2.1 LED驱动电源的设计要求

LED驱动电源需要满足一系列设计要求：首先要满足LED光源的驱动要求，即可以为LED光源提供需要的工作电压和电流，这主要是由LED光源中LED器件及其串并联连接方式决定的；其次，还需要满足保证自身安全高效工作以及与周边环境和谐共处的功能要求；最后，还需满足表征其质量的性能指标要求。

2.1.1 LED光源的基本驱动要求

大功率白光LED虽然光效很高，但单个白光LED所发出的光通量还不够大，因此用于照明时往往需要将若干LED连接在一起使用。多个LED的基本连接方式一般有串联、并联和串并混联三种，采用单路驱动电源供电时需其提供不同的工作电压、电流。

1. 串联方式

串联方式要求LED驱动器输出较高的电压，如图2-1所示。设$VT_1 \sim VT_n$为n个串联LED，每个LED的正向电压为U_F，正向电流为I_F，R_{bp}是镇流电阻，则驱动电源输出电压U_0、输出电流I_0需分别为

$$\begin{cases} U_{\mathrm{O}} = nU_{\mathrm{F}} + R_{\mathrm{bp}}I_{\mathrm{F}} \\ I_{\mathrm{O}} = I_{\mathrm{F}} \end{cases} \qquad (2\text{-}1)$$

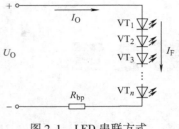

图 2-1　LED 串联方式

这种方式的优点是通过每个 LED 的电流相同，LED 的亮度一致。当某个 LED 品质不良短路时，如果采用恒压驱动，由于驱动器输出电压不变，那么分配在剩余 LED 两端电压将升高，驱动器输出电流将增大，容易损坏其余所有 LED；如采用恒流驱动，由于驱动器输出电流保持不变，不影响余下所有 LED 正常工作。当某个 LED 品质不良断开后，串联在一起的 LED 将全部不亮。

2. 并联方式

并联方式要求驱动器输出较大电流，输出电压则较低，如图 2-2 所示。则驱动电源输出电压 U_{O}、输出电流 I_{O} 需分别为

$$\begin{cases} U_{\mathrm{O}} = U_{\mathrm{F}} + nR_{\mathrm{bp}}I_{\mathrm{F}} \\ I_{\mathrm{O}} = nI_{\mathrm{F}} \end{cases} \qquad (2\text{-}2)$$

这种方法分配在所有 LED 两端的电压相同，当 LED 的一致性差别较大时，通过每个 LED 的电流不一致，LED 的亮度也不同。当某个 LED 品质不良断开时，如果采用恒压驱动，驱动器输出电流将减小，而不影响其余各支路 LED 正常工作；如果采用恒流驱动，由于驱动器输出电流保持不变，分配在其余

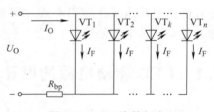

图 2-2　LED 并联方式

各支路 LED 的电流将增大，容易导致所有 LED 损坏。当某一个 LED 品质不良短路时，那么所有的 LED 将不亮，但如果并联 LED 数量较多，通过短路的 LED 电流较大，足以将短路 LED 烧成断路。

3. 混联方式

当 LED 数量较多时，如果将所有 LED 串联，则需要驱动器输出较高的电压；如果将所有 LED 并联，则需要输出较大的电流。两种方式均会增加驱动电源的复杂度，因此一般采用图 2-3 所示的先串后并或图 2-4 所示的先并后串混联方式，这样可将驱动电压和电流保持在适当水平。此时驱动电源输出电压 U_{O}、输出电流 I_{O} 需分别为

$$\begin{cases} U_{\mathrm{O}} = nU_{\mathrm{F}} + mR_{\mathrm{bp}}I_{\mathrm{F}} \\ I_{\mathrm{O}} = mI_{\mathrm{F}} \end{cases} \qquad (2\text{-}3)$$

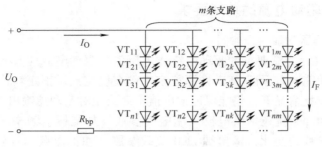

图2-3　LED先串后并混联方式

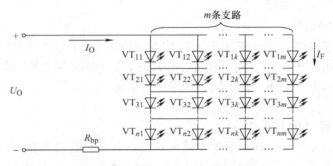

图2-4　LED先并后串混联方式

图2-3所示的先串后并混联方式中，当采用恒流驱动方式时，如果某LED断路，则该LED所在的整串灯都不亮，总恒定电流分摊到其他LED灯串上，影响与并联方式在恒流驱动时发生断路的情况相同；如果某LED短路，则该LED所在串联支路在少了一个LED的情况下与其他支路并联，该支路的每个LED的端电压增加、支路电流增加。当采用恒压驱动方式时，如果某串联支路上某个LED发生断路，该串不亮，除该串LED以外，对其他LED没有影响；如果某串联支路上的某个LED发生短路，则同样该串LED的每个LED的端电压增加、该串LED会因电流增加而造成损坏。

图2-4所示的先并后串混联方式中，当采用恒流驱动方式时，如果某个LED断路，则在该LED所在并联分组上电路总电流分摊到其他LED上，若并联LED较多则影响不大；如果某个LED短路，电流全部从该LED流过，若并联LED较多则电流较大而最后将此处熔断，最终影响与该LED断路时相同。当恒压驱动方式时，如果某LED断路，那么该并联LED灯组与其他并联LED灯组的LED数目不同，电路总输出电流减小，分配到每个LED上的电流也减小，且流过发生故障LED灯组内各LED的电流与其他LED灯组内LED的电流不同，会造成亮度不同；如果某LED短路，相当于少串联了一行LED，加到其他LED并联串上的电压升高，电流因此也升高，会对其他LED造成损坏[1]。

2.1.2 LED 驱动电源的功能要求

1. 恒流或恒压功能

按照上述 LED 光源要求的驱动电流或电压值，驱动电源应具有恒定电流或恒定电压输出的功能，以保证 LED 光源稳定工作在设定点。恒定输出是指驱动电源在各种波动和干扰情况下，仍能保证输出值不变或相对于理想输出的误差控制在允许范围内。波动和干扰包括供电输入端电气参数（如电压、频率等）的波动，电源内部元器件参数的变化，输出端 LED 负载参数（如工作点、启动电压、等效电阻等）的变化，以及外部环境干扰、噪声等。驱动电源一般应为恒流输出模式，特殊情况下也可恒压输出。

2. 异常保护功能

驱动电源不仅能在正常情况下稳定工作，还能在工作出现异常状况时进行自我保护（以避免电源损坏），并在异常状况去除后能自动恢复正常工作。常规的保护功能主要包括输出过电压、过电流、短路、开路保护。此外，为了增强可靠性，还可增加过热、欠电压等保护功能。

3. 电磁兼容（EMC）功能

由于驱动电源常采用高频开关电路方式，容易引起电磁兼容方面的问题，因此驱动电源需要具有电磁兼容功能，主要包括电源工作时对外界产生的电磁干扰（EMI）及电源对外界干扰的抗扰度（EMS），均需满足相应的国家标准，出口产品还应满足所在地区或国家的相关标准。

4. 安全与防护功能

独立外置式驱动电源应满足安全要求，保证其在正常使用过程中不对使用者或周围环境构成危险，包括防止意外接触带电部件、防电击、接地保护、防潮和绝缘、耐热防火及耐漏电起痕、耐腐蚀等，爬电距离、电气间隙、介电强度等也需满足安全要求；此外，驱动电源外壳还要有防水、防尘等功能。如果驱动电源集成于灯具内部，则灯具需要具有上述安全与防护功能。安全与防护方面均有相应的国家标准。

5. 光输出调节功能

对于需要调光的灯具，其驱动电源还需具有相应的调节功能。对于单种基色的 LED 组成的光源，其调光主要是调节其亮度，主要通过调节驱动电源的输出电流来实现；对于多种基色的 LED 组成的光源，一般每种基色的 LED 组成一路单独驱动，不仅可以调节亮度，白光灯具还可调节色温，彩色灯具还可调节其颜色，调节色温或颜色主要通过调节电源对各基色 LED 的驱动电流相对比例来实现，调节亮度则通过调节电源对各基色 LED 的驱动电流绝对值来实现。

6. 自动控制功能

随着智能照明的发展，许多灯具需要具备自动控制功能，该功能如果集成于驱动电源内部，则驱动电源也需要兼有控制器的功能。此时，可以通过通信模块接收上位机、远程端或遥控器等的控制指令；可以集成传感器以检测环境中的人因信息及自然光强，或根据内置时间表进行灯具自适应控制；当然，还需有 CPU 完成数据采集处理与控制算法，以实现灯具的灵活控制。

2.1.3 LED 驱动电源的性能要求

LED 驱动电源不仅需要满足上述的功能要求，还需要满足一系列性能指标的要求。表征其性能优劣的主要指标包括以下五类。

1. 基本电气性能指标

（1）输入电压额定值及其范围

该指标是驱动电源工作时的输入条件，也是设计电源时的依据，输入电压额定值是指驱动电源在规定的工作条件下其特定的输入电压，工频交流电输入时一般为220V，其他类型输入时根据供电条件确定；输入电压范围是指驱动电源能够正常工作时允许的输入电压变化范围，体现电源对供电的适应性能，一般电压变化范围为额定值的 ±10%，220V 工频交流电输入时范围为 198～242V（或近似为 200～240V），为了使驱动电源能够适应全球的电网电压（最低的电网电压为 100V，最高为 240V），也可采用宽电压范围（90～264V）。

（2）输入交流频率

该指标针对交流输入类型，是指输入交流电压的频率，是驱动电源的工作条件和设计依据，我国为 50Hz，有的国家为 60Hz，电源设计时可以根据使用国家选用其一，也可兼容二者以适用所有国家。

（3）功率因数

该指标针对交流输入类型，是指输入端有功功率与视在功率的比值。当采用正弦波交流电供电时，如 φ 为由容性/感性负载引起的输入电流比输入电压滞后/超前的相位角，则电源的功率因数（Power Factor）的计算公式为，PF = $\cos\varphi$；当电流存在畸变失真情况下时，PF = $\gamma\cos\varphi$，其中，γ 为电流畸变因数，定义为基波电流有效值与电网电流有效值的比值。如果 $\cos\varphi$ 低，则会造成较大的无功功率；如果 γ 低，则意味着输入端电流谐波分量较大，会造成电流波形失真，污染电网，甚至损坏其他电子设备。LED 驱动电源的输入电路一般由桥式整流器和其后的电容组成，该电容可以维持电压接近于输入正弦波峰值电压处，直到下一个峰值对其充电。整流器一般采用二极管，这种模式使得整流器件的导通角远远小于 180°，从而产生大量谐波电流成分，而谐波电流不做功，只有基波电流做功，导致功率因数很低[2]。虽然单个 LED 灯具功率因数低点对电网影响不大，但是大量灯具集中使用时就会产生严重影响，因此，功率因数是 LED 驱动电源的一个重要性能指标，许多国内外标准都对其做出了限值要求。

功率因数可以用功率计很方便测得，测量时，驱动电源在额定输入电压下，负载电流/电压（斜杠前对应恒压类型驱动电源，斜杠后对应恒流类型驱动电源，下同）从标称最小值变化到最大值，每次变化稳定工作后测量功率因数，取其最小值。

（4）待机功耗

该指标是指 LED 驱动电源在待机模式下消耗的平均功率。待机模式是电源设计时设定的最低功率消耗模式，此时驱动电源与供电端及 LED 负载正常连接，但该模式会自动停止主电路工作、停止为负载供电，这种模式可能会无限期持续，该模式一般会根据外部指令、环境变化等自动启动或退出，这些功能需要辅助模块实现，如工作状态指示、环境监测、通信、自动寻址等，这些辅助功能模块在待机模式下的功耗即为待机功耗。

（5）空载功耗

该指标是指 LED 驱动电源输入端接到供电端、输出端不连接负载时的功耗。如果驱动电源没有待机模式，或者有待机模式而没有进入待机状态，则空载时整个电路中有些部分仍在工作（如输入整流滤波电路由于滤波电容自放电到一定程度后，输入端会开始为其充电），有些电源管理芯片仍在部分工作，这部分电功率会构成空载功耗；如果有辅助功能，还要加上该部分功耗。

（6）输出电压/电流额定值

该指标是驱动电源恒压/恒流性能指标之一，是设计时的主要目标值，是指驱动电源在额定输入电压、额定负载条件下应输出到 LED 光源入口的电压/电流规定值，该值应与 LED 光源连接方式要求的驱动电压/电流一致。

（7）输出电压/电流准确度

该指标是驱动电源恒压/恒流性能指标之一，体现其实际输出电压/电流相对于额定值的准确度。测量时，驱动电源在额定输入电压、额定负载条件下稳定工作后，在一段时间内连续测量输出电压/电流，设输出电压/电流额定值为 U_{ONOM}/I_{ONOM}，与 U_{ONOM}/I_{ONOM} 偏差最大的实测值为 U_m/I_m，则输出电压准确度 δ_U、输出电流准确度 δ_I 分别为

$$\delta_U = \frac{|U_m - U_{ONOM}|}{U_{ONOM}} \times 100\% \tag{2-4}$$

$$\delta_I = \frac{|I_m - I_{ONOM}|}{I_{ONOM}} \times 100\% \tag{2-5}$$

（8）输出稳压/稳流范围

该指标是驱动电源恒压/恒流性能指标之一，体现其实际输出电压/电流的稳定性，是指在所有其他影响量不变时，由输入电压或负载变化引起驱动电源输出电压/电流的相对变化量。测量时，驱动电源在额定负载条件下的输入电压从额定值的85%变化到110%，每次变化稳定工作后测量输出电压/电流值；在额定输入电压

下负载电流/电压从标称最小值变化到标称最大值，每次变化稳定工作后测量输出电压/电流值；设与输出额定值 U_{ONOM}/I_{ONOM} 偏差最大的实测值为 U_m/I_m，则输出稳压范围 S_U、输出稳流范围 S_I 分别为

$$S_U = \frac{|U_m - U_{ONOM}|}{U_{ONOM}} \times 100\% \tag{2-6}$$

$$S_I = \frac{|I_m - I_{ONOM}|}{I_{ONOM}} \times 100\% \tag{2-7}$$

（9）输出电压/电流的负载调整率

该指标与输出稳压/稳流范围类似，是指在所有其他影响量保持不变时，由于负载的变化所引起驱动电源输出电压/电流的相对变化量。测量时，驱动电源在额定输入电压下的负载电流/电压从标称最小值变化到标称最大值，每次变化分别在稳定工作后测量输出电压/电流值，找出与额定输出值的偏差最大值计算输出电压/电流的负载调整率，计算公式同式（2-6）和式（2-7）。

（10）输出电压/电流的输入电压调整率

该指标与输出稳压/稳流范围类似，是指在所有其他影响量保持不变时，由于输入电压的变化所引起驱动电源输出电压/电流的相对变化量。测量时，驱动电源在额定负载条件下的输入电压从规定输入范围的最小值变化到最大值，每次变化稳定工作后测量输出电压/电流值，找出与额定输出值的偏差最大值，计算输入电压调整率，计算公式同式(2-6) 和式(2-7)。

（11）输出电压/电流纹波及峰-峰值

该指标是驱动电源恒压/恒流性能指标之一，是指输出直流电压/电流中所包括的交流分量峰-峰值。测量时，驱动电源在额定输入电压下的负载电流/电压从标称最小值变化到标称最大值，每次变化分别在稳定工作后，从示波器上观测输出电压/电流上叠加的交流分量的峰-峰值，所有峰-峰值中的最大值就是其纹波峰-峰值。输出纹波是高频开关方式的特点，频率一般与开关频率一致，纹波会导致功率损失及电容发热，设计时应尽量减小纹波。

（12）效率

该指标是驱动电源的重要性能指标之一，指驱动电源输出到 LED 负载的有效功率与输入功率的比值。驱动电源的高效率不仅可以保证 LED 灯具的整体高光效及节能优势，而且可以减小自身的功耗及发热，提高可靠性。测量时，驱动电源在额定输入电压、额定负载条件下，单路输出时测量输出电压 U_O、输出电流 I_O，多路输出时分别测量 n 路输出电压 U_{Oi}、输出电流 I_{Oi}（$i = 1, 2, \cdots, n$），以及输入功率 P_{IN}。单路和多路输出时的效率计算公式分别为

$$\eta = \frac{U_O I_O}{P_{IN}} \times 100\% \tag{2-8}$$

$$\eta = \frac{\sum_{i=1}^{n} U_{Oi} I_{Oi}}{P_{IN}} \times 100\% \qquad (2\text{-}9)$$

（13）启动时间

该指标是驱动电源的暂态性能指标之一，是指从驱动电源上电到输出额定电压/电流的90%所需的时间。测量时，驱动电源在额定输入电压下，依次调整负载电流/电压从标称最小值到标称最大值，每次上电启动后，从示波器上观测输出电压/电流波形，计算启动时间，取各次启动时间值中的最大值。

（14）启动输入冲击电流

该指标是驱动电源的暂态性能指标之一，指驱动电源上电启动时输入回路最大瞬时电流值。测量时，驱动电源在额定输入电压、额定负载条件下上电启动，测出输入电流波形，得出启动输入冲击电流。

（15）启动输出电压/电流过冲幅度

该指标是驱动电源的暂态性能指标之一，是指驱动电源上电启动过程中输出电压/电流偏离稳定值的最大瞬变幅度。测量时，驱动电源在额定输入电压下，依次调整负载电流/电压从标称最小值到标称最大值，每次上电启动，从示波器上观测输出电压/电流波形得到过冲幅度，取各次过冲幅度值中的最大值。

（16）过电压/过电流保护值

该指标是驱动电源的保护性能指标之一，当驱动电源工作状态下的输出电压/电流值超过某一限值时应自动进入保护状态，该限值即为过电压/过电流保护值。

2. 电磁兼容性能指标

该类指标主要包括 EMI 部分的传导发射骚扰、辐射电磁骚扰、谐波电流发射值[3]，及 EMS 部分的射频电磁场辐射抗扰度、工频磁场抗扰度、电快速瞬变脉冲群抗扰度、射频场感应的传导骚扰抗扰度、电压暂降/短时中断/电压变化抗扰度、静电放电抗扰度、浪涌抗扰度等[4]，相关国内外标准均有明确要求。

3. 安全性能指标

该类指标主要包括绝缘耐压、绝缘电阻、接地电阻、漏电流、介电强度、爬电距离、电气间隙等[5]，相关国内外标准均有明确要求。

4. 环境适应性能指标

该类指标主要包括工作温度、湿度范围，储存运输温度、湿度范围，防护等级，抗振频率与幅度等，相关国内外标准均有明确要求。

5. 可靠性指标

一般采用平均故障间隔时间（MTBF）衡量驱动电源的可靠性水平，也称为寿命。目前 LED 驱动电源的寿命远比 LED 器件的寿命要短，这极大地影响了 LED 灯具的整体可靠性，因此有些国内外标准对其提出了寿命要求。设计驱动电源时，应从系统角度进行可靠性平衡设计，避免可靠性短板影响整体寿命。

2.2 LED 驱动电源的分类

LED 驱动电源可以采用多种分类方法，主要是按照输出、输入形式分类及按主电路结构分类。

2.2.1 按输出形式分类

1. 恒流型

该类电源的输出为恒定电流，相当于恒流源，当输入电压波动、驱动电路有扰动、环境有干扰、LED 光源负载有波动时，输出电流的稳定性均不受影响；但当 LED 负载等效电阻变化时，电源输出电压会随之在一定范围内变化。

恒流型驱动是一般 LED 光源最理想的驱动形式，发展初期技术较复杂、成本较高，目前驱动技术和驱动芯片已有快速发展，恒流型输出已经成为 LED 驱动电源的主流形式。此外，普通的恒流电路允许负载短路，不允许完全开路，但目前一般的 LED 驱动电源都有开路、过电压等保护功能，因此负载开路对驱动电源也不会有损害。

2. 恒压型

该类电源的输出为恒定电压，相当于恒压源，当输入电压波动、驱动电路有扰动、环境有干扰、LED 光源负载有波动时，输出电压的稳定性均不受影响；但当 LED 负载等效电阻变化时，电源输出电流会随之在一定范围内变化。

恒压型驱动在 LED 照明发展初期应用较多，可以套用许多已有的恒压源技术，适用于恒流要求不是很高或 LED 光源连接形式需要恒压的场合。此外，普通的恒压电路允许负载开路，不允许完全短路，但目前一般的 LED 驱动电源都有短路、过电流等保护功能，因此负载短路对驱动电源也不会有损害。

3. 复合型

该类电源集成了多种输出控制模式，如恒流型、恒压型、恒功率型，通过一定的策略在不同情况下分别启用不同的输出形式，可以适应复杂工况，如输出电流较小时启用恒压型，输出电流较大时启用恒流型，或者输出功率较小时采用恒流/恒压型，输出功率较大时采用恒功率型。

2.2.2 按输入形式分类

1. 直流输入型

该类电源的输入为直流电，根据前端供电设备特点有不同的形式：可为基本稳定的直流电压，如供电端为恒压源、电池、直流母线、总线等；也可为波动的直流电压，如供电端为太阳能电池板等；还可为低压或高压直流。直流输入型驱动电源主要通过 DC/DC 变换将输入的直流电转换为要求的直流电压或直流电流。

2. 交流输入型

该类电源的输入为标准交流电，主要供电端为公共电网，也可为其他交流发电设备；根据国家或地区的不同，交流电也有不同形式，如220V/50Hz，110V/60Hz等。交流输入型驱动电源主要通过AC/DC变换将输入的交流电转换为要求的直流电压或直流电流，驱动电源的输入与输出不仅电压等级不同，且电压性质也不同，因此转换电路一般要比直流输入型复杂。

3. 特殊输入型

该类电源的输入为特殊波形电压，其供电线路前端一般接有特殊功能模块，该模块因其功能要求而输出不同形式的电压波形，如LED灯具前端接有电子变压器时，输入波形为高频交流电压；前端接有晶闸管调光器时，输入波形为斩波后的工频交流电压。特殊输入型驱动电源主要通过AC/DC变换将输入的特殊电压转换为要求的直流电压或直流电流，此外还需要针对前端特殊功能模块进行负载匹配等专门处理。该类驱动电源主要用于替换型应用等特种场合。

2.2.3 按主电路结构分类

1. DC/DC 转换电路

（1）电阻镇流电路

这种形式主要采用镇流电阻来减少输入电压波动引起的输出电压和电流的波动，等效电路如图2-5所示[1]。图中，U_{IN}为电路的直流输入电压，R为镇流电阻，R_S为单个LED的线性化等效串联电阻，n为每串LED的数目，m为并联LED的串数。

设U_F为LED的正向电压，I_F为正向电流，U_{ON}为导通电压，则镇流电阻的设计值为

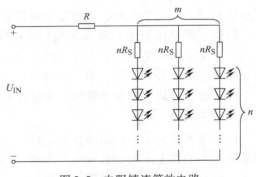

图2-5 电阻镇流等效电路

$$R = \frac{U_{IN} - nU_F}{mI_F} \quad (2\text{-}10)$$

式中，$U_F = U_{ON} + R_S I_F$。

当镇流电阻选定后，每串LED上的驱动电流I_F为

$$I_F = \frac{U_{IN} - nU_{ON}}{mR + nR_S} \quad (2\text{-}11)$$

由式（2-11）可知，当输入电压U_{IN}有波动时，驱动电流和驱动电压都会随之波动，但波动量会比未加镇流电阻时减小很多，因此其可在一定程度上稳定输出电流及输出电压。但电阻R上会消耗功率$R(mI_F)^2$，因此降低了电路的效率。这种

形式的驱动电路结构简单、成本低，但输出电流稳定度不高，调节能力差，效率低，仅适用于小功率 LED 应用场合。

（2）线性变换电路

线性变换电路主要利用工作于线性区的功率晶体管作为动态可调电阻来抑制输入电压波动引起的电流波动，进而实现恒流，具体又可以分为并联型电路和串联型电路，并联型电路如图 2-6a 所示，当输入电压 U_{IN} 增大时，流经 LED 的电流也将增大，通过反馈，使得功率晶体管 Q 的电流减小，进而其两端的电压也将减小，从而减小 LED 两端的电压，使得流经 LED 的电流大小维持不变。串联型电路如图 2-6b 所示，当输入电压 U_{IN} 增大时，流经 LED 的电流也将增大，通过反馈，使得功率晶体管 Q 的电流减小，从而减小 LED 两端的电压，使得流经 LED 的电流大小维持不变[6]。

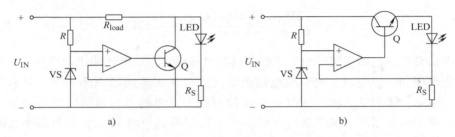

图 2-6　线性变换电路

a）并联型电路　b）串联型电路

与电阻镇流电路相比，线性变换电路在控制精度上有较大的提高，而且成本较低，在低功率场合应用较多。但是因为功率晶体管工作在线性区，功率消耗较大，系统效率不高，当输出电流超过 5A 时，线性变换电路的功耗就成为很大问题[7]。

（3）电荷泵电路

电荷泵是采用泵式电容器来实现 DC/DC 转换功能的电压转换器。电荷泵电路的本质就是在时钟周期的一部分时间内为电容充电，通过电容对电荷的积累效应储存电能；在该时钟周期的剩余时间内，利用电容的不同连接方法释放能量得到不同的输出电压。电荷泵的电路结构中，一般都需有三个基本要素：时钟、电容和开关，种类主要有升压型和降压型。基本的升压型电荷泵原理如图 2-7 所示[1]。

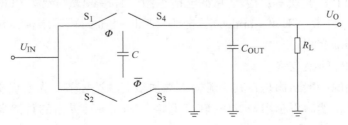

图 2-7　升压型电荷泵原理

图 2-7 中，时钟信号 Φ 和 $\overline{\Phi}$ 相反，在开关时钟 Φ 时，开关 S_1 和 S_3 闭合，S_2 和 S_4 断开，输入电压 U_{IN} 给电容 C 充电；在时钟相位 $\overline{\Phi}$，S_2 和 S_4 闭合，S_1 和 S_3 断开，电容 C 的下极板被接到 U_{IN}，上极板电势 U_O 作为输出，根据电容存储电荷不能突变的原理，电容 C 在时钟相位 Φ 内存储的电荷量为 $U_{IN}C$，所以在 $\overline{\Phi}$ 时刻有

$$(U_O - U_{IN}) C + U_O C_{OUT} = U_{IN}C \tag{2-12}$$

经过等式变换得

$$U_O = \frac{2U_{IN}C}{C + C_{OUT}} \tag{2-13}$$

当输入 U_{IN} 端也接一个和电容 C_{OUT} 同样大小的电容 C_{IN} 时，式(2-13) 变为

$$U_O = \frac{2U_{IN}C}{C + C_{OUT}} = \frac{2U_{IN}(C + C_{IN})}{C + C_{OUT}} = 2U_{IN} \tag{2-14}$$

电荷泵驱动电路根据输出方式的不同有电压输出型和电流输出型两种，分别输出恒定电压和恒定电流。电荷泵电路的最大优势是无需使用电感元件，具有尺寸小、成本低、噪声低、辐射 EMI 低以及控制能力强等特点。当输出电压与输入电压成一定倍数关系时，电荷泵电压转换效率效率可达 90% 以上，但是效率会随着两者之间的比例关系而变化，有时效率也低至 70% 以下。因此，电荷泵驱动电路在大功率 LED 的照明驱动应用中受到了限制。

(4) 开关变换电路

开关变换电路主要通过开关的开通或关断，把一个等级的电压变换成负载端另一个等级的电压。它兴起于 20 世纪 70 年代，在过去几十年中，提出了数十种电路拓扑结构，应用于各种开关电源系统。开关变换电路的能量损耗主要是在开关管上，能量变换效率非常高，可以达到 90% 以上。与线性变换电路相比，开关变换电路具有较高的效率和功率密度；与电荷泵电路相比，开关变换电路的电压变换形式更灵活范围更大。因此，开关变换电路目前已经成为 LED 驱动电源的主流形式。开关变换电路主要分为非隔离型拓扑和隔离型拓扑两大类，前者主要包括降压式（Buck）、升压式（Boost）、降压-升压式（Buck - Boost）、Cuk 变换、Zeta 变换和 SEPIC 变换等；后者主要包括正激（Forward）、反激（Flyback）、推挽（Push - pull）、半桥（Half - bridge）、全桥（Full - bridge）等结构，开关变换电路在第 3 章将详细介绍。

2. AC/DC 转换电路

该类电路的一般结构是在其交流输入端加整流滤波环节，先实现交流电压向直流电压的转换，然后再套用 DC/DC 转换电路，实现各种灵活的直流电压、直流电流变换。

2.3 LED 驱动电源的基本原理

2.3.1 DC/DC 驱动电源的基本原理

1. DC/DC 变换实现原理

DC/DC 变换是 LED 驱动电源主电路的核心，对于 DC/DC 驱动电源而言，在其输入端，供电直流电压 U_{IN} 一般是由应用场所提供的，如太阳能电池板、直流母线、恒压源等，电压等级千差万别；在其输出端，其输出的额定直流电压 U_{ONOM}（要求恒流输出时，实际上仍要求输出一定范围的直流电压）是由后面的 LED 光源决定的，LED 光源根据应用场合的不同其 LED 器件数量、连接方式也是千差万别的，导致对驱动电源的输出电压要求也各不相同。因此，U_{IN}、U_{ONOM} 是设计时的约束条件，驱动电源的主要功能就是实现从 U_{IN} 到 U_{ONOM} 的 DC/DC 转换。

实现 DC/DC 变换的拓扑电路有很多种，其中实现降压变换的 Buck 变换电路如图 2-8 所示，电路主要由以占空比 D_1 工作的开关管 Q、快速恢复二极管 VD、电感 L 和电容 C 组成，Buck 变换电路的作用

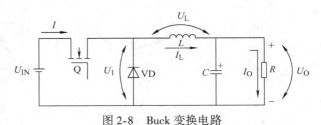

图 2-8 Buck 变换电路

是把给定的输入直流电压 U_{IN} 转换成接近 U_{ONOM} 的实际输出 U_O，并且输出电压小于输入电压。

Buck 变换电路的工作过程如图 2-9 所示，当开关管导通时，电路工作状态如图 2-9a 所示，电流 I 与流过电感 L 的电流 I_L 相等，且电感电流 I_L 的大小处在线性增加的状态；负载 R 上流过输出电流为 I_O，其两端的输出电压为 U_O，其电压极性为上正下负；此时二极管 VD 的两端为承受反向电压；$I_L > I_O$，电容 C 处在充电的状态。在经过时间 $D_1 T_S$ 后（$D_1 T_S$ 为开关管导通时间，D_1 为开关管导通时间占空比，T_S

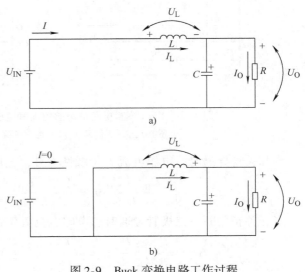

a)

b)

图 2-9 Buck 变换电路工作过程
a) 导通状态 b) 关断状态

为周期），开关管断开，其电路工作状态如图 2-9b 所示。此时电感 L 为了保持其电感电流 I_L 不变，将改变其两端的电压极性，从而二极管 VD 将承受正向偏压而导通（二极管导通时间占空比为 D_2），从而为电感电流 I_L 构成通路，所以称二极管 VD 为续流二极管。此时负载 R 两端的电压极性仍然不变（上正下负），$I_L < I_O$，电容 C 处在放电的状态，用来维持 I_O 和 U_O 的稳定[8]。

Buck 变换电路的电感电流和电感电压的工作波形如图 2-10 所示，根据电感电流的工作模式可以把 Buck 变换电路的工作状态分为两种模式：电感电流连续工作模式和电感电流不连续工作模式。如果开关管的关断时间与二极管的导通时间相等，即 $D_1 + D_2 = 1$，此时电感电流工作在连续工作模式；当电感较小，负载较大或者是周期 T_S 较大时，将出现电感电流已经下降为零，但是新的周期却还没有开始的情况，此时开关管的关断时间大于二极管的导通时间，即 $D_1 + D_2 < 1$，这便是电感电流不连续工作模式。

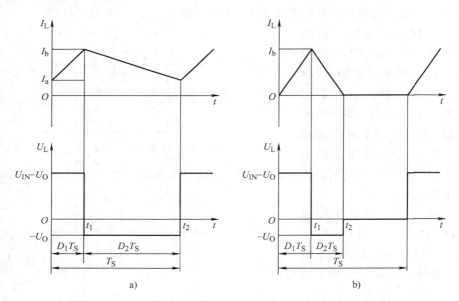

图 2-10　Buck 变换电路的电感电流和电感电压的工作波形

a）电感电流连续工作模式　b）电感电流不连续工作模式

当开关管导通时，电感电流 I_L 将线性上升，其增量为

$$\Delta I_{L1} = \int_0^{t_1} \frac{U_{IN} - U_O}{L} dt = \frac{U_{IN} - U_O}{L} t_1 = \frac{U_{IN} - U_O}{L} D_1 T_S \tag{2-15}$$

当开关管关断后二极管导通时，电感电流 I_L 将线性下降，其增量为

$$\Delta I_{L2} = -\int_{t_1}^{t_2} \frac{U_O}{L} dt = -\frac{U_O}{L}(t_2 - t_1) = -\frac{U_O}{L} D_2 T_S \tag{2-16}$$

在稳态时，这两个电流增量的绝对值应该相等，即 $|\Delta I_{L1}| = |\Delta I_{L2}|$，即

$$\frac{U_{IN} - U_O}{L} D_1 T_S = \frac{U_O}{L} D_2 T_S \tag{2-17}$$

整理可得，输出电压 U_O 和输入电压 U_{IN} 的关系为

$$U_O = \frac{D_1}{D_1 + D_2} U_{IN} \tag{2-18}$$

所以，当电感电流工作在连续工作模式时，$D_1 + D_2 = 1$，此时有

$$U_O = D_1 U_{IN} \tag{2-19}$$

当电感电流工作在不连续工作模式时，$D_1 + D_2 < 1$，此时有

$$U_O = \frac{D_1}{D_1 + D_2} U_{IN} > D_1 U_{IN} \tag{2-20}$$

综上所述，无论 Buck 变换电路工作在电感电流连续工作模式还是不连续工作模式，通过合理设定 D_1、D_2，即可使 $U_O = U_{ONOM}$，从而将输入电压 U_{IN} 转换为要求输出的低电压，实现降压变换。

2. 恒压/恒流实现原理

通过上述 Buck 变换电路，虽然可以得到期望的输出电压，但从控制角度看，该系统是一个开环系统，在输入 U_{IN} 有波动、外界有干扰叠加进来、电路本身存在非线性、负载工作点漂移等情况下，输出电压难以稳定在期望值，因此无法实现恒压输出。

自动控制理论是信息领域的基础理论，自 1948 年美国数学家维纳提出该理论以来，已经广泛应用于各个领域。其基本思想如图 2-11 所示，R 为被控对象的期望输出，y 为实际输出，u 为被控对象的控制量，d 为扰动，如果只给对象一个固定的 u，则对象在各种扰动 d 影响的下输出 y 很难稳定在期望值 R，因此，将 y 通过传感器检测

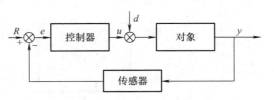

图 2-11　反馈控制原理

环节反馈回控制器输入端，与 R 比较得到误差 e，再通过控制律实时调整控制量 u，即可使输出 y 始终朝着与期望输出 R 的误差减小的方向发展。通过上述闭环负反馈机制，系统可以抑制环路内任意扰动 d 的影响，使输出 y 始终保持与期望值 R 一致。

采用闭环负反馈机制实现恒压/恒流控制的 Buck 电路原理如图 2-12 所示，控制器事先设定好期望的输出恒压值 U_{ONOM}，然后采集输出电压并反馈回控制器，控制器根据反馈值与设定值的偏差实时调整 PWM 占空比 D_1、D_2，即可在一定的精度内将输出电压 U_O 始终保持在要求的输出值 U_{ONOM}。

基于闭环负反馈机制实现恒流输出的 Buck 电路原理与恒压类似，可从恒压原理派生出来。在主电路部分，首先得到与额定输出电流 I_{ONOM} 对应的额定输出电压 U_{ONOM}，然后即可套用恒压型 Buck 设计 D_1、D_2 初始值；在控制器部分，设定值改

为期望的输出恒流值 I_{ONOM}，输出采样改为通过采样电阻采集输出电流，如图 2-12 中虚线部分，即可在一定的精度内将输出电流 I_O 始终保持在要求的输出值 I_{ONOM}。

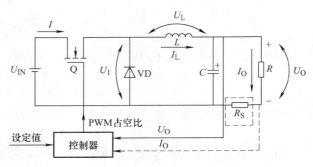

图 2-12　基于闭环负反馈机制实现恒压/恒流控制的 Buck 电路原理

统一的 DC/DC 恒压/恒流实现原理如图 2-13 所示，DC/DC 变换模块可以根据不同的变换要求选择合适的主电路拓扑结构，如降压型（Buck）电路，升压型（Boost）电路，降压–升压型（Buck–Boost）电路，以及电荷泵、Cuk、SEPIC、隔离反激、隔离正激电路等。控制器可以通过简单的比较放大电路模块实现，也可以用专门的 LED 驱动控制芯片（控制功能复杂的还可采用单片机等 CPU 系统实现）；目前大多采用 LED 驱动控制芯片，其中集成了设定、反馈、控制、PWM 驱动、保护等多种功能，控制方式灵活多样，有的还将功率开关管集成在一起，使电路简单可靠；控制器输出可以是主电路开关管的 PWM 占空比，也可以是线性电路的控制电压/电流。通过设定值和输出信号采样的配套，可以实现恒压控制、恒流控制或恒压恒流双闭环控制。

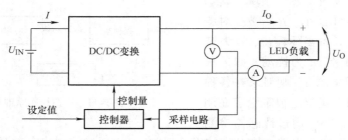

图 2-13　统一的 DC/DC 恒压/恒流实现原理

2.3.2　AC/DC 驱动电源的基本原理

AC/DC 驱动电源可以在 DC/DC 驱动电源的基础上派生而出，首先经过 AC/DC 变换将输入交流信号转换成直流形式，然后用 DC/DC 变换进一步进行直流电压值的变换，再经过闭环负反馈即可实现恒压/恒流输出。

实现交流电压向直流电压形式变换的主要方式是整流电路。整流电路有很多种，按照使用的整流器件种类可分为不可控电路、半控电路和全控电路三种；按照电路结构可分为半波电路（零式电路）和全波电路（桥式电路）；按电网交流输入相数分为单相电路、三相电路和多相电路。LED 驱动电源功率不大，一般采用单相交流供电，而且后端有专门的电压控制环节，所以其整流电路常采用最简单的单相不可控桥式整流电路，电路如图 2-14 所示。

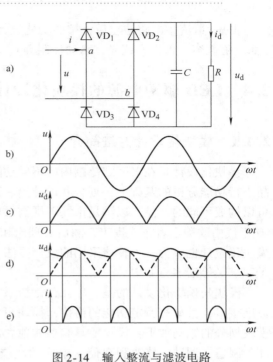

整流器件选用 4 个不可控的整流二极管，当输入电压在正半周时，整流二极管 VD_1 和 VD_4 自动导通、VD_2 和 VD_3 自动关断，当输入电压在负半周时，VD_2 和 VD_3 自动导通、VD_1 和 VD_4 自动关断，整流后的输出电压为脉动直流电压 u'_d。为了给后端提供一个相对平稳的电压，整流桥后常加滤波电容以减小直流脉动，加了滤波电容后，整流桥的工作过程如下：当输入交流电压 u 的正半周瞬时值大于滤波电容 C 电压 u_d 时，VD_1 和 VD_4 承受正向压降自动导通、VD_2 和 VD_3 承受反向压降自动关断，输入端给电容 C 充电，同时向负载 R 供电；当电容被充电到 $u_d = u$ 时，VD_1 和 VD_4 关断，电容以时间常数 RC 向负载 R 放

图 2-14　输入整流与滤波电路

a) 整流滤波基本电路　b) 输入交流电压

c) 整流后电压（无滤波）　d) 整流滤波后电压

e) 输入电流

电；当 C 放电到 u 的负半周瞬时值大于 u_d 时，VD_2 和 VD_3 承受正向压降自动导通、VD_1 和 VD_4 承受反向压降保持关断，输入端给电容 C 充电，同时向负载 R 供电；当电容被充电到 $u_d = u$ 时，VD_2 和 VD_3 关断，电容以时间常数 RC 向负载 R 放电，完成一个工作周期，输入端及通过整流桥的是窄脉冲电流。整流前输入电压 u、无滤波整流后电压 u'_d、整流滤波后电压 u_d 及此时的输入电流 i 如图 2-14b～e 所示。

经过整流滤波后，加上 DC/DC 恒压/恒流电路，即可实现 AC/DC 驱动电源的功能，其实现原理如图 2-15 所示。

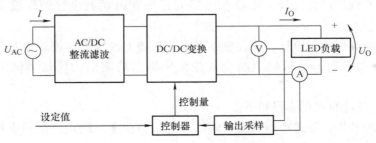

图 2-15　统一的 AC/DC 恒压/恒流实现原理

恒压/恒流主电路建立后，按照功能设计要求，补充实现其他功能的电路模块（如电磁兼容、保护、调光、自动控制等），即可完成整个 LED 驱动电源的设计。

2.4 LED 驱动电源的模块化设计

2.4.1 模块化设计方法简介

模块化设计是在对一定范围内的不同功能或相同功能不同性能、不同规格的产品进行功能分析的基础上，划分并设计出一系列功能模块，通过模块的选择和组合可以构成不同的产品，以满足市场不同需求的现代设计方法[9]，该方法于 20 世纪 50 年代由欧美学者正式提出，随后其理论和应用技术得到了进一步的发展和完善，模块化设计也成为一种普遍采用的设计方法，已广泛应用于机械、建筑、船舶、电子和家具等诸多行业中。

模块是模块化设计的基本单元，是指系统中结构独立、彼此之间存在定义好的标准接口，且具有特定功能的组件，模块可分为基本模块、辅助模块和可选模块。模块划分的原则如下：模块要具有功能独立性和结构完整性，以便对其进行单独设计、制造、调试、修改和存储；模块功能应尽量单一，以便灵活组合满足不同需求；模块与外部的接口要尽量简单和标准化，以便其组合、分离和互换；模块数量要适当，模块太多就失去了模块化设计的意义。模块化是指使用模块的概念对产品或系统进行规划设计和生产组织，产品模块化的主要目的就是以尽可能少种类和数量的模块组成尽可能多种类和规格的产品，即以最小的成本满足市场的各种需求。

模块化设计的方式主要包括以下几种：

1）横系列模块化设计：指不改变基型产品主参数，更换或添加新模块、增加新功能，形成新的变形产品。这种方式容易实现，应用最广。

2）纵系列模块化设计：指在基型产品基础上对相同类型不同规格的产品进行设计，一般体现为产品功能及原理方案相同而主参数不同，导致结构形式和尺寸不同，为了控制模块数量，往往合理划分主参数区段，在同一区段内模块通用；对于与主参数无关的模块，则可在更大范围内通用。

3）全系列模块化设计：指综合横系列设计和纵系列设计而形成全系列产品设计。

4）跨系列模块化设计：指在横系列产品基础上改变某些模块得到其他系列产品，或者在全系列产品基础上改变某些模块得到功能结构比较类似的其他系列产品。

模块化设计的主要流程如下：

1）市场分析：通过市场调查了解已有产品的功能优缺点，预测市场需求与产品方向。

2）模块化总体设计：根据市场调研结果，结合企业已有产品基础，进行产品横系列、纵系列、全系列、跨系列等模块化设计的总体方案规划。

3）模块划分与构建：面向规划的产品族进行功能分析，在此基础上通过自顶向下的方法划分出能够满足不同市场需求的功能模块体系；进一步完成各模块的具体实现，包括模块的方案设计、详细设计、接口设计以及模块组成信息的组织等。

4）模块选择与组合：通过把功能不同或者功能相同而性能不同的模块进行选择、组合，产生多元化的产品以满足客户个性化的需求，最终实现模块到产品的转换。

模块化设计方法的优点体现在以下几个方面：

1）提高产品设计效率：通过模块化实现了技术和资源的重用，减少了设计的工作量，大大缩短了产品的开发、制造及供货周期，产品更新换代快，有利于提高企业对市场的快速反应能力。

2）降低成本：模块化设计把产品的多变性与零部件的标准化有效结合起来，并充分利用了共用性和组合优化效应，通过模块的共用形成生产和管理的批量性，产品的标准化、系列化、通用化会大幅降低设计、生产和管理成本。

3）提高技术创新能力：一般企业70%以上的产品设计是适应性设计和变型设计，模块化设计可以充分利用已有模块，集中精力应用新技术进行关键模块创新，使得产品不断保持先进性[10]。

4）提高产品的质量和可靠性：模块化产品中大部分模块为经过重复使用、技术成熟的已有模块，质量可靠性有保障，只需重点对新开发模块进行考核验证。

5）便于维护及维修：由于模块化产品各模块的功能独立性，在发生故障时可以相对容易地发现故障点，而且模块的互换性强，必要时可以只更新模块，故障诊断时间短，维修方便、速度快、费用低且维修质量高。

6）适应先进的生产模式：大规模定制是为了满足客户多样化需求出现的一种新型制造模式，将大批量生产和定制生产这两种不同的方式融合，模块化设计是实现大规模定制的基础技术，可以以大批量生产的成本实现产品的多品种、小批量和个性化生产。

2.4.2　LED驱动电源的模块化

电气电子行业是模块化设计方法最早的应用领域之一，早在1923年，为解决成套电子设备结构的通用互换问题，美国制定了机箱面板和机架尺寸系列标准，后升级为IEC标准，一直沿用至今；1964年，IBM360模块型计算机系统的诞生，导致硅谷计算机产业群的兴起；目前模块化设计方法在很多电气、电子系统中已经广泛应用，如抽屉式电气开关柜、PLC控制系统、PC（计算机）系统等。

LED驱动电源的核心是驱动电路，电路的模块化设计与上述电气电子系统的不同点在于，它主要在电路设计阶段采用模块化方法，在最终的电路板上则各模块集成为一体，不像一般系统中的模块那样可以装配、拆卸，但模块化思想对于 LED 驱动电源的电路设计、分析解剖、故障查找等都是很有帮助的。下面重点介绍 DC/DC、AC/DC 两类 LED 驱动电源的模块化方法，其他分类方法的电源类型基本可以从这两类中通过相关模块组合得到。

1. DC/DC 驱动电源的模块化

根据 2.1 节中 LED 驱动电源的功能要求，DC/DC 驱动电源的功能分解及模块划分如图 2-16 所示，驱动电源的总功能首先分解为 5 个一级子功能，其中，DC/DC 变换、恒压/恒流/保护为必选功能，以完成必需的电压转换、输出恒定及基本保护等功能；滤波、调光、单灯控制为可选功能，可根据具体应用需求适当选择。一级子功能又可进一步细化为相对简单独立的二级子功能，各二级子功能基本上均可由相应的电路模块实现。

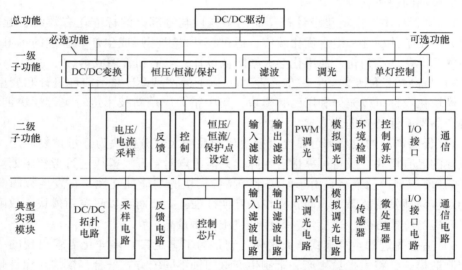

图 2-16　DC/DC 驱动电源的功能分解及模块划分

基于上述电路模块，模块化 DC/DC 驱动电源的实现原理框图如图 2-17 所示，主电路中，外部供电的输入直流电压为 U_{IN}，如果该直流电压波动较大，或叠加有较大环境干扰，此时可以在输入电压后加输入滤波模块进行处理，以吸收干扰噪声、稳定输入电压；其后接 DC/DC 拓扑电路，完成要求的输入 U_{IN} 到输出 U_0 的基本转换；由于 DC/DC 转换电路大多采用高频开关方式，其输出电压一般有纹波，有时还叠加有环境干扰，此时其后可以加输出滤波模块，以吸收干扰、稳定输出电压；然后该输出电压 U_0 为 LED 负载供电，提供要求的驱动电流 I_0。控制回路中，对实际输出电压 U_0/输出电流 I_0 进行采样，经过反馈模块送回控制芯片，控制芯片通过与输出电压设定值 U_{ONOM}/输出电流设定值 I_{ONOM} 的比较，按照一定规律调整 DC/DC 主拓扑电路的控制量（一般开关变换电路为占空比），通过闭环反馈控制原理使输出电压/输出电流始终稳定在设定值 U_{ONOM}/I_{ONOM}，实现恒压/恒流输出。如果 LED 灯具有调光要求，此时可根据控制芯片允许的调光方式，选择 PWM 调光模块或模拟调光模块，以实时改变输出设定值，从而实现调光功能。如果该灯具还需要复杂的控制功能，就需要增加单灯控制器，一般通过环境传感器监测环境的光照、人员等实时信息，经过 I/O 接口送回控制器，控制器根据各种设定工况的要求，按照相应的控制算法计算出此时理想的驱动电源输出，并经 I/O 接口修改控制芯片的输出设定值；如控制模式采用内设时间表控制，则无需外加环境传感器；此外，单灯控制器还可以通过通信接口与上位机或遥控器等进行交互，实现更加灵活的控制。单灯控制器可以实现复杂的照明控制，如自动调节 LED 亮度、色温、颜色、动态变化等，控制方式可以采用环境自适应、时间表、场景设定等多种形式，但其对驱动主电路的控制入口主要还是修改其输出设定值。

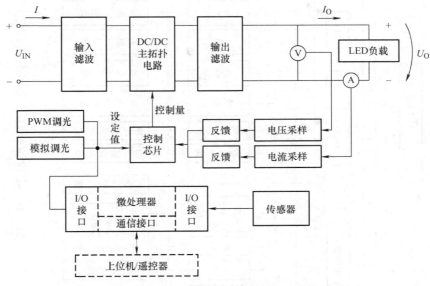

图 2-17　模块化 DC/DC 驱动电源的实现原理框图

　　根据图 2-17 模块化 DC/DC 型驱动电源的实现原理，通过可选功能模块的选择，可以实现驱动电源的横系列模块化设计；在纵向，DC/DC 主拓扑可以根据实际情况选择线性变换、电荷泵、开关变换等不同形式的模块，从而可设计出按主电路结构分类的不同类型的驱动电源；通过对输出采样模块的选择，可以设计出按照输出形式分类的恒压/恒流/复合等不同类型的驱动电源，从而实现纵系列模块化设计；在此基础上，还可进一步实现全系列或跨系列模块化设计。

2. AC/DC 驱动电源的模块化

　　根据 2.1 节中 LED 驱动电源的功能要求，AC/DC 驱动电源的功能分解及模块划分如图 2-18 所示，驱动电源的总功能首先分解为 8 个一级子功能，其中，AC/DC

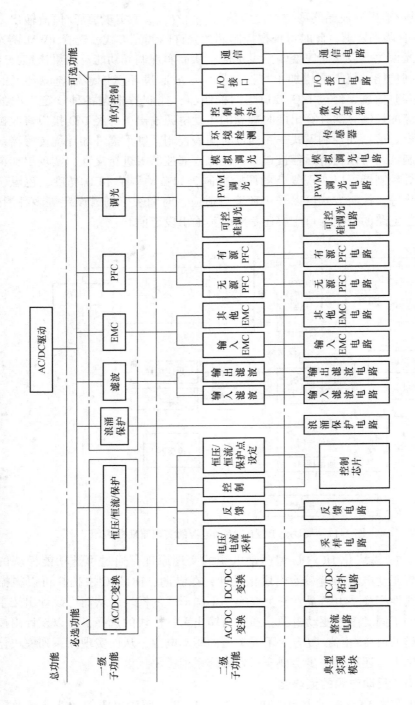

图 2-18 AC/DC驱动电源的功能分解及模块划分

变换、恒压/恒流/保护为必选功能，以完成必需的电压转换、输出恒定及基本保护等功能；浪涌保护、滤波、EMC（电磁兼容）、PFC（功率因数校正）、调光、单灯控制为可选功能，可根据具体应用需求适当选择。一级子功能又可进一步分为相对简单独立的二级子功能，并由相应的电路模块实现。

基于上述电路模块，模块化 AC/DC 驱动电源的实现原理框图如图 2-19 所示，主电路中，外部供电的输入交流电压为 U_{AC}，如果该灯具采用晶闸管调光方式，则一般晶闸管调光器串入主电路输入端，主电路的真正输入为经调光器斩波后的畸变交流电压；如果输入端存在雷击、浪涌、冲击等可能，需要限制瞬时过电压或泄放浪涌电流时，可以接入浪涌保护模块；为了减小交流输入端引入的电磁干扰、保证驱动电源正常工作，同时减小驱动电源因高频开关模式引起的电磁干扰对电网或其他设备的影响，需要接入输入 EMC 模块；经过上述输入处理后，相对纯净的交流电压必须经过输入整流模块实现基本的 AC/DC 转换，得到脉动直流电压；为了减小直流电压脉动程度及环境干扰，可以在整流后加输入滤波模块；为了满足驱动电源的功率因数指标要求，可以在其后接入 PFC（功率因数校正）模块；此时，输出的电压基本上为波动较小的直流电压，其后就可直接连接 DC/DC 主拓扑电路和输出滤波模块，输出 U_O 为 LED 负载供电，提供要求的驱动电流 I_O。此外，为了满足更为严格的 EMC 要求，有时还需在开关管、输出二极管、接地等一些关键环节进行其他 EMC 处理。控制回路与前述 DC/DC 驱动电源基本相同，只是当采用晶闸管调光时，主电路中 DC/DC 主拓扑模块前的直流电压要经过一定的变换电路形成相应的设定值给控制芯片。如果该灯具还需要复杂的控制功能，也需要增加单灯控制器，原理与前述 DC/DC 驱动电源相同。在上述模块化 AC/DC 驱动电源实现原理基础上，同样可以实现横系列、纵系列、全系列、跨系列的模块化设计。

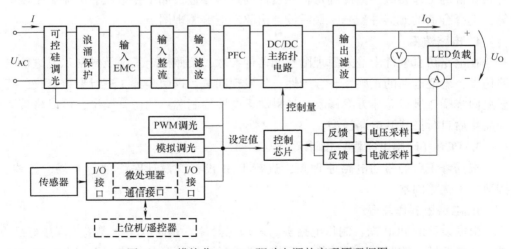

图 2-19　模块化 AC/DC 驱动电源的实现原理框图

2.4.3 LED 驱动电源的模块化设计流程

在前面 LED 驱动电源模块化的基础上，整个电源的设计流程如下。

1. 明确 LED 驱动电源的技术要求

首先，根据 LED 灯具应用场合确定需要哪些功能，如输出恒压/恒流/复合控制、保护、EMC、安全防护、调光、自动控制等；其次，根据应用情况确定性能指标：根据应用场所供电条件，确定电源输入条件，包括交流还是直流，输入电压额定值及其范围，输入电流限制，输入电压的频率及其范围，输入纹波，要求的功率因数限值等；根据灯具 LED 负载的串并联情况，确定输出技术指标，包括输出电压、输出电流及其精度要求，输出纹波，效率等；根据使用国家及地区确定安规要求和 EMC 要求；还需根据使用环境确定工作温度及其他要求；最终形成完整的电源设计技术要求。

2. 总体方案设计

首先，根据驱动电源的功能要求和技术指标，确定驱动电路的总体架构，如是 AC/DC 还是 DC/DC 型主电路、电路采用单级还是多级变换、单路还是多路输出、恒压还是恒流输出；然后，综合考虑多个技术指标，选择主拓扑电路；基于主拓扑电路选择适用的电源控制芯片；最后，在上述电路框架下，根据功能要求补充其他必选功能模块和可选功能模块，形成完整的驱动电源方案。

3. 电路原理设计及参数设计

根据驱动电源总体方案，各功能模块选择合适的电路实现形式，并相互连接起来，即可设计出基本的原理电路；根据主要技术要求的设计参数，详细计算电路中各元器件的工作参数，据此确定各元器件的选型参数，如工作电压、电流、耐压值等，选择合适的元器件型号，最后设计出驱动电路原理图。

4. 电路仿真

在电路仿真软件中输入原理图及元器件参数，按照额定工况及异常工况进行电路仿真，验证电路的正确性、合理性。如发现问题，返回步骤 3 进行参数修改，甚至返回步骤 2 进行总体方案修改。如果缺乏电源控制芯片的仿真模型，可以将其适当简化后自行搭建其电路模型。

5. PCB（印制电路板）设计

根据修正后的驱动电路原理图，进行 PCB 设计，设计时应注意布局、布线、接地、干扰等因素。

6. 电路板制作及调试

根据设计的 PCB 图，制作电路板，采购元器件，完成电路板焊接。焊接好后，进行上电调试，按照先主要功能、后辅助功能的次序检验各功能是否正常。如部分功能不能正常工作，先检查电路供电、连接是否正常，其次重点检查该功能模块。

7. 电路板测试与优化

电路板经功能检查正常后，进一步针对设计要求进行各性能指标的测试。如有的指标未达到设计要求，则需进行设计参数优化甚至总体方案优化。各项指标自测合格后，有时还需送第三方检测机构测试。

8. 装配完成

测试合格后的电路板就可装入驱动电源壳体内或灯具壳体内，完成装配。如果装配有问题，则需进行电路板面积、体积的调整。

9. 设计总结

最后要进行设计总结与文件归档，包括设计原理图、PCB 图、BOM 表、设计说明书、外部接线图、实验测试数据、第三方测试认证报告等。

参 考 文 献

[1] 宋适. 大功率 LED 照明高效驱动技术研究 [D]. 上海：上海大学，2010.

[2] 周志敏，纪爱华. 开关电源功率因数校正电路设计与应用实例 [M]. 北京：化学工业出版社，2012.

[3] 中华人民共和国国家质量监督检验检疫总局，中国国家标准化管理委员会. 电气照明和类似设备的无线电骚扰特性的限值和测量方法：GB/T 17743—2017 [S]. 北京：中国标准出版社，2018.

[4] 中华人民共和国国家质量监督检验检疫总局，中国国家标准化管理委员会. 一般照明用设备电磁兼容抗扰度要求：GB/T 18595—2014 [S]. 北京：中国标准出版社，2015.

[5] 中华人民共和国国家质量监督检验检疫总局，中国国家标准化管理委员会. 灯的控制装置第 14 部分：LED 模块用直流或交流电子控制装置的特殊要求：GB 19510.14—2009 [S]. 北京：中国标准出版社，2010.

[6] 艾叶. 独立式太阳能光伏 LED 照明系统研究 [D]. 上海：上海大学，2010.

[7] ANG S, OLIVA A. 开关功率变换器——开关电源的原理、仿真和设计（原书第 3 版）[M]. 张懋，张卫平，徐德鸿，译. 北京：机械工业出版社，2014.

[8] 张占松，蔡宣三. 开关电源的原理设计（修订版）[M]. 北京：电子工业出版社，2007.

[9] 贾延林. 模块化设计 [M]. 北京：机械工业出版社，1993.

[10] 刘曦泽. 面向复杂机电产品的模块化产品平台设计方法学研究 [D]. 杭州：浙江大学，2011.

第3章

LED驱动电源的主电路设计

3.1 常用主电路拓扑结构及选型

如第2章所述，开关变换电路具有较高效率和功率密度等特点，且开关变换电路的电压变换形式更灵活、范围更大，因此，目前开关变换电路已经成为LED驱动电源主电路的主流形式。

开关变换电路有很多种拓扑，主要分为非隔离型拓扑和隔离型拓扑两大类，在电力电子专业书籍中均有介绍。在适合于LED驱动电源的变换器拓扑中以DC/DC变换器为主，常用的非隔离型拓扑主要包括升压式变换器（Boost Converter）、降压式变换器（Buck Converter）、降压-升压式变换器（Buck-Boost Converter）等拓扑结构；常用的隔离型拓扑主要包括反激式变换器（Flyback Converter）、LLC谐振式变换器（LLC Resonant Converter）等拓扑结构。

在LED驱动电源主电路设计和选型时，需要综合考虑系统的多个技术指标和适用领域，如输入输出直流电压范围、是否需要隔离、效率等，有时还需要考虑其他约束条件，如体积限制、散热条件等，因此，上述5种常见DC/DC拓扑主电路，其特点比较见表3-1[1]，可作为LED驱动电源的主电路选型参考，表中：U_{IN}为变换器输入电压，U_O为变换器输出电压，○表示符合该项条件。

表 3-1　常用拓扑结构的特点比较

拓扑结构	$U_O < U_{IN}$	$U_O > U_{IN}$	$U_O < U_{IN}$ 或 $U_O > U_{IN}$	隔离型
降压式变换器	○			
升压式变换器		○		
降压-升压式变换器			○	
反激式变换器			○	○
LLC谐振式变换器			○	○

常用的降压式（Buck）主电路、升压式（Boost）主电路、升降压式（Buck - Boost）主电路、反激式（Flyback）主电路、LLC 谐振式主电路的工作原理、分析与设计将在 3.2 ~ 3.6 节中进行详细的阐述。

3.2 升压式（Boost）主电路设计

3.2.1 工作原理

升压式（Boost）变换电路的拓扑结构如图 3-1 所示，分别由以占空比 D_1 工作的开关管 Q、快速恢复二极管 VD、电感 L 和电容 C 组成，Boost 变换电路的作用是把输入直流平均电压 U_{IN} 转换成输出直流平均电压 U_O，并且输出电压 U_O

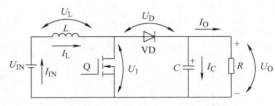

图 3-1　升压式（Boost）变换电路

高于输入电压 U_{IN}，因此称为 Boost 变换电路，又因为输入与输出之间没有隔离措施，所以也属于非隔离型变换电路[2-3]。

Boost 变换电路的工作过程如图 3-2 所示，D_1 为开关管导通时间占空比，D_2 为二极管导通时间占空比，T_S 为开关周期。当开关管导通时，电路工作状态如图 3-2a 所示，流过电感 L 的电流 I_L 的大小处在线性增加的状态，电能以磁能的形式存储在电感 L 中。此时，电容 C 放电，负载 R 上流过的电流为 I_O，其两端的输出电压为 U_O，电压极性为上正下负。由于此时开关管导通，二极管 VD 的阳极接 U_{IN} 的负极，二极管承受反向电压，所以电容 C 不能通过开关管放电。

在经过时间 $D_1 T_S$ 后（$D_1 T_S$ 为

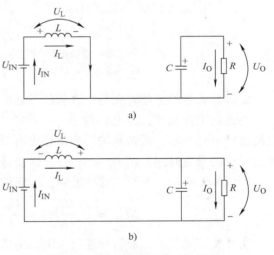

图 3-2　Boost 变换电路工作过程
a）开关管导通时等效电路　b）开关管断开时等效电路

开关管导通时间），开关管断开，其电路工作状态如图 3-2b 所示。此时电感 L 为了保持其电感电流 I_L 不变，将改变其两端的电压极性，从而二极管 VD 将承受正向偏压而导通（二极管导通时间占空比用 D_2 表示）。由电感 L 的磁能所转化成的电压 U_L 会与电源 U_{IN} 相串联，从而以高于 U_{IN} 的电压向电容 C 和负载 R 供电。在高于

U_O时，电容C会有充电电流；当等于U_O的时候，充电电流为零；当低于U_O时，电容C向负载R放电，从而维持U_O的不变。

Boost变换电路的电感电流和电感电压波形如图3-3所示，其工作状态根据电感上的电流可以分为两种模式：电感电流连续工作模式和电感电流不连续工作模式。

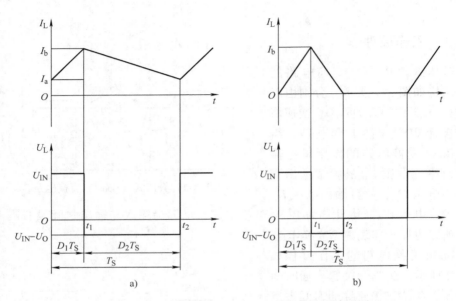

图3-3 Boost变换电路的电感电流和电感电压波形图

a）电感电流连续 b）电感电流不连续

如果开关管的关断时间与二极管的导通时间相等，即$D_1 + D_2 = 1$，则电感电流工作在连续工作模式；当电感较小、负载较大或者是周期T_S较大时，将出现电感电流已经下降为零，但是新的周期却还没有开始的情况，此时开关管的关断时间大于二极管的导通时间，即$D_1 + D_2 < 1$，这便是电感电流不连续工作模式。

如图3-3所示，当开关管导通时，电感电流I_L将线性上升，其增量为

$$\Delta I_{L1} = \int_0^{t_1} \frac{U_{IN}}{L} dt = \frac{U_{IN}}{L} t_1 = \frac{U_{IN}}{L} D_1 T_S \tag{3-1}$$

当开关管关断后二极管导通时，电感电流I_L将线性下降，其增量为

$$\Delta I_{L2} = -\int_{t_1}^{t_2} \frac{U_O - U_{IN}}{L} dt = -\frac{U_O - U_{IN}}{L} (t_2 - t_1) = -\frac{U_O - U_{IN}}{L} D_2 T_S \tag{3-2}$$

在稳态时，这两个电流增量的绝对值应该相等，即$|\Delta i_{L1}| = |\Delta i_{L2}|$，所以有

$$\frac{U_{IN}}{L} D_1 T_S = \frac{U_O - U_{IN}}{L} D_2 T_S \tag{3-3}$$

整理可得输出电压U_O和输入电压U_{IN}的关系为

$$U_O = \frac{D_1 + D_2}{D_2} U_{IN} \tag{3-4}$$

所以，当电感电流工作在连续工作模式时，$D_1 + D_2 = 1$，此时有

$$U_O = \frac{1}{D_2} U_{IN} \tag{3-5}$$

当电感电流工作在不连续工作模式时，$D_1 + D_2 < 1$，此时有

$$U_O = \frac{D_1 + D_2}{D_2} U_{IN} < \frac{1}{D_2} U_{IN} \tag{3-6}$$

由以上分析可知，无论 Boost 变换电路工作在电感电流连续工作模式或者是电感电流不连续工作模式，其输出电压都高于输入电压，所以我们称 Boost 变换电路为升压变换电路。

3.2.2 主电路参数设计

1. Boost 变换电路的电感设计

为提高系统转换效率，减小纹波电压，应通过设计合理的电感值使得 Boost 变换电路工作在电感电流连续的模式。当电感电流从连续状态过渡到不连续状态时，中间将穿过一个临界状态。临界状态的电感电流波形如图 3-4 所示[2-3]。当系统处在临界状态时，电感的充电时间和放电时间加起来刚好等于一个完整的周期。

图 3-4 中，$I_{IN} = \frac{1}{2} I_{Lmax}$，表示电感电流的平均值，也表示从输入源 U_{IN} 流出的平均电流大小（见图 3-2）。根据电磁感应定律，可得出

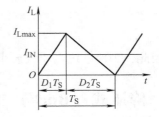

图 3-4 Boost 变换电路临界状态的
电感电流波形

$$L \frac{I_{Lmax}}{D_1 T_S} = U_{IN} \tag{3-7}$$

$$L \frac{I_{Lmax}}{D_2 T_S} = U_O - U_{IN} \tag{3-8}$$

在临界状态下，$D_1 + D_2 = 1$，由式（3-7）和式（3-8）可以得出

$$U_{IN} = D_2 U_O \tag{3-9}$$

根据能量守恒定律，在忽略二极管损耗和开关管损耗的情况下，输入源 U_{IN} 释放的能量将全部传递到输出源 U_O，因此有

$$I_{IN} U_{IN} = I_O U_O \tag{3-10}$$

综合以上 4 个公式以及 $I_{IN} = \frac{1}{2} I_{Lmax}$，便可以计算出系统在临界状态下的电感值 L_C 为

$$L_C = \frac{U_O T_S}{2 I_O} D_1 (1 - D_1)^2 \tag{3-11}$$

式中，D_1 为额定输出电压与最小输入电压时的占空比。

为了让系统工作在电感电流连续模式，电感 L 的值一般需要大于 L_C。

2. Boost 变换电路的电容设计

Boost 变换电路滤波电容的大小取决于系统对纹波电压的要求，流经电容的电流对电容充电时所产生的电压 ΔU_O 被称为纹波电压。

分析 Boost 变换电路的工作过程（见图 3-2）可知，当系统工作在电感电流连续工作模式下时，二极管 VD 上的纹波电流全部都会流进电容 C，从而保证负载上得到平直的直流电流，流经二极管的电流波形如图 3-5 所示。

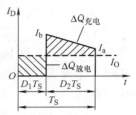

图 3-5 中阴影部分的面积分别是电容充电时存储的能量 $\Delta Q_{充电}$ 和电容放电时所释放

图 3-5　Boost 变换电路的二极管电流波形

的能量 $\Delta Q_{放电}$，所以 $\Delta Q_{充电} = \Delta Q_{放电}$，纹波电压可表示为

$$\Delta U_O = \frac{\Delta Q_{充电}}{C} = \frac{\Delta Q_{放电}}{C} = \frac{I_O D_1 T_S}{C} \tag{3-12}$$

进而可以得出对应纹波 ΔU_O 的电容值 C_C 为

$$C_C = \frac{I_O D_1 T_S}{\Delta U_O} \tag{3-13}$$

因此，为使系统电压纹波小于设计指标，电容 C 的值一般需要大于 C_C。

3.3　降压式（Buck）主电路设计

3.3.1　工作原理

降压式（Buck）变换电路的拓扑结构与工作原理如图 3-6 所示。图 3-6a 所示的 Buck 变换电路拓扑由以占空比 D_1 工作的开关管 Q、快速恢复二极管 VD、电感 L 和电容 C 组成，其作用是把输入直流平均电压 U_{IN} 转换成输出直流平均电压 U_O，并且输出电压 U_O 低于输入电压 U_{IN}，因此称为降压式（Buck）变换电路，又因为输入与输出之间没有隔离措施，所以也属于非隔离型变换电路。图 3-6b 和图 3-6c 分别为开关管导通与关断时 Buck 变换电路的工作状态，其工作模式也可以分为电感电流连续工作模式和电感电流不连续工作模式[2-3]。

关于 Buck 变换电路的工作原理、开关管导通和关断下的工作状态以及两种工作模式波形等分析，请参考第 2 章 2.3.1 节，此处不再赘述。

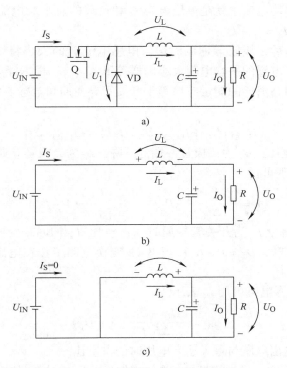

图 3-6 Buck 变换电路工作过程
a）电路拓扑结构 b）开关管导通状态 c）开关管关断状态

3.3.2 主电路参数设计

1. Buck 变换电路的电感设计

在 Buck 变换电路的设计过程中，其电感的设计非常重要。在 Buck 变换电路中，电感起着对能量进行传递和存储，以及对电路进行滤波的作用。电感值的大小将直接影响 Buck 变换电路的工作模式。为了减小纹波电压，降低电路的噪声，应通过设计合理的电感值使得 Buck 变换电路工作在电感电流连续工作模式，不同模式下的电感电流和电感电压的波形参考第 2 章 2.3.1 节图 2-10。

根据电路理论，电感中存储的能量可表示为

$$W_L = \frac{1}{2}LI^2 \tag{3-14}$$

在开关管导通期间，电感电流 I_L 的大小将线性增加，从 I_a 增加到 I_b，因此电感 L 中增加的能量可表示为

$$\Delta W_L = \frac{1}{2}LI_b^2 - \frac{1}{2}LI_a^2 = L\frac{1}{2}(I_b + I_a)(I_b - I_a) = LI_{L(AV)}\Delta I_L \tag{3-15}$$

式中，$I_{L(AV)}$ 为流经电感的平均电流大小，$I_{L(AV)} = (I_b + I_a)/2$（在开关管导通期

间，流经电感的平均电流也就是流经电容 C 和负载的总平均电流）；ΔI_L 为电感电流的波动幅度，$\Delta I_\text{L} = I_\text{b} - I_\text{a}$。

当开关管关断后二极管导通的时候，电感电流 I_L 的大小将线性减小，从 I_b 减小到 I_a，那么流经电感的平均电流大小同样等于 $I_\text{L(AV)}$，根据能量守恒定律，二极管导通期间电路回路消耗的能量应该等于开关管导通期间电感 L 中增加的能量，可表示为

$$\left(I_\text{L(AV)}\,U_\text{O} + I_\text{L(AV)}\,U_\text{D}\right)D_2 T_\text{S} = L I_\text{L(AV)}\,\Delta I_\text{L} \tag{3-16}$$

式中，U_O 为输出电压；U_D 为二极管两端的压降；D_2 为二极管导通时间占空比。

式（3-16）整理可得

$$L = \frac{(U_\text{O} + U_\text{D})}{\Delta I_\text{L} f}D_2 \leqslant \frac{(U_\text{O} + U_\text{D})}{\Delta I_\text{L} f}(1 - D_1) \tag{3-17}$$

式中，f 为开关频率；D_1 为开关管导通时间占空比（当 Buck 变换电路工作在电感电流连续工作模式时，$D_2 = 1 - D_1$；当 Buck 变换电路工作在电感电流不连续工作模式时，$D_2 < 1 - D_1$）。

那么，L 的临界电感可用 L_C 表示为

$$L_\text{C} = \frac{(U_\text{O} + U_\text{D})}{\Delta I_\text{L} f}(1 - D_1) \tag{3-18}$$

式中，D_1 为额定输出电压与最大输入电压时的占空比。

因此，为了让系统工作在电感电流连续工作模式下，电感 L 的值一般需要大于 L_C。

2. Buck 变换电路的电容设计

滤波电容的大小取决于系统对纹波电压的要求，流经电容的电流 I_C（$I_\text{C} = I_\text{L} - I_\text{O}$）对电容充电时所产生的电压 ΔU_O 被称为纹波电压，其波形如图 3-7 所示。

从图 3-7 中可以看出，当 $I_\text{C} > 0\,(t_\text{a} \sim t_\text{b})$ 时，电容充电，那么其纹波电压 ΔU_O 可表示为

$$\Delta U_\text{O} = \frac{1}{C}\int_{t_\text{a}}^{t_\text{b}} I_\text{C}\mathrm{d}t \tag{3-19}$$

根据数学理论，I_C 在 $t_\text{a} \sim t_\text{b}$ 的积分也就是图 3-7 中阴影部分三角形的面积，因此可以得出

$$\Delta U_\text{O} = \frac{1}{C}\left(\frac{1}{2} \times \frac{\Delta I_\text{L}}{2} \times \frac{T_\text{S}}{2}\right) = \frac{\Delta I_\text{L}}{8C}T_\text{S} \tag{3-20}$$

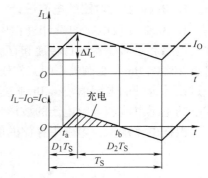

图 3-7 Buck 变换电路的电容电流波形

结合式（3-17）可以进一步得出

$$\Delta U_\text{O} = \frac{U_\text{O} D_2}{8LC}T_\text{S}^2 \tag{3-21}$$

式中，D_2 为二极管导通时间占空比。

当系统工作在电感电流连续工作模式时，$D_2 = 1 - D_1$，进而可以得出对应纹波 ΔU_O 的电容值 C_C 为

$$C_C = \frac{U_O(1 - D_1)}{8L\Delta U_O}T_S^2 \tag{3-22}$$

因此，为使系统电压纹波小于设计指标，电容 C 的值一般需要大于 C_C。

3.4　降压-升压式（Buck - Boost）主电路设计

3.4.1　工作原理

Buck - Boost 变换电路的拓扑结构如图 3-8 所示，分别由以占空比 D_1 工作的开关管 Q、快速恢复二极管 VD、电感 L 和电容 C 组成，Buck - Boost 变换电路的作用是把输入直流平均电压 U_{IN} 转换成输出直流

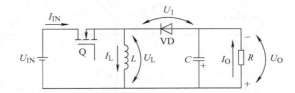

图 3-8　Buck - Boost 变换电路的拓扑结构

平均电压 U_O，并且输出电压 U_O 可低于（也可以高于）输入电压 U_{IN}，因此称为降压-升压式（Buck - Boost）变换电路，又因为输入与输出之间没有隔离措施，所以也属于非隔离型变换电路[2]。

Buck - Boost 变换电路的工作过程如图 3-9 所示，设 D_1 为开关管导通时间占空比，D_2 为二极管导通时间占空比，T_S 为开关周期。当开关管 Q 导通时，电路的工作状态如图 3-9a 所示，电流 I_{IN} 与流过电感 L 的电流 I_L 相等，且电感电流 I_L 的大小处在线性增加的状态，电感 L 储能，其电压极性为上正下负；负载 R 上流过的电流为 I_O，其两端的输出电压为 U_O，其电压极性为上负下正。此时二极管 VD 的两端承受反向电压，电容 C 处在放电状态。

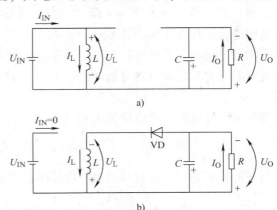

图 3-9　Buck - Boost 变换电路的工作过程
a) 开关管导通时的等效电路　b) 开关管关断时的等效电路

在经过时间 D_1T_S 后（D_1T_S 为开关管导通时间），开关管断开，其电路的工作状态如图 3-9b 所示。此时电感 L 为了保持其电感电流 I_L 不变，将改变其两端的电压极性，从而二极管 VD 将承受正向偏压而

导通（二极管导通时间占空比用 D_2 表示），该电压作用在负载两端，并向电容充电，以便开关管再次截止时通过电容 C 向负载提供能量。此时负载 R 两端的电压极性仍然不变（上负下正）。

在这个电路中，开关管的开通与关断，输出电压 U_O 始终与输入电压 U_{IN} 的极性相反，因此也称反相型变换电路，其电感电流和电感电压的工作波形如图 3-10 所示。根据电感电流可以把 Buck – Boost 变换电路的工作状态分为两种模式：电感电流连续工作模式和电感电流不连续工作模式。

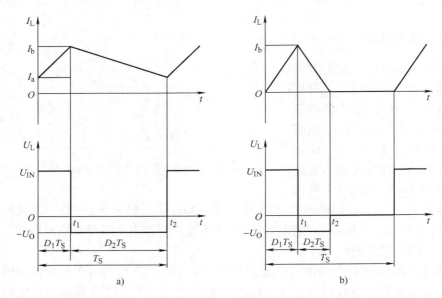

图 3-10　Buck – Boost 变换电路的电感电流和电感电压的工作波形
a）电感电流连续　b）电感电流不连续

如前所述，如果开关管的关断时间与二极管的导通时间相等，即 $D_1 + D_2 = 1$，此时电感电流工作在连续工作模式下；当电感较小、负载较大或者是周期 T_S 较大时，将出现电感电流已经下降为零，但是新的周期却还没有开始的情况，此时开关管的关断时间大于二极管的导通时间，即 $D_1 + D_2 < 1$，这便是电感电流不连续工作模式。

当开关管导通时，电感电流 I_L 将线性上升，其增量为

$$\Delta I_{L1} = \int_0^{t_1} \frac{U_{IN}}{L} dt = \frac{U_{IN}}{L} t_1 = \frac{U_{IN}}{L} D_1 T_{IN} \tag{3-23}$$

当开关管关断后二极管导通时，电感电流 I_L 将线性下降，其增量为

$$\Delta I_{L2} = -\int_{t_1}^{t_2} \frac{U_O}{L} dt = -\frac{U_O}{L} (t_2 - t_1) = -\frac{U_O}{L} D_2 T_S \tag{3-24}$$

在稳态时，这两个电流增量的绝对值应该相等，即 $|\Delta I_{L1}| = |\Delta I_{L2}|$，所以有

$$\frac{U_{\text{IN}}}{L}D_1 T_\text{S} = \frac{U_\text{O}}{L}D_2 T_\text{S} \tag{3-25}$$

整理可得输出电压 U_O 和输入电压 U_{IN} 的关系为

$$U_\text{O} = \frac{D_1}{D_2}U_{\text{IN}} \tag{3-26}$$

所以，当电感电流工作在连续工作模式时，$D_1 + D_2 = 1$，此时有

$$U_\text{O} = \frac{D_1}{1 - D_1}U_{\text{IN}} \tag{3-27}$$

由以上分析可知，Buck - Boost 变换电路工作在电感电流连续工作模式时，其输出电压高于还是低于输入电压，由占空比的值来决定：当 $D_1 < 0.5$ 时，$U_\text{O} < U_{\text{IN}}$，为降压（Buck）模式；当 $D_1 = 0.5$ 时，$U_\text{O} = U_{\text{IN}}$；当 $D_1 > 0.5$ 时，$U_\text{O} > U_{\text{IN}}$，为升压（Boost）模式。因此，我们称其为降压-升压式（Buck - Boost）变换电路。

3.4.2　主电路参数设计

1. Buck - Boost 变换电路的电感设计

为提高系统转换效率，减小纹波电压，应通过设计合理的电感值使得 Buck - Boost 变换电路工作在电感电流连续工作模式下。

当电感电流工作在连续状态和不连续状态的临界状态时，电感的充电时间和放电时间加起来刚好等于一个完整的周期。当开关管导通时，输入电压通过电感 L 直接返回，在电感 L 上储能，此时电容 C 放电，给负载提供电流 I_O；当开关管关断时，流经二极管 VD 的电流与电感 L 上电流相等[4]。由于一个周期 T_S 时间内，稳态工作时电容 C 的充电与放电的平均电流为 0，因此二极管的平均电流 I_D 等于负载平均电流 I_O，即

$$I_\text{D} = I_\text{O} = I_\text{L}(1 - D_1) \tag{3-28}$$

在临界状态时，开关管 S 的平均电流 I_S 等于输入电流 I_{IN}，即

$$I_\text{S} = I_{\text{IN}} = I_\text{L}D_1 \tag{3-29}$$

电感电流的平均值 I_L 为开关管 S 和二极管 VD 的电流平均值之和，即

$$I_\text{L} = I_\text{S} + I_\text{D} = \frac{I_\text{O}}{1 - D_1} \tag{3-30}$$

又因为，在临界条件下，电感电流 I_L 从 0 开始增加到最大值，增加量为 ΔI_{L1}，再逐渐减少到 0，减小量为 ΔI_{L2}，因此有

$$I_\text{L} = \frac{1}{2}|\Delta I_{\text{L2}}| \tag{3-31}$$

将式（3-24）与式（3-30）代入到式（3-31）中得

$$\frac{I_\text{O}}{1 - D_1} = \frac{1}{2}\left(\frac{U_\text{O}}{L}D_2 T_\text{S}\right) \tag{3-32}$$

整理得

$$L_C = \frac{1}{2} \frac{D_2^2 U_O T_S}{I_O} \qquad (3\text{-}33)$$

或用临界时间常数表示为

$$\tau_{LC} = \frac{L_C}{RT_S} = \frac{1}{2} D_2^2 \qquad (3\text{-}34)$$

因此，为了让系统工作在电感电流连续工作模式，电感 L 的电感值一般选取大于式(3-33) 或式(3-34) 的临界电感 L_C 的值。

2. Buck－Boost 变换电路的电容设计

在理想电容的情况下，Buck－Boost 变换电路输出的电压纹波与 Boost 变换电路是一样的，电容 C 的纹波即为输出电压纹波，即

$$\Delta U_O = \frac{D_1 T_S}{C} I_O \qquad (3\text{-}35)$$

进而可以得出对应纹波 ΔU_O 的电容值 C_C 为

$$C_C = \frac{I_O D_1 T_S}{\Delta U_O} \qquad (3\text{-}36)$$

因此，为使系统电压纹波小于设计指标，电容 C 的值一般需要大于 C_C。

3.5 反激式（Flyback）主电路设计

3.5.1 工作原理

反激式（Flyback）变换电路的主电路如图 3-11 所示，其拓扑结构简单、升降压范围宽，而且能够提供多组直流输出，因此广泛应用于中小功率变换场合[5]。反激式变换电路是从 Buck－Boost 变换电路演变而来的。

图 3-11 中，U_{IN} 为直流输入电压，U_O 为直流输出电压，T 为高频变压器，N_P 为一次绕组，N_S 为二次绕组，Q 为功率开关管，其栅极接脉冲调制信号，漏极接一次绕组的下端。VD 为输出整流二极管，C 为输出滤波电容。在脉冲调制信号的正半周，Q 导通，一次侧有电流 I_P 通过，将能量储存在一次绕组中。此时二次绕组的输出电压极性是上负下正，VD 截止，没有输出，如图 3-11a 所示。负半周时 Q 截止，一次侧没有电流流过，根据电磁感应原理，此时在一次绕组上会产生感应电压 U_{OR}，使二次绕组产生电压 U_S，其中极性为上正下负，因此 VD 导通，经过 VD、电容 C 整流滤波后获得输出电压，如图 3-11b 所示。由于开关频率很高，输出电压基本恒定，从而实现了稳压的目的。

反激式（Flyback）变换电路中的变压器起着电感和变压的双重作用。当功率开关管 Q 导通时，变压器一次侧 N_P 储能，二极管 VD 截止，由电容 C 向负载供

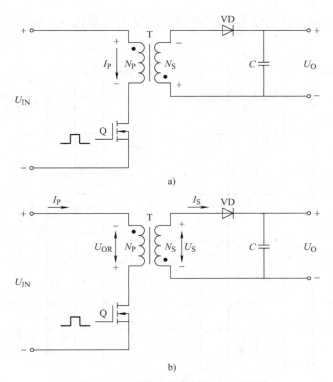

图 3-11　反激式变换电路的拓扑结构

a）开关管导通时储存能量　b）开关管关断时传输能量

电；当 Q 截止时，二极管 VD 导通，变压器二次侧 N_S 向负载放电以及向电容充电。根据开关管 Q 关断时间内二极管 VD 是否持续导通，反激式（Flyback）变换器可分为三种工作模式：断续导通模式（Discontinuous Conduction Mode，DCM）、连续导通模式（Continuous Conduction Mode，CCM）和临界导通模式（Critical Conduction Mode，CRM）。断续和连续导通模式的工作波形如图 3-12 所示[6]。

（1）断续导通模式（DCM）

断续导通模式是指开关管 Q 截止时间大于二次绕组电流降到零的时间。其工作波形如图 3-12a 所示，当开关管 Q 在 $t = t_{on}$ 时刻关断时，二次绕组电流开始衰减，Q 再次导通之前已经减小到 0，则工作在断续导通模式。

在电流断续导通模式下，反激式变换器的输出电压 U_O 与输入电压 U_{IN} 的关系为

$$U_O = \frac{D^2 T_S}{2 L_P I_O} U_{IN}^2 \qquad (3\text{-}37)$$

式中，L_P 为一次侧的电感量；T_S 为开关周期。

式（3-37）表明，在电流断续导通模式下，U_O 与 U_{IN}、I_O 是非线性关系。如果 U_{IN} 或 I_O 改变，那么要保持 U_O 恒定就必须调节占空比 D。此外，从式（3-37）还可

以看出，在电流断续导通模式下，输出电压 U_O 与匝数比 N_P/N_S 没有关系。

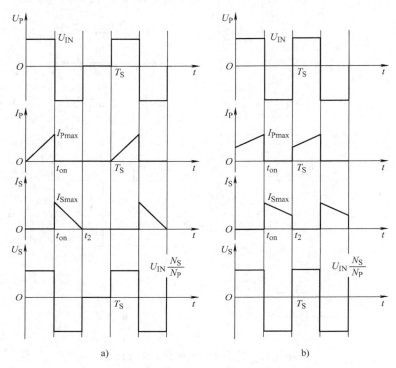

图 3-12　反激式变换器的工作波形

a）断续导通模式工作波形　b）连续导通模式工作波形

（2）连续导通模式（CCM）

连续导通模式是指开关管 Q 的截止时间小于二次绕组电流降到零的时间，即在 Q 再次导通之前，二次绕组电流还未减小到 0，则说明系统工作在连续模式，如图 3-12b 所示，在电流连续导通模式下，反激式变换器输出电压 U_O 与输入电压 U_{IN} 的关系为

$$\frac{U_O}{U_{IN}} = \frac{N_S}{N_P} \cdot \frac{D}{1-D} \tag{3-38}$$

（3）临界导通模式（CRM）

临界导通模式是指开关管 Q 的截止时间与二次绕组电流衰减到零所需的时间相等，反激式变换器输出电压 U_O 与输入电压 U_{IN} 的关系为

$$\frac{U_O}{U_{IN}} = \frac{N_S}{N_P} D \sqrt{\frac{I_{OBmax}}{I_O}} \tag{3-39}$$

式中，I_O 为输出电流；I_{OBmax} 为输出临界连续电流。

反激式（Flyback）变换器三种导通模式的优缺点见表 3-2[7]。

表3-2　反激式变换器不同工作模式的优缺点

工 作 模 式	优 点	缺 点
断续导通模式 （DCM）	1）结构简单 2）开关管实现零电流开通（ZCS），不存在二极管反向恢复问题 3）自动跟踪	1）电流纹波较大 2）开关管电流应力高，使用寿命降低
连续导通模式 （CCM）	1）功率容量大 2）输出纹波较小	1）结构复杂，需要双环控制 2）二极管存在反向恢复问题 3）由于尖峰电流的存在，开关管和二极管损耗非常大
临界导通模式 （CRM）	1）结构简单 2）二极管不存在反向恢复问题	1）功率容量小 2）开关管电流应力大

由表3-2可知，每种导通模式的特点不同，其所适用的场合也不同：通常在输出功率较低时采用断续导通模式或者临界导通模式，输出功率相对较大时则常采用连续导通模式。

3.5.2　高频变压器的参数设计

高频变压器是反激式变换电路的核心部件，其主要作用是电压变换、功率传输、实现输入和输出之间的隔离。反激式变换电路中高频变压器性能的优劣，不仅对整个电路效率有较大的影响，而且直接关系到其他技术指标，还决定了整个反激式变换电路的体积和重量。因此，高频变压器的参数设计非常重要，其设计的主要参数包括一次电感量 L_P，变压器变比 N，一、二次绕组匝数 N_P、N_S 及各绕组导线线径等[8]。

在单端反激式变换电路（见图3-11）中，变换器直流侧的输出功率由直流平均电压、直流平均电流决定，其输出功率为

$$P_O = U_{IN} \times \frac{1}{2} I_P D \times \eta \tag{3-40}$$

式中，P_O 为输出功率；U_{IN} 为直流输入电压；I_P 为开关管峰值电流（一次侧峰值电流）；D 为占空比；η 为效率。

因此，一次侧峰值电流为

$$I_P = \frac{2P_O}{U_{IN}D\eta} \tag{3-41}$$

同理，二次侧电流峰值为

$$I_S = \frac{2P_O}{U_O(1-D)\eta} \tag{3-42}$$

一次侧匝数为

$$N_{\mathrm{P}} = \frac{U_{\mathrm{INMIN}} T_{\mathrm{ONMAX}}}{\Delta B_{\mathrm{m}} A_{\mathrm{e}}} \qquad (3\text{-}43)$$

式中，N_{P} 为变压器一次绕组匝数；U_{INMIN} 为最小直流输入电压（V）；T_{ONMAX} 为最大导通时间（μs）；ΔB_{m} 为变压器磁路中最大感应强度（T）；A_{e} 为磁心有效截面积（mm²）。

二次侧匝数依据一、二次绕组的每匝伏数应相等求得，即

$$N_{\mathrm{S}} = \frac{N_{\mathrm{P}}(U_{\mathrm{O}} + U_{\mathrm{F}})}{U_{\mathrm{R}}} \qquad (3\text{-}44)$$

式中，

$$U_{\mathrm{R}} = U_{\mathrm{INMIN}} \frac{D_{\mathrm{MAX}}}{1 - D_{\mathrm{MAX}}} \qquad (3\text{-}45)$$

式（3-44）、式（3-45）中 N_{S}、U_{O}、U_{F}、U_{R}、D_{MAX} 分别为变压器二次绕组匝数、输出电压、输出整流二极管导通电压、变压器一次侧的反射电压（相当于 Flyback 变换电路的输出电压）、最大占空比。

一次电感量的计算公式为

$$L_{\mathrm{P}} = \frac{U_{\mathrm{IN}} t_{\mathrm{ON}}}{I_{\mathrm{P}}} \qquad (3\text{-}46)$$

磁路气隙为

$$l_{\mathrm{g}} = \frac{\mu_0 N_{\mathrm{P}}^2 A_{\mathrm{e}}}{L_{\mathrm{P}}} \qquad (3\text{-}47)$$

当直流输入电压最小、导通时间最大时，将式（3-43）和式（3-46）代入式（3-47）得

$$l_{\mathrm{g}} = \frac{\mu_0 N_{\mathrm{P}} I_{\mathrm{P}}}{\Delta B_{\mathrm{m}}} \qquad (3\text{-}48)$$

式中，μ_0 为真空的磁导率，其值为 $4\pi \times 10^{-7} \mathrm{W} \cdot \mathrm{B}/(\mathrm{A} \cdot \mathrm{m})$

3.5.3　钳位电路的选择

反激式变换电路在开关管关断时，高频变压器的一次侧会产生由二次侧反射的电压，反射电压的极性和直流输入电压相同，高频变压器漏感也产生感应电动势，在开关管关断速度极快时，漏感产生的感应电动势非常高，而开关管此时承受的最大电压为三者之和，因此经常需要在单端反激式电路中加入钳位电路来对开关管的电压进行钳位。常见的钳位电路如图 3-13 所示[7]。

三种常用钳位电路有着各自的优缺点，见表 3-3[7]，可根据驱动电路的成本、效率和设计指标等综合选取。

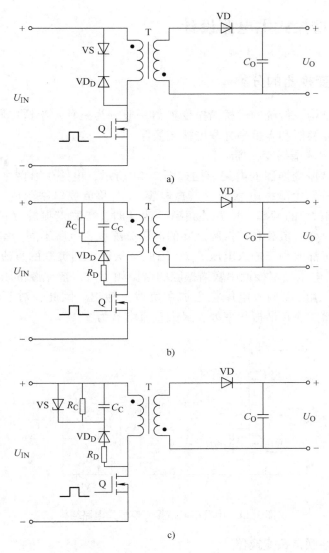

图 3-13　钳位电路

a）稳压管钳位电路　b）RCD 钳位电路　c）RCD 加稳压管钳位电路

表 3-3　钳位电路的比较

开关管钳位电路	稳压管钳位	RCD 加稳压管钳位	RCD 钳位
元件成本	高	最高	最低
空载损耗	最低	低	最高
轻载损耗	最高	高	最低

3.6 LLC 谐振式主电路设计

3.6.1 谐振变换器的分类

依据拓扑结构，传统的半桥谐振变换器一般分为三种：半桥串联谐振变换器、半桥并联谐振变换器和半桥串并联谐振变换器。

（1）半桥串联谐振变换器

半桥串联谐振变换器的电路结构如图 3-14 所示，电路中有两个 MOS 管 Q_1 和 Q_2，上下桥臂分别由谐振电感 L_r、谐振电容 C_r 以及负载串联形成一个谐振回路。当半桥中点电压 U_{ra} 的频率（即开关频率）改变时，串联谐振腔（即 L_r、C_r 部分）的阻抗会随之改变，负载和谐振腔之间的电压分配也会有所不同。串联谐振腔和负载上分得的电压都要小于输入电压 U_{IN}，因此，从输入到负载的直流电压增益都会小于 1。当输入电压频率接近串联谐振腔的谐振频率时，谐振腔的阻抗会变得非常小（接近于零），所以输入电压将会加在负载上输出。因此，对于串联谐振变换器，最大直流增益点在谐振频率处，最大直流增益为 1。

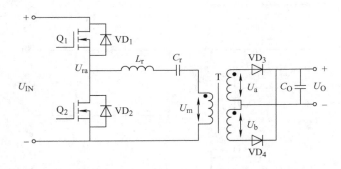

图 3-14　半桥串联谐振变换器的电路结构

（2）半桥并联谐振变换器

半桥并联谐振变换器的电路结构如图 3-15 所示，它只是将半桥串联谐振变换器的谐振电容 C_r 并联在励磁电感上。虽然称之为半桥并联谐振变换器，但谐振腔仍然为串联结构，不过负载和谐振电容 C_r 之间为并联结构，更准确地说是并联负载输出的串联谐振变换器。由于拓扑中变压器一次侧并联一个电容，故变压器二次侧必须增加一个输出电感，以达到阻抗匹配。与半桥串联谐振变换器不同，半桥并联谐振变换器直流增益可以大于 1，而且它的工作频率区域要小得多，轻载条件时开关频率只要在很窄的范围内变化就可以实现对输出电压的调整，但轻载时谐振电流比较大，产生大量无功能量，输出滤波电感也比较大。

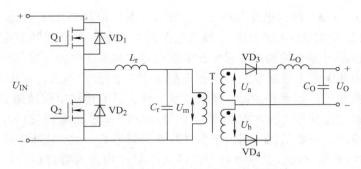

图 3-15 半桥并联谐振变换器的电路结构

（3）半桥串并联谐振变换器

半桥串并联谐振变换器的电路结构如图 3-16 所示。它的谐振腔由 L_r、C_r 和 C_p 三个谐振元件组成。半桥串并联谐振变换器的谐振腔可以看作是半桥串联谐振腔和半桥并联谐振腔的复合体，为了阻抗匹配，也需要增加一个输出滤波电感，兼具半桥串联谐振变换器和半桥并联谐振变换器的特点，但相比半桥串联谐振变换器，负载波动时半桥串并联谐振变换器工作频率的变化范围要小得多。

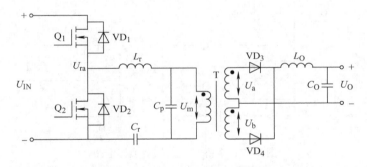

图 3-16 半桥串并联谐振变换器的电路结构

综合以上三种半桥谐振变换器会发现：半桥串联谐振变换器有比较实用的优点，而缺点主要是轻载工作频率较高，但这对于中频工作的变换器还是能够接受的，应综合考虑在模块电源中电压和电流应力方面以及损耗方面的要求。下面主要讨论在串联谐振基础上发展起来的 LLC 串并联谐振电路。

3.6.2 半桥 LLC 谐振变换器拓扑

在大功率 LED 驱动电源中，常用的 LLC 谐振电路为半桥式 LLC 谐振电路，因为其具有输出功率大、所需元器件数量少、性价比高、效率高、适配功率因数补偿电路等优点，利用谐振原理也可实现软开关功能，使开关变换器在电流自然过零点关断或电压过零时开通，从而降低开关损耗。因此，下面重点阐述半桥 LLC 谐振变换器电路。

半桥 LLC 谐振变换器电路如图 3-17 所示，图中电路考虑了 MOS 管寄生电容 C_1 和 C_2，由图可知半桥 LLC 谐振变换器电路的本质是一种串并联谐振拓扑。传统串联谐振变换器电路中的励磁电感要比谐振电感大得多，因而不参与谐振。而半桥 LLC 谐振变换器电路中励磁电感与谐振电感 L_r 的电感相差不大，励磁电感 L_m 也参与谐振。因此在工作频率和谐振频率的关系方面，只有传统串联谐振变换器的工作频率大于串联谐振频率 f_r，才能实现 MOS 管的 ZVS（零电压开关）开通，而半桥 LLC 谐振变换器，只要工作频率大于串并联谐振频率 f_m（考虑励磁电感参数），就可以实现 MOS 管的 ZVS。其主要特点是谐振频率（即直流增益最大点）会随着负载的变化而变化。因此当负载从零增加到无穷大的过程中，LLC 谐振频率出现两个边界：

1）当负载为零，等效变压器二次侧短路时，励磁电感相当于短路，谐振频率由谐振电容 C_r 和谐振电感 L_r 决定，处于最大值。

2）当负载无穷大，等效变压器二次侧开路时，本征谐振频率由谐振电感 L_r、励磁电感 L_m 和谐振电容 C_r 共同决定，处于最小值。

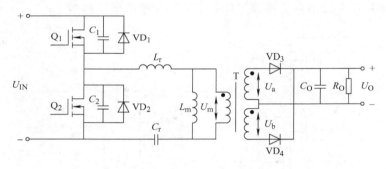

图 3-17　半桥 LLC 谐振变换器电路

半桥 LLC 谐振变换器具有既可升压又可降压的特性，同时三元件串并联谐振拓扑与二元件串联谐振拓扑相比，具有更宽的电压调整范围，软开关特性也更好，能承受较宽的输入电压范围，并且频率调整范围较小。通常变换器在串并联谐振频率 f_m 附近效率最高，因此一般来讲，额定输入电压条件下变换器的工作频率设定在串并联谐振频率 f_m 附近，以达到较高的效率。

3.6.3　半桥 LLC 谐振变换器的工作原理

根据半桥 LLC 谐振变换器的工作频率（即开关频率 f_s）与串并联谐振频率 f_m、串联谐振频率 f_r 关系，可将半桥 LLC 谐振变换器分为不同的工作区域，并且在不同的工作区域中其又有多种工作模式，其中：

$$f_m = \frac{1}{2\pi\sqrt{(L_r + L_m)C_r}} \tag{3-49}$$

$$f_r = \frac{1}{2\pi\sqrt{L_r C_r}} \qquad\qquad (3\text{-}50)$$

一般当开关频率 f_s 小于 f_m 时，谐振网络呈容性状态，开关管很难实现 ZVS，因此我们讨论 f_s 大于 f_m 时，半桥 LLC 谐振变换器的工作原理[9]。

1. $f_m < f_s < f_r$ 工作区的工作原理

当 LLC 谐振变换器的开关频率处于这个频段时，一个周期可以分为 8 个工作模式，其主要的电压和电流波形如图 3-18 所示，图中由上至下分别为开关管的导通顺序、谐振电感电流 i_r 和励磁电感电流 i_m、输出电流、开关管 Q_1 的压降 U_{DS1}，电流的正方向定义为各种工作模图中的箭头方向。

考虑到上下管工作模式对称，所以下面只对上管的 4 个工作模式进行分析。

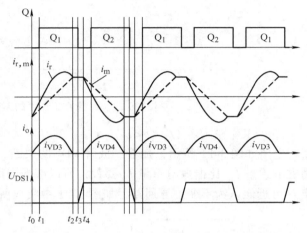

图 3-18　$f_m < f_s < f_r$ 工作区的主要电流和电压波形

（1）工作模式 1（$t_0 < t < t_1$）

电路如图 3-19 所示，当 $t_0 < t < t_1$ 时，Q_2 关闭，并且谐振电流 i_r 对 Q_1 的结电容放电也结束，VD_1 电压降到零，Q_1 的二极管 VD_1 导通，二极管 VD_3 也开始导通。励磁电感 L_m 两端的电压为 nU_O（n 为变压器匝数），i_m 线性增加。导通路径如图 3-19 中实线所示。

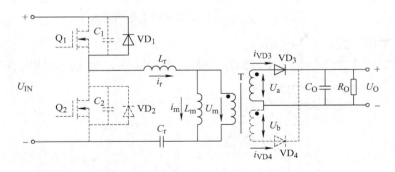

图 3-19　$f_m < f_s < f_r$ 工作区的工作模式 1

（2）工作模式 2（$t_1 < t < t_2$）

电路如图 3-20 所示，t_1 时刻，Q_1 零电压开通，谐振电流 i_r 从 Q_1 上流过，励

磁电流 i_m 继续增加，直到 $i_r = i_m$ 时二极管 VD_3 零电流关断。导通路径如图 3-20 中实线所示。

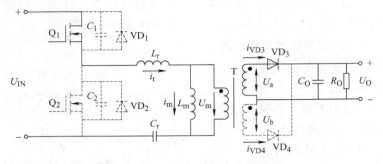

图 3-20　$f_m < f_s < f_r$ 工作区的工作模式 2

（3）工作模式 3（$t_2 < t < t_3$）

电路如图 3-21 所示，随着二极管 VD_3 的关断，励磁电感开始参与谐振，因为励磁电感量 L_m 比谐振电感量 L_r 要大，所以谐振周期相比之前会变长，这时谐振电流 i_r 可近似认为不变。导通路径如图 3-21 中实线所示。

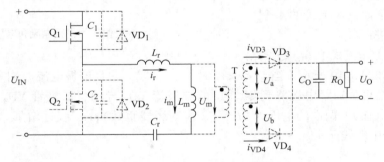

图 3-21　$f_m < f_s < f_r$ 工作区的工作模式 3

（4）工作模式 4（$t_3 < t < t_4$）

电路如图 3-22 所示，t_3 时刻 Q_1 关断，谐振电流 i_r 给 Q_1 的结电容充电，Q_1

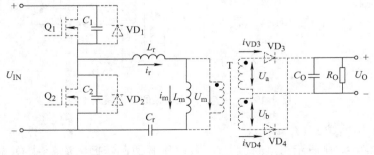

图 3-22　$f_m < f_s < f_r$ 工作区的工作模式 4

两端电压 U_{DS1} 升到输入电压 U_{IN}；同时，Q_2 的结电容放电，Q_2 两端电压 U_{DS2} 降到零，准备使 Q_2 零电压导通。t_4 时刻后，Q_2 的工作模式重复并对称前述 Q_1 的工作过程。导通路径如图3-22中实线所示。

2. $f_s \geqslant f_r$ 工作区的工作原理

当 LLC 谐振变换器的开关频率处于这个频段时，在一个周期内可以分为 8 个工作模式，同样考虑到上下管工作模式对称，所以只对上管的 4 个工作模式进行分析，其主要的电压和电流波形如图 3-23 所示，图中由上至下分别为开关管的导通顺序、谐振电感电流 i_r 和励磁电感电流 i_m、输出电流、开关管 Q_1 的压降 U_{DS1}，电流的正方向定义为各种工作模图中的箭头方向。

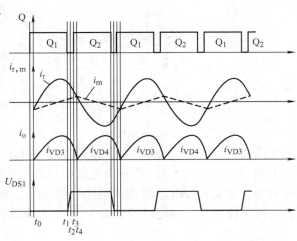

图 3-23 $f_s \geqslant f_r$ 工作区的主要电流和电压波形

（1）工作模式 1 （$t_0 < t < t_1$）

电路如图 3-24 所示，t_0 时刻励磁电流和谐振电流相同，即 $i_r = i_m$；此时，二极管 VD$_3$ 处于导通状态，励磁电感两端的电压为 nU_O，励磁电感上的电流线性增加，此时 L_r 和 C_r 参与谐振，谐振电流以频率 $f_r = 1/(2\pi\sqrt{L_rC_r})$ 正弦变化，直到 t_1 时刻，Q_1 关断。导通路径如图 3-24 中实线所示。

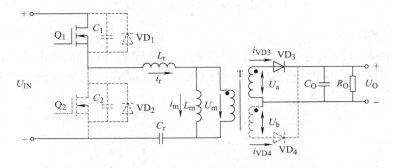

图 3-24 $f_s \geqslant f_r$ 工作区的工作模式 1

（2）工作模式 2 （$t_1 < t < t_2$）

电路如图 3-25 所示，t_1 时刻 Q_1 关断，谐振电流开始给 Q_1 的结电容 C_1 充电，电压 U_{DS1} 升到输入电压 U_{IN}，给 Q_2 的结电容 C_2 放电，电压 U_{DS2} 降到零，工作模式 2 结束。导通路径如图 3-25 中实线所示。

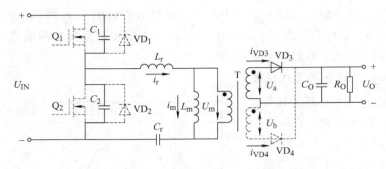

图 3-25 $f_s \geq f_r$ 工作区的工作模式 2

（3）工作模式 3（$t_2 < t < t_3$）

电路如图 3-26 所示，开关管 Q_1 结电容充电和 Q_2 结电容放电结束，Q_2 的二极管 VD_2 导通，由于 $f_s \geq f_r$，谐振电流此时仍然大于励磁电流，二极管 VD_3 依旧处于导通状态，因此励磁电感两端的电压还是 nU_O，回路电压方向和谐振电流方向相反，谐振电流减小。导通路径如图 3-26 中实线所示。

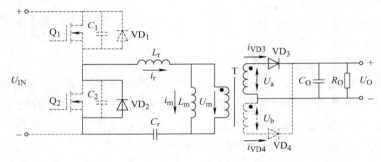

图 3-26 $f_s \geq f_r$ 工作区的工作模式 3

（4）工作模式 4（$t_3 < t < t_4$）

电路如图 3-27 所示，t_3 时刻 Q_2 导通，这个阶段 VD_3 依然导通，直到 t_4 时刻，励磁电流等于谐振电流时此阶段结束，谐振电路开始反方向的对称工作过

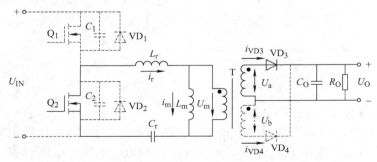

图 3-27 $f_s \geq f_r$ 工作区的工作模式 4

程。在 $f_s \geqslant f_r$ 时，励磁电感始终未参与谐振，因此这个频率的 LLC 谐振电路等效于传统的 LC 串联电路。导通路径如图 3-27 中实线所示。

3.6.4　半桥 LLC 谐振变换器的参数设计

1. 等效电路

对于谐振变换器的特性分析通常采用一次基波近似法（First Harmonic Approximation，FHA），该方法假设输入到输出能量的转移主要是由电压以及电流的傅里叶级数的基波分量组成的，下面通过 FHA 采用交流电路分析法对半桥 LLC 谐振变换器进行分析[10]。

图 3-28 所示为半桥 LLC 的输入 FHA 电路，半桥两开关管 Q_1 和 Q_2 交替导通，其占空比为 0.5。因此，谐振电路的输入电压 U_S 是一方波，其幅值为 U_{IN}，平均值为 $U_{IN}/2$，U_{IN} 的一次基波电压 U_{S1} 为

$$U_{S1} = \frac{2}{\pi} U_{IN} \tag{3-51}$$

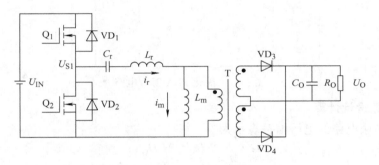

图 3-28　输入 FHA 电路

在实际的电路中，二次侧整流二极管上流过的电流为准正弦波，电流到零时翻转，故整流电路的输入电压为一方波，其幅值为 U_O，电压、电流同相位。输出 FHA 等效电路如图 3-29 所示。

由此，可得出该方波电压的傅里叶级数表达式，即

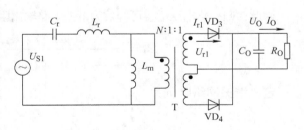

图 3-29　输出 FHA 电路

$$U_r(t) = \frac{4}{\pi} U_O \sum_{n=1,3,5K} \frac{1}{n} \sin(n \times 2\pi f_s t - \varphi) \tag{3-52}$$

式中，φ 为 $U_r(t)$ 与输入电压一次基波分量 U_{S1} 的相位差。

将输出侧电压、电阻等效到一次侧可得等效电路，如图 3-30 所示。由于变压器匝数比为 $N:1:1$，所以可得等效后的电阻、电压表达式为

$$R_{AC} = \frac{8N^2}{\pi^2} R_O \tag{3-53}$$

$$U_P = N\frac{4}{\pi}U_O \tag{3-54}$$

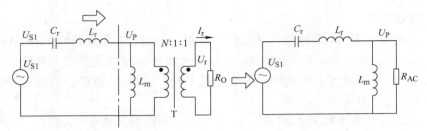

图 3-30　FHA 等效电路

通过上面的分析，可以得到 LLC 的简化 FHA 等效电路，如图 3-31 所示。

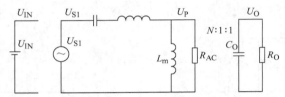

图 3-31　简化 FHA 等效电路

2. 参数设计计算

LLC 谐振电路的电压增益表示为

$$M = \frac{NU_O}{\dfrac{U_{IN}}{2}} = \frac{2NU_O}{U_{IN}} \tag{3-55}$$

因此，归一化电压增益可等效为谐振电路输出阻抗与输入阻抗的比值，其表示为

$$M = \left| \frac{(j\omega L_m)\,/\!/\,R_{AC}}{\dfrac{1}{j\omega C_r} + j\omega L_r + (j\omega L_m)\,/\!/\,R_{AC}} \right| \tag{3-56}$$

定义谐振网络阻抗为

$$Z_0 = \sqrt{\frac{L_r}{C_r}} \tag{3-57}$$

谐振网络的品质因数为

$$Q = \frac{Z_0}{R_{AC}} = \frac{1}{R_{AC}}\sqrt{\frac{L_r}{C_r}} \tag{3-58}$$

电感系数为

$$K = \frac{L_m}{L_r} \tag{3-59}$$

归一化频率为

$$f = \frac{f_\mathrm{s}}{f_\mathrm{r}} \tag{3-60}$$

将式（3-58）～式（3-60）代入式（3-56）中得

$$M(f, K, Q) = \frac{1}{\sqrt{\left[1 + \dfrac{1}{K}\left(1 - \dfrac{1}{f^2}\right)\right]^2 + Q^2\left(f - \dfrac{1}{f}\right)^2}} \tag{3-61}$$

电压增益是关于电感比 K、电路品质因数 Q、归一化频率 f 的函数，为了更直观地分析 f、K、Q 对电压增益的影响，可以先固定其中一个变量，使用 MathCAD 绘制出 LLC 谐振变换器电压增益的曲线，对另外的变量进行讨论。

（1）电路品质因数 Q 的影响

给定 $K = 4$，绘出 $Q = 0.2$、0.4、0.6、0.8、1 时电压增益与归一化频率 f 的一系列函数曲线，如图 3-32 所示。

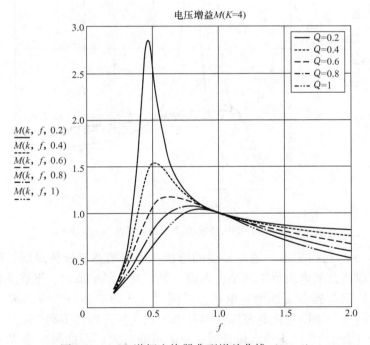

图 3-32　LLC 谐振变换器典型增益曲线（$K = 4$）

从图 3-32 中可以看出，所有的曲线都相交于一点，此点的开关频率 f 等于谐振频率 f_r，谐振电路的电压增益为 1，电路特性与负荷基本没有关系，该点称为一个独立工作点，这是 LLC 谐振变换器性能好于串联谐振变换器、并联谐振变换器等常规谐振变换器的明显特征。因此，在进行参数设计时，最好使 LLC 谐振变换器工作在该谐振频率的附近。随着 Q 值的增加，电压增益的峰值呈减小趋势，为了保证在最小输入电压下仍能够达到需要的输出电压值，在谐振网络的设计中，Q值就不能选择过大。同时，随着 Q 值的减小，会相应地使谐振电感的值减小，增大一次循环电流，增加损耗，降低整体电路的效率[11]。因而，Q 的取值必须兼顾多方面因素，综合考虑。

（2）电感比 K 的讨论

给定 $Q = 0.4$，绘出 $K = 1、3、5、7、9$ 时电压增益与归一化频率 f 的函数曲线，如图 3-33 所示。

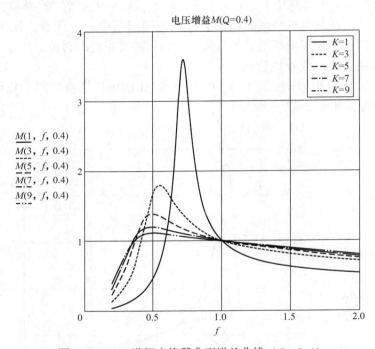

图 3-33　LLC 谐振变换器典型增益曲线 （$Q = 0.4$）

从图 3-33 中可以看出，随着 K 值的增加，电压增益的峰值降低，这意味着谐振变换器可以调节的电压范围减小，当输入电压处于最小值时，谐振变换器的输出电压可能无法调节到需要的恒定电压值；同时，从图中还可以看到 K 值越大，要获得同样的增益，频率变化的范围就相对比较宽一些，这样不利于磁性元器件的正常工作[12]。因此，在进行参数设计时，K 值不能过大。而如果减小 K 值，这意味着减小了并联谐振电感，则电感上的电流就增大，电感上的损耗增大。因此需要在增益范围和功率损耗之间折中选取 K 值，一般取 $2.5 \sim 6$。

变压器的理论匝数比为 N，考虑二次侧整流二极管的导通压降 U_{DF}，则

$$N = \frac{\dfrac{U_{INNOM}}{2}}{U_O + U_{DF}} \tag{3-62}$$

在 $Q=0$ 时（空载状态下），电压增益为

$$M_{\mathrm{b}}(f,K) = \cfrac{1}{\left| 1 + \cfrac{1}{K} - \cfrac{1}{Kf^2} \right|} \tag{3-63}$$

空载状态下的电压增益随着归一化频率趋于无穷大时趋于最小值，其值为

$$M_{\infty} = M_{\mathrm{b}}(f\rightarrow\infty\,,\ K) = \frac{K}{K+1} \tag{3-64}$$

输入电压最大时，得到半桥 LLC 谐振电路的最小电压增益 M_{MIN}，为了保证此时仍能工作在空载状态，应使 $M_{\mathrm{MIN}} > M_{\infty}$，即

$$M_{\mathrm{MIN}} = 2N\frac{U_{\mathrm{O}}+U_{\mathrm{DF}}}{U_{\mathrm{INMAX}}} > \frac{K}{K+1} \tag{3-65}$$

由式（3-65）可以设计电感系数 K，进一步可设计谐振电感参数。

电压增益的最大值 M_{MAX} 决定了变换器工作时的最低频率，半桥 LLC 谐振电路的最大电压增益为

$$M_{\mathrm{MAX}} = 2N\frac{U_{\mathrm{O}}+U_{\mathrm{DF}}}{U_{\mathrm{INMIN}}} \tag{3-66}$$

允许半桥 LLC 谐振电路最大增益在分界线上工作的最小归一化频率为[13]

$$f_{\mathrm{MIN}} = \sqrt{\cfrac{1}{1+K\left(1-\cfrac{1}{M_{\mathrm{MAX}}^2}\right)}} \tag{3-67}$$

电压增益的最小值 M_{MIN} 决定了变换器工作时的最高频率，半桥 LLC 谐振电路允许工作的最大归一化频率为

$$f_{\mathrm{MAX}} = \sqrt{\cfrac{1}{1+K\left(1-\cfrac{1}{M_{\mathrm{MIN}}}\right)}} \tag{3-68}$$

结合式（3-60）即可设计变换器工作的最低频率和最高频率。

变换器在最低工作频率 f_{MIN} 时得到的最大品质因数为

$$Q_{\mathrm{MAX}} = \frac{1}{K\,M_{\mathrm{MAX}}}\sqrt{K + \frac{M_{\mathrm{MAX}}^2}{M_{\mathrm{MAX}}^2-1}} \tag{3-69}$$

在进行 FHA 分析时，为求简化可将开关网络中各点处的寄生电容忽略不计。但当开关管工作在 ZVS 状态时，这些寄生电容对电路的工作和性能起到重要作用，因此应加以考虑[13]。如果 Q_1 和 Q_2 漏、源极间的寄生电容 C_1 和 C_2 的容值为 C_{oss}，对地的寄生电容 C_3 与谐振电路相互并联，其容值为 C_{stray}，具体分布电路如图 3-34 所示。

所以，工作于 ZVS 状态时，中点 N 处的总电容为

$$C_{\mathrm{ZVS}} = 2C_{\mathrm{oss}} + C_{\mathrm{stray}} \tag{3-70}$$

在 ZVS 状态下，输入电压最小、满载情况下的最大品质因数 $Q_{\mathrm{ZVS,1}}$ 为

$$Q_{\text{ZVS},1} = 0.95 \frac{1}{K M_{\text{MAX}}} \sqrt{K + \frac{M_{\text{MAX}}^2}{M_{\text{MAX}}^2 - 1}}$$

$$(3\text{-}71)$$

在 ZVS 状态下，死区时间为 T_{dead}，输入电压为最大、负载为空载情况下的最大品质因数 $Q_{\text{ZVS},2}$ 为

$$Q_{\text{ZVS},2} = \frac{2}{\pi} \frac{f_{\text{MAX}}}{(1+K) f_{\text{MAX}}^2 - 1} \frac{T_{\text{dead}}}{R_{\text{AC}} C_{\text{ZVS}}}$$

$$(3\text{-}72)$$

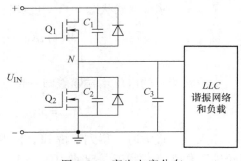

图 3-34　寄生电容分布

为使变换器在工作范围内实现 ZVS，应综合考虑式（3-71）、式（3-72）中的条件，选取品质因数的最大值为

$$Q_{\text{ZVS}} \leq \min \left\{ Q_{\text{ZVS},1}, Q_{\text{ZVS},2} \right\}$$

$$(3\text{-}73)$$

根据品质因数 Q 及其他参数，可以设计谐振电容和电感值为

$$C_r = \frac{1}{2\pi f_r R_{\text{AC}} Q_{\text{ZVS}}}$$

$$(3\text{-}74)$$

$$L_r = \frac{Q_{\text{ZVS}} R_{\text{AC}}}{2\pi f_r}$$

$$(3\text{-}75)$$

$$L_m = K L_r$$

$$(3\text{-}76)$$

参 考 文 献

[1] 沙占友，等 . LED 照明驱动电源优化设计 ［M］. 2 版 . 北京：中国电力出版社，2014.

[2] 艾叶 . 独立式太阳能光伏 LED 照明系统研究 ［D］. 上海：上海大学，2010.

[3] 张占松，蔡宣三 . 开关电源的原理与设计 ［M］. 北京：电子工业出版社，1998.

[4] 陈纯凯 . LED 驱动电源技术与应用 ［M］. 北京：电子工业出版社，2014.

[5] 宋适 . 大功率 LED 照明高效驱动技术研究 ［D］. 上海：上海大学，2010.

[6] ANG S，OLIVA A. 开关功率变换器—开关电源的原理、仿真和设计（原书第 3 版）［M］. 张懋，张卫平，徐德鸿，译 . 北京：机械工业出版社，2014.

[7] 乔波 . UV - LED 大功率驱动电源的研究 ［D］. 上海：上海大学，2013.

[8] 陈永真，陈之勃 . 反激式开关电源设计、制作、调试 ［M］. 北京：机械工业出版社，2014.

[9] 戴志平，谭宏，赖向东 . LED 照明驱动电路设计方法与实例 ［M］. 北京：中国电力出版社，2013.

[10] 战美 . LLC 半桥谐振变换器的研究 ［D］. 西安：西安科技大学，2013.

[11] 牛志强，王正仕 . 高效率半桥 LLC 谐振变换器的研究 ［J］. 电力电子技术，2012，46（6）：64 - 65.

[12] 朱立泓 . LLC 谐振变换器的设计 ［D］. 杭州：浙江大学，2006.

[13] 童辉 . 半桥 LLC 谐振 DC/DC 变换器的研究 ［D］. 南京：南京理工大学，2012.

第4章

LED驱动电源的EMC设计

4.1 LED驱动电源电磁干扰的产生机理

电磁兼容性（Electromagnetic Compatibility，EMC）定义为设备或系统在其电磁环境中能正常工作且不对环境中任何事物构成不能承受的电磁干扰的能力。因此，EMC包含两方面要求：

1）电磁干扰：即设备在运行时对环境的电磁干扰不能超过一定限制，主要考虑设备对所在电磁环境所发射的电磁干扰。

2）电磁抗干扰：即设备对其所在电磁环境中存在的电磁干扰具有一定的抗扰度，主要考虑设备在所在电磁环境中的耐受。

目前，LED驱动电源基本采用开关电源技术，利用控制电路控制开关管高速导通和关断来实现AC/DC或DC/DC变换，本身就是一个噪声源（干扰源），经传导和辐射会污染周围电磁环境，同时也会受到来自安装环境中的电磁干扰。因此，研究LED驱动电源电磁干扰的产生机理显得非常重要。

4.1.1 电磁兼容性基本分析

电磁兼容性问题的分析和解决可以从三大要素着手：干扰源、耦合途径和敏感设备，如图4-1所示。电磁兼容性的解决措施主要为根据设备需要满足的标准要求和具体的应用场合，确定EMC方案，做好设备和相关系统的EMC设计。

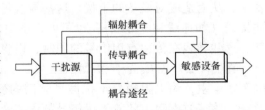

图4-1　EMC三要素

1. 电磁干扰源

一般来说，电磁干扰源主要分为自然干扰源和人为干扰源两种。

自然干扰源是指由自然现象引发的电磁干扰，主要包括雷电、静电放电、大气噪声、太阳异常电磁辐射、地球外层空间的宇宙噪声、沉积静电噪声以及热噪声等。因为无法在源头对自然干扰源进行有效控制，所以为了减小这些干扰源对设备的影响，设计人员只有从耦合路径或敏感设备层面采取措施，去减小自然干扰源的危害。

人为干扰源是指由机电或其他人工装置产生的电磁干扰，其中专门用来发射电磁能量的装置称为有意发射干扰源，如广播、电视、通信、雷达和导航等无线电设备，这一类电磁干扰也称为功能性干扰源。另一部分是在完成自身功能的同时附带产生电磁能量的发射称为无意发射干扰源，如交通车辆、架空输电线、照明器具、电动机械、家用电器以及工业、医用射频设备等，这一类电磁干扰也称为非功能性干扰源。对于功能性干扰源，要限制那些功能性发射电磁能量以外的伴随干扰源，主要是谐波发射和与谐波发射无关的乱真发射；非功能性干扰源是必须被抑制的，是电磁兼容性解决措施的关注对象。

2. 耦合途径

从各种电磁干扰源传输电磁干扰至敏感设备的通路或媒介，称为耦合途径，有两种方式：一种是传导耦合方式[1]；另一种是辐射耦合方式[2]。

（1）传导耦合

传导耦合是干扰源与敏感设备之间的主要耦合途径之一，是通过导电媒介将干扰源上的干扰耦合到敏感设备上，属于频率较低部分（低于30MHz）的耦合。传导耦合可以通过电源线、信号线、接地导体等进行耦合。

在低频时，因为电源线、接地导体、电缆的屏蔽层等会出现低阻抗，所以电流注入这些导体时易于传播。当噪声传导到其他敏感设备时，就可能产生干扰作用。解决传导耦合的方法就是要防止导线感应噪声，即采用适当的屏蔽或将导线分离，或者在干扰进入敏感设备之前，用滤波方法从导线上滤除噪声。

传导耦合的主要形式如下：

1）直接耦合。传导耦合最普遍的方式是干扰信号通过导线直接传导到敏感设备中，从而造成对设备的干扰。这些导线可以是设备之间的信号连线、电路之间的连接线（如地线和电源线），也可以是供电电源与负载之间的供电线。如图4-2所示，这些导线在传递有用信号的同时，也将传递干扰信号。

在图4-2中，R_S为干扰源内阻，U_S为干扰源信号的干扰电压，R_Z为连接导线的等效电阻，该电阻随着干扰信号频谱的变化而变化，R_L为敏感设备的等效电阻负载，该等效电阻也随着干扰信号频谱的变化而变化。

2）共阻抗耦合。当两个电路的电流流经一个公共阻抗时，一个电路的电流在该公共阻抗上形成的电压就会影响到另一个电路，这就是共阻抗耦合。在电源线和接地导体上传播的干扰电流，通常都是通过共阻抗耦合进入敏感电路的。

共阻抗耦合之一的典型公共地线阻抗耦合（又称共地阻抗耦合）如图4-3所

示，图中电路1和电路2共用一段地线，电路1的干扰电流（地电流）通过公共地线阻抗耦合到电路2，从而对电路2造成干扰，反之亦然。

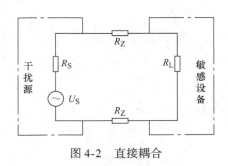

图4-2　直接耦合

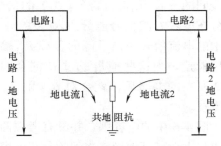

图4-3　共阻抗耦合之一

图4-4所示为共地阻抗耦合的另一个例子，图中 U_1 为干扰源电压，U_2 为敏感电路信号电压，干扰源和敏感电路之间有共地阻抗 Z_g。敏感电路的负载 R_{L2} 上的干扰电压 U_n 是干扰源电压 U_1、公共地阻抗 Z_g 及负载 R_{L2} 的函数。

图4-5所示为电源内阻及公共线路阻抗形成的共阻抗耦合，图中电路2电源电流的任何变化都会影响电路1的电源电压，这是由两个公共阻抗造成的：电源线是一个公共阻抗，电源内阻也是一个公共阻抗。将电路2的电源引线靠近电源输出端可以降低电源引线的公共阻抗耦合。

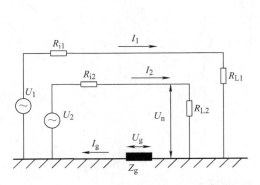

图4-4　共阻抗耦合之二

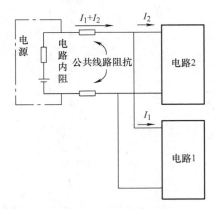

图4-5　共阻抗耦合之三

3）电容耦合。电容实际是由两个导体构成的，因此两根导线就可以构成一个电容，这个电容就被称为导线之间的寄生电容。由于寄生电容的存在，一根导线中的能量能够耦合到另外一根导线上，这种耦合称为电容耦合。电容耦合是指电位变化在干扰源与敏感电路之间引起的静电感应，又称静电耦合或电场耦合。电路的元件之间、导线之间、导线与元件之间都存在着分布电容，如果某一个导体上的信号电压（或噪声电压）通过分布电容使其他导体上的电位受影响，就产生电容耦合。

图 4-6 所示为平行布线的导线 1 和导线 2 之间的电容耦合，图中电容 C 是两根导线间的分布电容。流经导线 1 的信号，经分布电容 C 将信号能量注入导线 2。导线 1 的电流信号由信号源向负载 R_{L1} 输送有用能量。当这些能量通过 C 耦合到导线 2 所在的电路后，就会对 R_{G2} 和 R_{L2} 产生干扰。

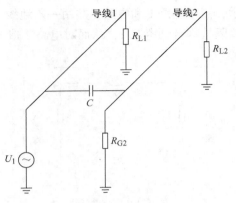

图 4-6 中的电容耦合并没有考虑两根导线与大地或其他导体之间的分布电容的影响。在实际设计中，导线与大地之间的分布电容是绝对不能忽略不计的。

图 4-6　平行导线的电容耦合

4）电磁感应耦合。电磁感应耦合又称磁场耦合，根据法拉第电磁感应定律：感应电动势等于磁通变化率的负值，而磁通正比于回路面积。在任何载流导体周围都会产生磁场，若磁场是交变的，则对其周围闭合电路产生感应电动势。当电路与另一电路（敏感电路）链环时，结果出现电磁感应耦合，在另一电路中产生感应电压 U_N，如图 4-7 所示。

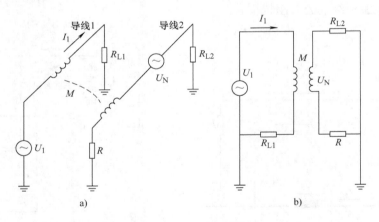

图 4-7　电磁感应耦合

a）实际电路　b）等效电路

U_N 可表示为

$$U_N = j\omega MI_1 = j\omega BS\cos\theta \tag{4-1}$$

式中，I_1 为干扰电路中的电流，其频率为 ω；M 为两电路的互感；B 为磁通密度；S 为闭合回路面积；θ 为 B 与 S 夹角；U_N 为感应电压的有效值。

因此，由式(4-1) 可以看出，为减小感应电压，可以采用如下措施：减小 B

的值，可利用加大电路间的距离或将导线绞绕，使绞线产生的磁通密度 B 能相互抵消掉；减小受干扰电路的面积 S，可将导线尽量置于接地面，以减少回路所围的面积；减小 $\cos\theta$ 的值，可通过重新安排干扰源与受干扰者的位置来实现[3]。

（2）辐射耦合

电流产生磁场，电压产生电场。在交流电路中，导体中的交流电流和导体间的交流电压会在周围空间产生交变的磁场和电场，产生一种电磁波在空间中传播。处于这种电磁波中的导体，就会感应出相应的电动势。

电磁辐射干扰是一种无规律的干扰，这种干扰很容易通过电源线、信号线传播到系统中去。空间中的导线不仅能辐射电磁波也能接收电磁波，这就是所谓的天线效应。当导线的长度大于或等于空间中信号波长的 1/4 时，天线效应更加明显。

辐射耦合就是通过空间将一个电网络上的干扰耦合到另外一个电网络中去，属于频率较高的部分（30MHz）。

3. 敏感设备

敏感设备是指在被关注的电磁环境中，被干扰的设备或可能受到电磁干扰影响的设备。敏感设备一般由一些电流回路或电压回路组成，因此有可能对外传导或辐射电磁能量，还可能通过前述耦合途径耦合到外界形成电磁干扰噪声，产生相应的电压或电流噪声，影响敏感设备的正常工作。因此，干扰源可以看成敏感设备，敏感设备也可以看成噪声源，EMC 技术就是要使在同一个电磁环境中的设备互不干扰，在自然界电磁能量的影响下，能正常工作。

4.1.2　LED 驱动电源电磁干扰的原因

LED 驱动电源工作在电压较高、电流较大的开关工作状态下，因此其电磁兼容问题的根本原因还是由功率器件高频开通和关断所导致电压、电流的快速变化。而较高的电压变化率和电流变化率所引起的电流尖峰和电压尖峰则形成了干扰源。例如输入整流滤波时的大电容充放电、开关管在高频开关时的电压切换、输出二极管的反向恢复电流，都属于这一类干扰源。另外在 LED 驱动电源中，开关管门极的驱动电压波形和开关管漏源极电压、电流波形都十分类似于方波。进行频谱分析后发现这些方波信号含有丰富的高次谐波，这些谐波干扰又将对电源中的其他基本信号，特别是控制信号产生干扰作用。

LED 驱动电源的电磁干扰源可以按来源的不同分为两类：一类是外部的干扰，主要是电网上的噪声和外部电磁辐射，分别通过传导耦合和辐射耦合进入驱动电源；另一类则是驱动电源内部自身干扰，主要集中在开关管、二极管和高频变压器这些电压、电流变化大的元器件上面。LED 驱动电源的电磁干扰来源如图 4-8 所示，电网中的共模干扰和差模干扰以及空间中的电磁辐射会传到驱动电源中去，同时驱动电源也会向电网和空间发射干扰噪声。

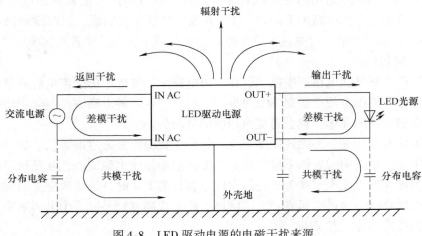

图 4-8　LED 驱动电源的电磁干扰来源

4.1.3　LED 驱动电源的干扰源

图 4-9 所示为降压型 LED 驱动电源的工作原理。$VD_0 \sim VD_3$ 为输入整流二极管，VD_4 为输出整流二极管，C_0 和 C_1 分别为输入滤波电容和输出滤波电容，Q 为开关管，由脉冲信号驱动，L 为电感。当开关管 Q 导通时，电流流过开关管 Q、电感 L、LED 光源，同时电感 L 存储能量；当开关管 Q 关断时，电感 L 中的能量释放出来，电流流过电感 L、LED 光源和二极管 VD_4。

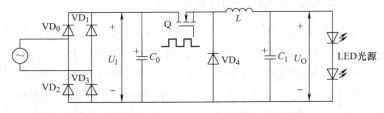

图 4-9　降压型 LED 驱动电源的工作原理

（1）开关管产生的干扰

开关管关断时，在其漏极与源极之间会出现一个非常高的电压尖峰，而且关断时间非常短，通常在 $10 \sim 100\mathrm{ns}$ 之间完成，所以会出现一个很高的电压变化率 $\mathrm{d}U/\mathrm{d}t$。

开关管的干扰产生原理如图 4-10 所示，由于工艺上的原因，在实际电路中，电源到开关管漏极的连线上面存在着分布电感，等效于图中 L_P。当 Q 导通时，电流流经 L_P，由于电磁感应，L_P 上产生的感应电压极性是左正右负，同时 Q 上的电压也得到了一定的减缓，因此在导通时电压变化率并不太大。当 Q 关断时，电流将会在很短的时间内下降到零，而分布电感 L_P 的存在会阻碍电流的减小，感应电压的极性是左负右正，与整流过后电压 U_I 的方向相同，一起加到 Q 的两端，使 Q 的漏极和源极两端产生很高的电压尖峰。这个电压尖峰在电路的分布电感和分布电容的作用下，形成了高频振荡，从而产生高频噪声，既可以通过环路向空间辐射，也可以通过驱动电源的输入、输出电源线向外传导。

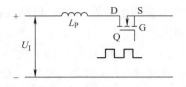

图 4-10　开关管的干扰产生原理

（2）二极管产生的干扰

二极管开关过程中的电压、电流波形如图 4-11 所示。二极管由关断到导通的转换过程中，二极管正向电压 U_D 将在导通过程中产生一个很高的电压尖峰 U_{DM} 和正向恢复时间 t_{frr}，导通过程结束后恢复到正向导通压降 U_{DO}，电流上升至正向导通电流峰值 I_{DM}；在二极管由导通状态转换到关断的过程中，由于二极管中 PN 结电容效应的存在，PN 结在正向导通时积累的电荷被抛散，产生了反向恢复电流尖峰 I_{RM} 和反向恢复时间 t_{rr}，这个过程十分短暂，因为反向恢复电流尖峰的幅度和电流变化率都很大，又由于导线上分布电感的存在，会产生较高的感应电压，出现反向电压尖峰 U_{RM} 并最终稳定为 U_{DR}。正是这种快速的电压、电流变化，成了电磁干扰的根源[1、4]。

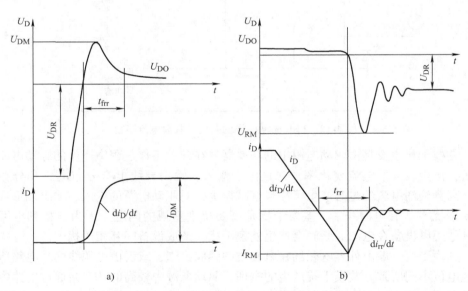

图 4-11　二极管开关过程中的电压、电流波形

a）二极管正向导通　b）二极管反向恢复

（3）控制电路产生的干扰

在控制电路中，周期性的高频脉冲信号会产生高频高次谐波，引起电磁干扰，

形成主要的干扰源。但是与其他各项干扰信号相比，控制电路引起的干扰影响并不是很大。

（4）分布电容产生的干扰

在很多 LED 驱动电源中，开关管都会加上散热片来加快散热。散热片与开关管漏极绝缘片的接触面积较大，并且绝缘片本身比较薄，因此在高频工作状态下这两者之间的分布电容不能忽略，高频电流通过分布电容流至散热片，再流到外壳地，形成共模干扰。

4.1.4 LED 驱动电源的干扰途径

LED 驱动电源的干扰途径包括传导干扰与辐射干扰两大类。

1. 传导干扰

传导是 LED 驱动电源中重要的干扰途径。传导干扰根据干扰电流的流动路径可分为差模干扰和共模干扰，如图 4-12 所示，图中，I_{DM} 为差模电流，I_{CM} 为共模电流。差模干扰存在于电源线之间或者信号线之间；共模干扰存在于电源线与地线之间或者信号线与地线之间。

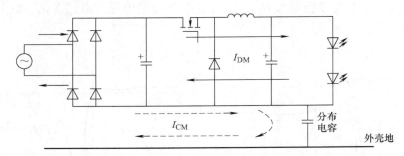

图 4-12　LED 驱动电源的差模、共模电流路径

差模干扰主要是由驱动电源中的功率器件在开关工作过程中产生的脉动电流引起的，产生较大的电流变化率，并且由于输入、输出导线上有分布电感和分布电容，高频浪涌电流经过时产生了高频衰减振荡，对驱动电源的输入、输出端形成了差模干扰[5]。在电源线中，差模干扰是需要特别重视的问题，因为连接到电网上的其他用电设备在电源通断时会产生差模干扰，造成设备间互相干扰。

共模干扰一般由外界电磁场在电源线中感应出来，或者由电源线两端电路所接的地电位不同所致。共模干扰产生的机理：驱动电源中较高的 dU/dt 通过电路中的寄生参数相互作用产生了高频振荡，又通过驱动电源与大地（外壳地）之间存在的分布电容流入大地，再与电源线形成回路，产生共模干扰[6]。

驱动电源在工作时，共模干扰与差模干扰都会产生，可以同时存在于一对导线中。不过导线上的干扰主要以共模干扰为主。共模干扰本身不会对电路产生影响，但如果线路的阻抗不平衡，共模干扰就会转化成差模干扰，从而影响电路。从受干扰的角度来看，差模干扰比共模干扰危害大；从干扰发射的角度来看，共模干扰比差模干扰危害更大。

共模干扰与差模干扰的频率分布如图4-13所示，一般来讲，频率为 0.01 ~ 0.1MHz 时，以差模干扰为主；频率为 0.1 ~ 1MHz 时差模干扰与共模干扰都存在；频率为 1 ~ 30MHz 时，以共模干扰为主。

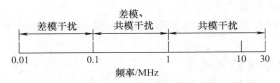

图4-13　共模干扰与差模干扰的频率分布

2. 辐射干扰

辐射干扰就是将电磁能量以电磁场的形式向四周传播。辐射干扰又可以分为近场干扰和远场干扰。近场干扰是指测量点到场源的距离小于 $\lambda/6$ 的区域，远场干扰则是测量点到场源的距离大于 $\lambda/6$ 的区域，其中 λ 是指干扰电磁波的波长。在近场当中，场的特性主要由场源的特性决定，在远场当中，场的特性主要由传播过程中的介质决定。

一个电路在工作时，电流从供电电源流出，经过导线到达负载，再流经导线回到供电电源，从而形成了一个闭合的回路。电流在这个闭合回路中流动时，就产生了磁场。伴随磁场产生的同时，也会产生一个辐射的电场。通过磁场与电场的交互作用，就形成了电磁辐射，将能量向空间传播。

电流环路如图4-14所示。当驱动电源工作时，开关管 Q、电感 L、输入电容 C_0 和输出电容 C_1 形成电流环路1，电感 L、输出电容 C_1 和二极管 VD$_4$ 形成电流环路2。由于驱动电源中的功率器件在导通和关断时会产生高频振荡，在这个高频振荡电流流经电流环路1和电流环路2时，就会对空间形成电磁辐射。

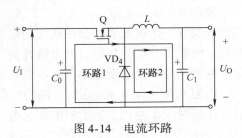

图4-14　电流环路

4.2　LED驱动电源电磁干扰的抑制技术

电磁干扰的三要素是干扰源、耦合设备和敏感设备，因此一般进行电磁兼容性设计主要从三个方面进行：首先是减小干扰源的干扰；然后是切断干扰的耦合途径；最后是提升敏感设备的抗干扰能力。在进行 LED 驱动电源的电磁干扰抑制设计时，主要从前面两种方法入手。

4.2.1　干扰源的抑制

1. 开关管增加缓冲电路

开关管在关断时产生的电压尖峰和高的电压变化率 dU/dt 是驱动电源的主要干扰源之一。在开关管两端并联缓冲电路既可以降低电压或电流尖峰的幅度，也可以降低电压变化率和电流变化率。

缓冲电路主要有电容缓冲电路、RC 缓冲电路和 RCD 缓冲电路三种，如图4-15所示。

电容缓冲电路结构较为简单，直接将电容并联在开关管的漏极和源极之间。当开关管导通时，电容放电到零；当开关管关断时，电容充电。电容两端电压上升速度与原来未加电容之前的漏源电压上升速度相比较为"缓慢"，有效地抑制了开关管上的电压变化和尖峰电压的形成。不过在开关管导通时电容被短路，直接经过开关管放电到零，会在开关管中产生很大的尖峰电流，使开关管的导通损耗大大增加。如果电容越大，那么开关管上的尖峰电压抑制作用越好，同时开关管导通时电流尖峰和导通损耗也更大了。所以在实际使用当中，对电容缓冲电路限制较多，并不常用。

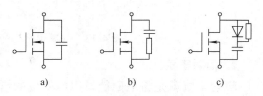

图 4-15　缓冲电路
a）电容缓冲电路　b）RC 缓冲电路
c）RCD 缓冲电路

使用 RC 缓冲电路可以有效克服电容缓冲电路的缺点。虽然由于电阻的存在，使得开关管关断时的缓冲效果比使用电容缓冲电路时较差，但是也正是由于电阻的存在，限制了开关管导通时的电流峰值。电阻取值不同，缓冲效果也不同。按照实际中的使用经验，电阻越小，缓冲吸收效果就越好。

RCD 缓冲电路在 RC 缓冲电路的电阻两端并联了一个二极管，这个改动使开关管在关断时电流通过二极管向电容充电，因为二极管正向导通的压降很小，所以对电压尖峰的吸收与单个电容缓冲电路差不多。当开关管导通时，由于二极管的存在，使得电容必须经过电阻才能放电，吸收作用与 RC 缓冲电路相当。

在实际的 LED 驱动电源设计中，综合考虑到成本、体积和缓冲效果等因素，大多采用 RC 缓冲吸收电路。

设计时首先需确定电路的分布电感。分布电感是特定电路布局固有的特性，通常不容易计算，一般用测量方法来确定。在没有加任何缓冲器的时候，用示波器观察开关管关断时的波形，可以得出关断时的一个振荡周期，记为 T_1；在开关管两端并联一个电容值确定的测试电容 C_{test}，测量开关管关断电压波形，得到此时振荡周期 T_2。电路的分布电感的计算公式为

$$L_{\text{P}} = \left(T_2^2 - T_1^2 \right) \frac{1}{4\pi^2 C_{\text{test}}} \tag{4-2}$$

分布电容量 C_{P} 为

$$C_{\text{P}} = \frac{T_1^2}{4\pi^2 L_{\text{P}}} \tag{4-3}$$

在开关管关断时，缓冲电容对于电压的变化相当于短路，那么缓冲电路中就相当于只有电阻。缓冲电阻的选择不能大于电路的特性阻抗，这样在开关闭合时就能够把感应电流连续地进行缓冲吸收，不会有瞬态电压产生。缓冲电阻为

$$R < \sqrt{\frac{L_{\text{P}}}{C_{\text{P}}}} \tag{4-4}$$

RC 缓冲电路是一种耗能电路，在缓冲电容 C 上存储的能量都要消耗在缓冲电阻 R 上，在电容中存储的能量 P_{C} 为

$$P_{\text{C}} = \frac{1}{2} C U_{\text{DS}} \tag{4-5}$$

式中，U_{DS} 为关断电压。

缓冲电容能够存储的能量要比电路中分布电感存储的能量大，需要满足的条件是

$$\frac{1}{2} C U_{\text{DS}} > \frac{1}{2} L_{\text{P}} I^2 \tag{4-6}$$

式中，I 为关断电流。

缓冲电路的时间常数要比功率开关管的导通时间短，这样在开关管导通时存储在缓冲电路中的能量才能够释放完毕，要满足的条件是

$$C < \frac{t_{\text{on}}}{10R} \tag{4-7}$$

为了降低在电阻上的功率损耗，缓冲电容的选择可以在允许范围内选一个较小的值。

2. 二极管增加缓冲电路

二极管由导通到关断时的反向恢复电流和高 $\mathrm{d}i/\mathrm{d}t$ 也会造成电磁干扰。为了抑制这种干扰，可以给二极管并联一个 RC 缓冲电路，其中，电容的典型值为 330 ~ 4700pF，电阻为 0 ~ 27Ω。在实际使用中，需要采用实物试探法来多次试验不同的阻值和容值，以取得最好的效果。另外，缓冲电路要尽量靠近二极管安装，以取得更好的缓冲吸收效果。

3. 开关管增加驱动电阻

在开关管的栅极加驱动电阻能延长开关管的导通和关断时间，从而有效减小电路中的电流变化率和电压变化率，进而减小电磁干扰。增大驱动电阻有利于减小电

压干扰，但是过大的驱动电阻会使损耗增大，尤其是在开关频率较高的时候会影响驱动电源的整体效率，因此在选取驱动电阻时要兼顾电磁干扰和效率。

4.2.2　电源线 EMI 滤波器

1. EMI 滤波器原理

滤波是抑制干扰的一种有效措施，尤其是对 LED 驱动电源电磁干扰的传导干扰和辐射干扰。EMI 滤波器的工作目的与普通滤波器一样，即允许有用的频率分量通过的同时又阻止其他干扰频率分量通过。但是二者所关心的滤波器指标和使用环境等是不同的。普通滤波器主要关心幅频特性、相位特性、群延时、波形畸变等特性，而 EMI 滤波器更关心插入损耗、能量衰减、截止频率等特性。在使用环境上，普通滤波器的工作电压和电流低、源端或负载端特性比较单一，而 EMI 滤波器的工作电压和电流高，并且要能够承受瞬时大电流冲击[7]。

在 LED 驱动电源中，电源线是一条主要的干扰传播途径，在电源线上加装 EMI 滤波器有两个作用：一是抑制经电源线进入驱动电源的电磁干扰；二是抑制驱动电源自身的传导发射。另外，因为大多数驱动电源体积都比较小，高频电磁干扰由驱动电源表面的辐射没有经过电源线向外辐射得多，所以电源线 EMI 滤波器还能在一定程度上抑制经由电源线向外发出的辐射干扰。电源线 EMI 滤波器是典型的低通滤波器，主要采用 LC 滤波器。

2. 电源线 EMI 滤波器的结构

电源线 EMI 滤波器的基本结构如图 4-16 所示。L_1 和 L_2 是差模电感，C_{X1} 和 C_{X2} 是差模电容，L_1、L_2 与 C_{X1}、C_{X2} 共同起到对差模干扰的滤波作用。L_3 和 L_4 是匝数相同、绕向相反且绕在同一磁环上的两只独立线圈，称为共模电感。C_{Y1} 和 C_{Y2} 是共模电容。L_3、L_4 与 C_{Y1}、C_{Y2} 共同起到对共模干扰的滤波作用。

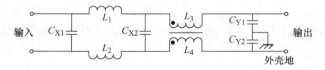

图 4-16　电源线 EMI 滤波器的基本结构

3. 电源线 EMI 滤波器的组成元件

（1）差模电容和共模电容

电源线 EMI 滤波器中使用了两种电容，差模电容 C_X 和共模电容 C_Y。X 和 Y 不仅仅说明了它们在滤波器之中起的作用，还表明了它们的安全等级，因此又被称为安规电容。在设计滤波器时，必须考虑到 C_X 和 C_Y 的安全性能，这直接关系到滤波器及整个 LED 驱动电源的安全性能。

差模电容 C_X 接在相线和中性线之间，主要是用于抑制频率较低的差模干扰。

差模电容在其失效的情况下，应不能导致电冲击，以保证人身安全。C_X上除加有电源的额定电压外，还会叠加上相线和中性线之间存在的各种干扰源的峰值电压。根据差模电容C_X应用的最坏情况和电源断开的条件，差模电容C_X的安全等级分为X1、X2和X3三类，详见表4-1[8]。不同安全等级的差模电容适用于不同的应用环境，设计滤波器时应注意正确选择。如果差模电容的耐压性能不够好，那么有可能在峰值电压下被击穿，使电容失效。虽然电容失效后不会危及人身安全，但会使滤波器性能大大降低。

表4-1　差模电容 C_X 的分类

类　　别	使用时脉冲峰值电压	应 用 场 合	耐压测试中施加的峰值电压
X1	> 2.5kV ≤ 4.0kV	出现高的峰值电压	$C \leq 1.0\mu F$, 4kV $C > 1.0\mu F$, $4/\sqrt{C}$kV
X2	≤ 2.5kV	一般场合	$C \leq 1.0\mu F$, 2.5kV $C > 1.0\mu F$, $2.5/\sqrt{C}$kV
X3	≤ 1.2kV	一般场合	—

差模电容多选用聚酯薄膜类电容，体积较大，允许的瞬间放电电流也很大，但内阻比较小。通常差模电容C_X的取值范围为0.1～1μF。

共模电容C_Y接在相线与地线或者中性线与地线之间，抑制较高频率的共模干扰。表4-2将共模电容C_Y按照对电击的防护等级和对脉冲电压的承受能力进行了分类[8-9]。

表4-2　共模电容 C_Y 的分类

类　　别	绝 缘 类 型	额 定 电 压	耐 压 测 试
Y1	双重绝缘或增强绝缘	≤250V	8.0kV
Y2	基本绝缘或辅助绝缘	≥150V ≤250V	5.0kV
Y3	基本绝缘或辅助绝缘	≥150V ≤250V	—
Y4	基本绝缘或辅助绝缘	< 150V	2.5kV

共模电容C_Y与地相连，因此会产生漏电流。漏电流与人身安全密切相关，绝大多数国家都对各种用电设备的漏电流进行了限定，一般小于1mA。共模电容的取值不能过大，一般要小于0.1μF，常用的电容值有1nF、2.2nF和4.7nF三种，通常在调试时用2.2nF。

（2）共模电感

共模电感也叫作共模扼流圈，其两个线圈分别绕在一个磁环的上、下两个半环上，两个线圈的匝数相同，但是绕向相反，如图 4-17 所示。

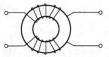

图 4-17　共模电感的线圈结构

当共模电流流过这两个绕向相反的线圈时，由于共模电流也是同向的，于是产生两个同向叠加的磁场，从而有了相当大的电感量，对共模电流起到抑制作用；当差模电流流过这两个线圈时，产生的磁场相互抵消，几乎没有电感量，所以差模电流不受抑制。不过上述共模电感的工作情况是在理想状态下实现的。因为在绕制共模电感时，上、下两个线圈不可能完全相同，存在一定漏感，所以对差模电流也有一定的抑制作用。

共模电感的电感量与滤波器的额定电流有关，具体关系见表 4-3[10]。

表 4-3　电感量与额定电流的关系

额定电流/A	1	3	6	10	12	15
电感量/mH	8～23	2～4	0.4～0.8	0.2～0.3	0.1～0.15	0～0.08

（3）差模电感

差模电感与负载串联，能有效抑制电源线和 LED 驱动电源上的差模干扰。在电源线滤波器的设计中，为了提高对差模干扰的抑制能力，差模电感一般与差模电容一起组成 LC 滤波电路。差模电感串接在滤波电路中，对低频交流信号阻碍作用很小，而对差模电流抑制作用很强。它与共模电感的最大区别在于，差模电感与负载直接串联，采用单个线圈结构绕制，而不像共模电感那样在一个磁环上采用两个相同线圈的结构。因此，当通过差模电感的电流过大时，容易使磁心趋于饱和，导致电感量下降而降低滤波效果。

如前所述，因为共模电感的线圈很难完全对称，形成了寄生的差模电感，所以在实际应用中，一般不会使用差模电感。如果差模干扰较强，需要加强对差模干扰的抑制，也必须选取磁导率较低的铁粉心来制作，以避免磁心饱和问题。

4.2.3　接地设计

恰当的接地可以为干扰信号提供低阻抗通路，是非常有效地抑制干扰源的方法，可以解决 50% 的电磁兼容性问题。地是导电体，用来作为电路的返回通道，或作为零电位参考点。地为电路或者系统提供一个参考电位，其数值可以与真实大地电位相同，也可以不同。地可以是设备的外壳、金属板、线或者真实的大地。

1. 接地的原则与要求

在设计电路时，需要尽量做到"一点接地"。如果形成了多点接地，那么就会出现闭合的接地环路。如果有磁力线穿过这个环路，就会产生磁感应噪声。在实际中，"一点接地"是很难实现的，于是为了减小接地阻抗，降低分布电容的影响，可以采取平面接地或多点接地。将一个导电平面设为参考地，然后再将需要接地的部分就近接到这个导电平面上。为进一步减小接地回路的压降，可用旁路电容减小返回电流的幅值。

接地的作用主要有三个：

1）使整个系统有一个公共的参考零电位，并给高频干扰电压提供低阻抗通路，保证电路能稳定工作。

2）防止外界电磁场的干扰。外壳接地，为瞬态干扰提供了泄放通道，也可使因静电感应而积累在外壳上的大量电荷通过大地泄放。否则，这些电荷形成的高压可能引起设备内部的火花放电而造成干扰。

3）保证安全工作。当发生直接雷电的电磁感应时，选择合适的接地，可避免驱动电源损坏。

2. 信号接地

信号接地就是给信号电流提供流回信号源的低阻抗通路。交流电源的地线不能作为信号地线，因为一段电源地线的两点之间会有数百 μV 甚至几 V 的电压，它对低电平的信号电路来说是一个严重的干扰。信号接地方式如图 4-18 所示。

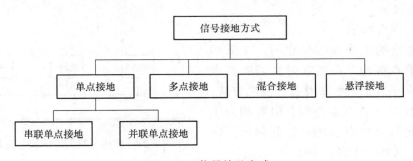

图 4-18 信号接地方式

（1）单点接地

单点接地就是把所有电路的地线接到公共地线的同一点，以防两点接地产生共地阻抗的电路性耦合。多个电路的单点接地方式又分为串联和并联两种，如图 4-19 所示。在串联单点接地中，只有单点与地相接，可以消除信号地系统中的干扰电流闭合回路，使干扰电流的影响最小。但是在串联单点接地中许多电路之间有公共阻

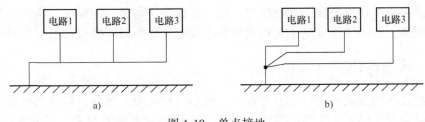

图 4-19 单点接地

a）串联单点接地 b）并联单点接地

抗，因此相互之间由公共阻抗耦合产生的干扰十分严重，所以低频电路最好采用并联单点接地。但是，因为并联单点接地需要较多的导线，容易造成各地线相互间的耦合，且随着频率的增加，地线阻抗、地线间的电感及电容耦合都会增大，所以在实践中常采用串联、并联的混合接地。

（2）多点接地

多点接地是指设备中各个接地点都直接接到距它最近的接地平面上，如图 4-20 所示。

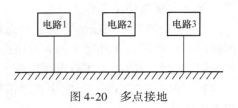

图 4-20　多点接地

多点接地是就近接地，虽然每根地线都很短，接地阻抗较低，但是缺点就是形成了各种地线回路，接地回路面积太大，容易引入大的电感耦合型的干扰，从而降低设备对外界电磁场的抵御能力。

一般来讲，在 1MHz 以下时，采用单点接地；在 10MHz 以上时，采用多点接地；在 1~10MHz 时，如果最长的接地线不超过波长的 1/20，可以用单点接地，否则用多点接地。

（3）混合接地

当电路的工作频带很宽时，在低频时需要单点接地，在高频时又需要多点接地，解决办法就是采用混合接地方式，如图 4-21 所示。在低频时，电容相当于开路，此时是单点接地；在高频时，电容短路，又相当于多点接地。

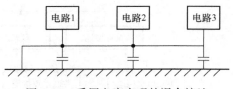

图 4-21　采用电容实现的混合接地

（4）悬浮接地

采用悬浮接地的目的是电路的某一部分或多个部分与"大地线"相隔离，各个电路内部有各自的"参考地"，各"参考地"分别通过低阻抗接地导线连接到"大地线"，从而抑制来自接地线的干扰。

实现悬浮接地的方法主要有电磁隔离和光耦隔离两种。电磁隔离采用变压器实现，通过变压器传递电信号，阻止电路耦合产生的电磁干扰。光电隔离采用光耦的发光二极管进行光发射、光敏晶体管进行光接收，来实现信号的传递。

悬浮接地的优点是抗干扰性能好，缺点是设备不与公共地相连，两者之间会产生静电积累，到一定程度后引起剧烈的静电放电，成为破坏性很强的干扰源。

4.2.4　屏蔽设计

抑制以场的形式造成干扰的有效方法就是电磁屏蔽。屏蔽，就是用导电或导磁材料制成金属实体或非实体的壳体，将需要屏蔽的地方封闭起来，形成电磁隔离。屏蔽技术用来抑制电磁干扰在空间中的传播，也就是切断辐射耦合途径。屏蔽主要有两个目的：一是使内部的电磁辐射不能超出被屏蔽的区域；二是使外来的电磁干扰不能进入被屏蔽的区域。

1. 静电屏蔽

用完整的金属屏蔽体将带正电导体包围起来，在屏蔽体的内侧将感应出与带电导体等量的负电荷，外侧出现与带电导体等量的正电荷，如果将金属屏蔽体接地，则外侧的正电荷将流入大地，外侧将不会有电场存在，即带正电导体的电场被屏蔽在金属屏蔽体内。

2. 电场屏蔽

在 LED 驱动电源中，电场的干扰主要是高频高压线对低压敏感导线的感应所引起的干扰，物体间电场感应如图 4-22 所示。

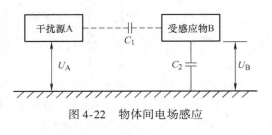

图 4-22　物体间电场感应

干扰源 A 和受感应物 B 的对地电压分别为 U_A 和 U_B，那么两者之间关系为[2、6]

$$U_B = U_A C_1 / (C_1 + C_2)\qquad(4-8)$$

式中，C_1 为 A、B 之间的分布电容值；C_2 为 B 对地的分布电容值。

要使受感应物 B 受到的电场感应减小，可以采用三种方法：

1）增大 A、B 间的距离，使分布电容值 C_1 变小。

2）尽可能使 B 贴近接地板，以增大值 C_2。

3）还可以在 A、B 间加一块屏蔽板，它们之间的路径因为要绕过屏蔽板而变长，极大减小了两者间的直接耦合作用。

在大功率 LED 驱动电源中，开关管的漏极电压可能会高达几百 V，一般也会带有散热器，具有较大的表面积，它对驱动电源的控制回路可以形成强烈的干扰。为了避免高压电场带来的干扰，可以采取将线间距扩大，必要时可在控制线上采取屏蔽措施，如使用屏蔽线。

3. 磁场屏蔽

在 LED 驱动电源中，当导线中有大电流经过时，会在其周围建立磁场，当敏感电路的导线通过时，切割了磁力线，在敏感导线上会形成磁场干扰。另外，有些磁性元件（比如变压器和带铁心的电感）由于铁心存在气隙，工作时对外有泄漏的磁通存在，而敏感导线通过磁性元件周围时就可能受到干扰。

通常情况下，采用高磁导率的铁磁材料（如钢、硅钢片和坡莫合金）将敏感器件包起来，利用铁磁材料的高磁导率和低磁阻特性对干扰磁场进行分路，使周围的磁力线集中在屏蔽材料内，从而使屏蔽体内的磁场大大减弱，对敏感器件起到屏蔽作用。磁场屏蔽的原理如图 4-23 所示。

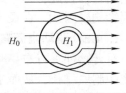

图 4-23　磁场屏蔽的原理

在 LED 驱动电源中，还可以选择磁辐射较小的变压器和电感在源头处将泄漏磁通减到最小。

4. 电磁屏蔽

通常所说的屏蔽，一般指的是电磁屏蔽，即对电场和磁场同时进行屏蔽。电磁波在穿越屏蔽体时，会发生反射和吸收，导致电磁能量衰减，如图 4-24 所示。电磁屏蔽也是用于防止高频电磁场的影响。

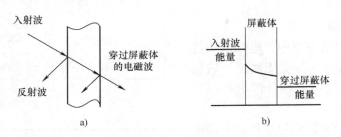

图 4-24　屏蔽体的电磁屏蔽机理
a）反射及透射现象　b）能量变化

（1）反射衰减

当电磁波到达屏蔽体表面时，因为空气与屏蔽体交界面上的阻抗并不是连续的，于是就会对入射波产生反射，削弱了穿过界面的电磁能量。像这种由于反射导致入射电磁波减弱的现象称为反射衰减。反射衰减受介质分界面两侧材料特性阻抗不连续的影响，而与材料厚度无关。同时，电磁波反射也与频率有关，频率越低，反射越严重。当电磁波从屏蔽体中穿出时同样也会发生反射，并且此反射会在两个反射界面之间多次来回反射。

（2）吸收衰减

部分电磁波进入屏蔽体后，继续向前传播，此时电磁场感应涡流，削弱了该电磁场，并产生涡流损耗，导致电磁能量衰减，这一现象称为吸收衰减。频率越高，屏蔽体越厚，吸收衰减越大。

4.2.5　印制电路板设计

LED 驱动电源的正确布局对确保其长期稳定工作并符合电磁兼容性要求至关重要。目前 LED 驱动电源以印制电路板（PCB）为主要装配方式，实践证明，即使电路设计正确，因布局或布线不合理也会对 LED 驱动电源的电磁兼容性能产生不利影响。因此，在设计印制电路板时，应遵循一定原则[1、11]。

1. LED 驱动电源布局的一般原则

对元器件进行布局时，相互关联的元器件尽量靠拢，如果元器件离得太远，会造成印制线过长，从而带来干扰。输入信号和输出信号也要放置在引线端口附近，以避免因耦合路径而产生干扰。

在 LED 驱动电源中，一般有输入、输出两个电流回路。这两个回路中有高频电流流过，容易产生电磁干扰，必须在其他电路布置好之前布好这两个回路。LED 驱动电源的辐射干扰与电流回路的电流 I、回路面积 A 以及电流频率 f 的二次方三者之积成正比，即辐射干扰 $E \propto IAf^2$。减小回路面积，就能减小辐射干扰。这两个回路都包含了滤波电容、开关管或二极管，以及电感或者变压器，这些元器件要彼此相邻放置，调整元器件位置使它们之间的电流路径尽可能短。

印制电路板尺寸要适中，尺寸过大会使印制线过长，阻抗增加，电磁干扰变严重；尺寸过小会影响散热，还容易受相邻导线的干扰。

2. LED 驱动电源布线的一般原则

在印制电路板上，电源线、地线、信号线对高频信号应保持低阻抗。在频率很高的情况下，印制电路板的走线都会成为接收与发射干扰的小天线。降低这种干扰的方法是减小电源线、地线及其他印制电路板走线本身的高频阻抗。因此，各种印制电路板走线要短而粗，线条要均匀。为保持阻抗连续，应避免线的宽度发生突变，走线也应避免突然拐角。

电源线和地线走线应尽量靠近，以减小电源回路的阻抗。对于双层印制电路板，一种较好的方法就是电源线和地线各在印制电路板的两边，且两者重合。因为当平行紧靠的两条导线中通过的电流方向相反时，所产生的外部磁场相互抵消。

对不同分区的电路，应使用不同的电源线和地线，将其分别汇集并最后连接于一点，而不能简单地串起来，以减小公共阻抗的耦合。

在不同电路之间，如果有较长的平行布线，由于平行线间分布电容和分布电感的存在，会引起这两根导线的相互干扰，称为串扰。为了减小串扰，印制电路板上要尽量避免长距离平行走线，平行走线之间的距离也要适当增大，至少要保持两条线间的距离不小于三倍的线条宽度（3W 准则），必要时进行隔离。

3. 常见的设计改进

常见的不合理设计及改进如图 4-25 ~ 图 4-27 所示。

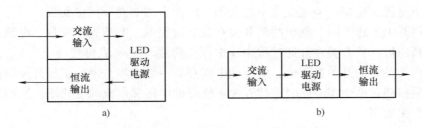

a)　　　　　　　　　　　　　　　b)

图 4-25　设计不合理的改进一

a）不合理的布局　b）合理的布局

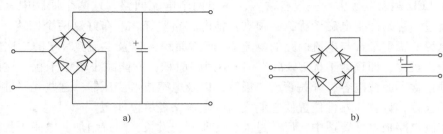

图 4-26　设计不合理的改进二

a）不合理的设计　b）合理的设计

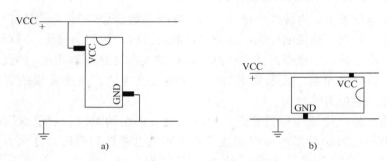

图 4-27　设计不合理的改进三

a）不合理的设计　b）合理的设计

4.2.6　开关技术

1. 软开关技术

硬开关和软开关都是针对开关管而言的，硬开关是不管开关管上的电压和电流，强行导通或关断开关管。当开关管的漏源电压或电流较大时，由于开关管从导通到关断或从关断到导通都需要一定的时间，这样会造成在开关管状态切换的时间段内，电压和电流有一个交越区域，这个区域造成的开关管导通损耗和关断损耗随开关频率的增加而增加。采用硬开关会产生严重的电磁干扰，而且随着频率的增加和电路中电压变化率、电流变化率的增加，所产生的电磁干扰也变强。

和硬开关工作不同，理想的软开关在关断过程中，电流先降到零，电压再缓慢上升到断态值；软开关在开通过程中，电压先降到零，电流再缓慢上升到通态值。这样，在开关管的开关过程中，电压和电流总有一个为零，消除了硬开关的重叠现象，开关损耗几乎为零。同时，软开关还能降低电压和电流的变化率，从而大大地减小了开关噪声。

2. 开关频率调制技术

利用开关频率调制技术降低开关电源的电磁干扰电平，其根本方法是采用非恒频的开关调制技术，将采用恒频开关调制技术时产生在开关频率 f 及其谐波 $2f$、

$3f$、…上的能量分散到它们周围的频带上，这样就降低各个频率点上的电磁干扰幅值。这个方法虽然不能降低总的干扰量，但它把能量分散到频率点的基带上，以防止在某个频率点超过电磁兼容标准规定的限值。

综上所述，抑制电磁干扰应从两个方面入手：其一是减小干扰源的干扰，主要是抑制电路中较大的电压变化率和电流变化率；其二是切断电磁干扰的耦合路径。添加缓冲电路，就是通过给开关管和续流二极管并联缓冲电路，吸收它们在高速通断下产生的电压尖峰和电流尖峰，还可以给开关管加上驱动电阻来延缓开关管电压上升时间。良好的印制电路板设计可以避免因不合理元器件布局和走线引起的电磁干扰。电源线 EMI 滤波器在 LED 驱动电源中也应用较多，抑制了驱动电源和电网的差模干扰、共模干扰。合理的接地技术、屏蔽技术与滤波技术一样都是从切断耦合途径来抑制电磁干扰的。

4.3　EMC 设计应用实例

4.3.1　设计要求

射灯常用于商场、办公楼及需要集中照明的场合，其典型结构包含电子变压器和卤素灯，由电子变压器将 220V 交流电转换成 12V、30～40kHz 的高频交流电来驱动卤素灯，如图 4-28 所示。这种射灯效率低、耗电高、寿命短，因此采用 LED 射灯替换传统射灯有很大的市场需求，这种 LED 应用属于替换型应用，一般要求只替换原有灯具、不改变灯具之前的其他部件及线路，因此 LED 射灯结构一般包括电子变压器、驱动电源和 LED 光源，如图 4-29 所示。

图 4-28　传统的射灯结构

图 4-29　LED 射灯的结构

本案例将制作一款 LED 射灯的驱动电源，设计参数为，输入电压为 12V AC/30～40kHz，输出电压 $U_{ONOM} = 6.6V$，输出电流 $I_{ONOM} = 0.9A$，满足 EMC 标准。

4.3.2　LED 驱动电源基本方案

驱动电源采用 Buck 拓扑主电路，工作于连续模式；控制芯片采用 HV9910B[12]，它有恒定频率和恒定关断时间两种模式，本设计采用恒定关断时间模式，设计的驱动电路如图 4-30 所示，主要包括整流二极管 $VD_0 \sim VD_3$、输入滤波电容 C_1、控制芯片 HV9910B、芯片 VDD 滤波电容 C_2、芯片定时电阻 R_1、续流二极管 VD_4、储能电感 L_1、MOSFET 开关管 Q_1、电流检测电阻 R_{CS}。电子变压器输出的高频交流电经桥式整流电路、电容滤波后变为脉动直流电压 U_{IN}，上电开始后，芯片 GATE 引脚输出高电平，MOSFET 开关管导通，输入 U_{IN} 供电给 LED，同时电感 L_1 开始充电，流过电流检测电阻 R_{CS} 的电流线性增加；当 R_{CS} 上的电压上升至芯片内部参考电压 250mV 时，HV9910B 内部逻辑处理电路使 GATE 引脚输出低电平，MOSFET 开关管关断，电感 L_1 通过续流二极管 VD_4 放电以维持 LED 电流。

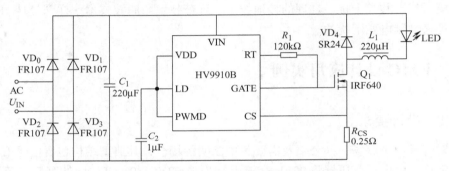

图 4-30　基于 HV9910B 的 LED 驱动电路

电路主要元器件参数设计如下。

定时电阻 R_1 的计算。尽管芯片工作在恒定关断时间模式，但仍需确定一个基本的开关频率来权衡开关损耗和电感体积，选 80kHz 作为基本工作频率，根据 Buck 变换器伏秒法则得

$$(U_{IN} - U_{ONOM})T_{ON} = U_{ONOM}T_{OFF} \tag{4-9}$$

则恒定关断时间为

$$T_{OFF} = \left(1 - \frac{U_{ONOM}}{U_{IN}}\right)T_S \tag{4-10}$$

输入电压 $U_{IN} = 12V$，输出电压 $U_{ONOM} = 6.6V$，因此 $T_{OFF} = 5.625\mu s$，根据 HV9910B 芯片手册[12]，定时电阻 $R_1 = T_{OFF}(\mu s) \times 25 - 22 = 118.625k\Omega$，取 $R_1 = 120k\Omega$，则实际 $T_{OFF} = 5.68\mu s$。

电感值的计算。电感值决定了输出电流纹波的大小，取输出电流纹波的峰-峰值为额定输出电流的 20%，则电感值为

$$L_1 = \frac{U_{ONOM}T_{OFF}}{0.2I_{ONOM}} \tag{4-11}$$

输出电流 $I_{ONOM} = 0.9A$，计算得 L_1 为 208.27μH，取标准电感值 220μH，额定电流 2A。

电流检测电阻 R_{CS} 的计算。流经电感 L_1 和 LED 的峰值电流 I_{PK} 为 LED 平均输出电流与纹波电流的一半之和，即

$$I_{PK} = I_0 + \frac{U_{ONOM}T_{OFF}}{2L_1} \tag{4-12}$$

则 $R_{CS} = 0.25/I_{PK} = 0.2537\Omega$，实际取 0.25Ω，代入式（4-12）中计算可得峰值电流 I_{PK} 为 1000mA，实际的 I_0 为 914.8mA。

MOSFET 开关管上所承受的最大电压与最大输入电压相同，再取 50% 的安全裕量，选用耐压值 100V、最大导通电流 18A 的 IRF640。

电子变压器输出电流频率较高，因此输入整流二极管采用快恢复二极管 FR107，其额定电流为 1A，耐压值为 100V。

续流二极管选取肖特基二极管 SR24，其额定电流为 2A，耐压值为 40V。

4.3.3　LED 驱动电源的传导干扰分析与抑制

针对上述驱动电路制作的 PCB，连接电子变压器、LED 负载进行传导干扰测试[1]，测试结果如图 4-31 所示。从测试结果可看出，传导干扰在 500kHz ~ 13MHz 范围内超出了设定标准，特别是在 85kHz 左右和 190kHz 左右准峰值均达到了 105dB·μV。

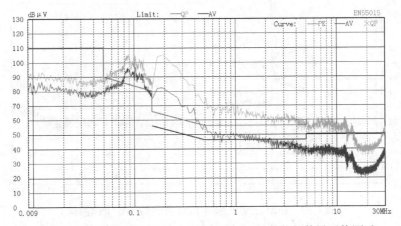

图 4-31　电子变压器带 LED 驱动电源和 LED 负载的传导干扰测试

进一步对电子变压器和 LED 驱动电源分别进行传导干扰测试。首先对电子变压器带卤素灯负载进行测试，因为卤素灯为电阻性负载，所以该测试可确定电子变压器的传导干扰水平。测试结果如图 4-32 所示，可以看出，电子变压器的传导干扰在 78 ~ 125kHz 和 150kHz ~ 13MHz 两个频率范围内严重超标，特别是在 78kHz 和 190kHz 两处准峰值分别达到了 118dB·μV 和 108dB·μV。然后对 LED 驱动电源带 LED 负载进行测试，输入为 12V/50Hz 交流电，不加电子变压器。测试结果如图 4-33 所示，LED 驱动电源的传导干扰也十分严重，在 170kHz ~ 30MHz 频率范围

内都超过限值，在近100kHz处准峰值达到了90dB·μV。由于无法对电子变压器进行整改，只能通过大幅降低驱动电源的传导干扰来使得电子变压器带LED驱动电源时能通过传导测试。

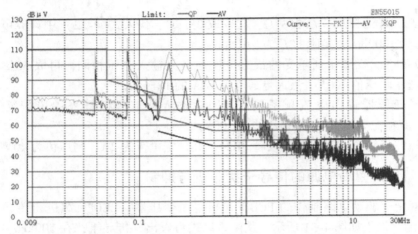

图4-32　电子变压器带卤素灯负载的传导干扰测试

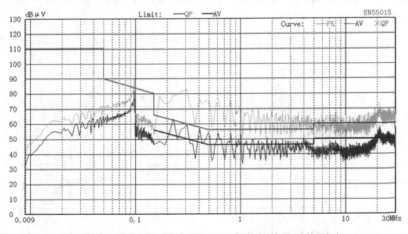

图4-33　LED驱动电源带LED负载的传导干扰测试

传导干扰抑制措施主要包括干扰源干扰的抑制和干扰耦合途径的抑制。

（1）干扰源干扰的抑制

用示波器测得驱动电源开关管关断时的漏源极电压波形，如图4-34所示。从图中可以看出，当开关管关断时，其漏源尖峰电压达到了25V，远超过稳定关断状态下的漏源电压，因此，需在漏、源极之间并联一个RC缓冲吸收电路。

根据4.2.1节中RC缓冲电路的设计方法，在开关管两端并联一个容值确定的电容 $C_{test} = 1nF$，再次测量开关管关断电压波形，如图4-35所示，此时振荡周期 $T_2 = 100ns$。

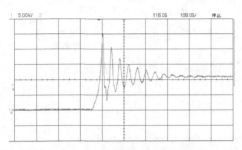

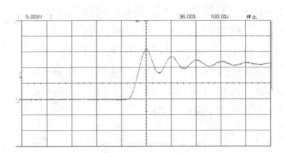

图 4-34 开关管关断时漏源极电压波形　　图 4-35 开关管并联 C_{test} 后的关断电压波形

　　电路的分布电感就可以用式(4-1) 计算得 ($L_p = 212.77 \times 10^{-9}$H)，分布电容由式(4-2) 计算得 ($C_p = 0.19$pF)。由式(4-3) 计算得电阻 R 的取值范围 ($R < 33.46\Omega$)。由式(4-5)、式(4-6) 计算可得电容 C 的范围 (1.2nF $< C < 20$nF)。取值 $R = 10\Omega$，$C = 10$nF。并联 RC 缓冲电路后波形如图 4-36 所示，开关管漏源极电压波形得到明显改善，振荡基本消失，只剩下一个冲击，尖峰电压峰值也相应减小为 13.2V，从 0 到 13.2V 的上升时间为 50ns。

　　在开关管并联 RC 缓冲电路的基础上，可以增加驱动电阻，来减小电压变化率。在开关管的栅极串联一个 50Ω 的电阻，漏源极关断电压波形如图 4-37 所示，与添加驱动电阻之前相比，电压的上升时间增加，达到 150ns 左右。

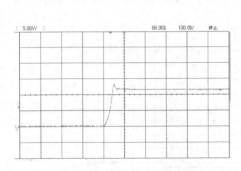

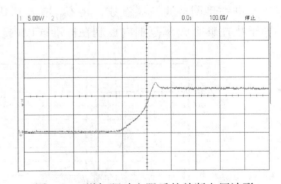

图 4-36 开关管并联 RC 电路后的　　　　图 4-37 增加驱动电阻后的关断电压波形
　　　　　 关断电压波形

　　开关管增加缓冲电路后，再次对驱动电源带 LED 负载进行传导干扰测试，输入 12V 50Hz 交流电，结果显示在较高频率部分有了明显减小，特别是 3MHz 以上，已经降到标准的范围之内，但在 150kHz ~ 3MHz 时仍严重超标。

　　（2）干扰耦合途径的抑制

　　为了使传导干扰进一步下降，在 LED 驱动电源输入端增加一个电源线 EMI 滤波器，如图 4-38 所示，图中两个差模电容 C_{X1} 和 C_{X2} 均取 0.1μF，共模电感取

8mH，共模电容 C_{Y1} 和 C_{Y2} 均取 2.2nF。

加上滤波器之后，再进行传导干扰测试，结果如图 4-39 所示，在 500kHz 以上时，传导干扰得到较好抑制，远低于标准，而在 150～500kHz 范围内仍然部分超标。

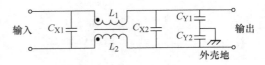

图 4-38　电源线 EMI 滤波器

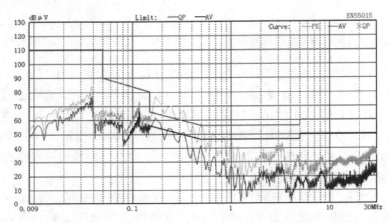

图 4-39　加上滤波器后的传导干扰测试结果

进一步调整滤波器参数，将 C_{X1} 增大到 0.22μF，测试结果如图 4-40 所示，传导干扰在整个频率范围内控制在标准线以内。

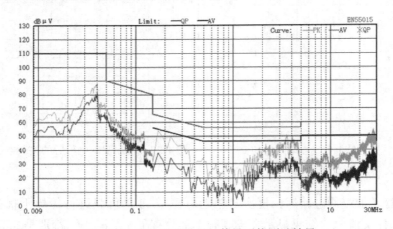

图 4-40　滤波器改进后的传导干扰测试结果

将改进后的 LED 驱动电源接在电子变压器后，并带 LED 负载，测试整个 LED 射灯系统的传导干扰，结果如图 4-41 所示，符合标准要求，实现了抑制系统传导干扰的设计要求。

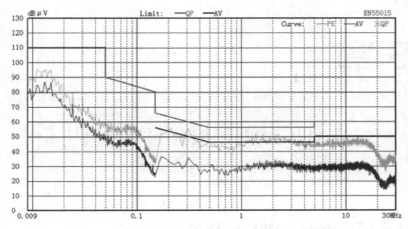

图4-41　改进后整个射灯系统的传导干扰测试结果

参 考 文 献

[1] 陈彬瑞. LED 驱动电源的电磁兼容技术研究 [D]. 上海：上海大学，2013.

[2] 王乐. 开关电源的电磁兼容性研究 [D]. 北京：北京邮电大学，2009.

[3] 冯超. 开关电源的电磁兼容性研究 [D]. 哈尔滨：哈尔滨工程大学，2011.

[4] 李建泉. 隔离式 DC/DC 变换器的电磁兼容设计 [J]. 电源技术应用，2005，8(9)：32 - 37.

[5] 乔海波. 车用 DC/DC 变换器主电路及其电磁兼容性研究 [D]. 上海：同济大学，2008.

[6] 汤璐. 开关电源的电磁兼容性研究 [D]. 天津：天津理工大学，2007.

[7] 周志敏，纪爱华. 电磁兼容技术：屏蔽、滤波、接地、浪涌、工程应用 [M]. 北京：电子工业出版社，2007.

[8] 中华人民共和国电子工业部. 电子设备用固定电容器第 14 部分：分规范抑制电源电磁干扰用固定电容器：GB/T 6346. 14—2015. 北京：中国标准出版社，2015.

[9] 黄敏超. LED 灯具的电磁兼容设计与应用 [M]. 北京：电子工业出版社，2015.

[10] 沙占友. EMI 滤波器的设计原理 [J]. 电子技术应用，2001，27（5）：46 - 48.

[11] 周志敏，纪爱华. LED 照明工程实用技术 [M]. 北京：电子工业出版社，2016.

[12] Supertex Inc. HV9910B：Universal High Brightness LED Driver [EB/OL]. [2018 - 05 - 23]. http：//www. microchip. com/products/en/HV9910B.

第5章

LED驱动电源的PFC设计

5.1 功率因数校正（PFC）技术

5.1.1 功率因数与总谐波畸变

电源设计一般要求功率因数大于0.9或者更高，因此必须引入功率因数校正技术以提高电源的功率因数，使其符合要求。

1. 功率因数（Power Factor，PF）

对于不失真的正弦交流电而言，其输入电压与输入电流的表达式分别为

$$u = \sqrt{2}\,U\cos\omega t \tag{5-1}$$

$$i = \sqrt{2}\,I\cos(\omega t - \varphi) \tag{5-2}$$

式中，u、i 均为瞬时值；U、I 为有效值；φ 为相角。

交流输入的视在功率 $S = UI$，而有功功率 $P = UI\cos\varphi$。仅当 $\cos\varphi = 1$ 时，$P = UI$。功率因数的国际符号为 λ，定义为有功功率与视在功率的比值[1]，计算公式为

$$\lambda = \frac{P}{S} = \frac{UI\cos\varphi}{UI} = \cos\varphi \tag{5-3}$$

交流供电设备的功率因数是在电流波形无失真的情况下定义的。而LED电源一般为采用AC/DC变换器的开关电源，均通过整流电路与电网相连接，其输入整流滤波一般由桥式整流器、滤波电容等非线性元器件构成，使开关电源对电网表现为非线性阻抗，由于大滤波电容的存在，使整流二极管的导通角变得很窄，致使交流输入电流产生严重失真，变成尖峰脉冲，这种电流波形包含大量的谐波分量，不仅对电网造成严重污染，还使功率因数大幅降低。因此，式(5-3)不再适用，应考虑波形畸变的因素。

2. 总谐波畸变（Total Harmonic Distortion，THD）

THD通常用来表示电流谐波或电压谐波的含量，定义为总谐波有效值与基波有效值之比，即

$$\text{THD} = \sqrt{\dfrac{\sum\limits_{i=2}^{n} I_i^2}{I_1^2}} \times 100\% \tag{5-4}$$

式中，I_1 为电流基波有效值；I_i 为电流各次谐波分量有效值。

根据功率因数的定义可知，λ 的计算方法为[2]

$$\lambda = \frac{U_1 I_1 \cos\varphi}{U_1 I_{\text{rms}}} = \frac{I_1}{I_{\text{rms}}}\cos\varphi = \frac{I_1 \cos\varphi}{\sqrt{\sum\limits_{i=1}^{\infty} I_i^2}} \tag{5-5}$$

将基波电流有效值 I_1 和电网电流有效值 I_{rms} 的比值定义为电流畸变因数 γ，所以功率因数 λ 可以表示为 $\lambda = \gamma\cos\varphi$，由式（5-4）、式（5-5）可得

$$\gamma = \frac{1}{\sqrt{1 + \text{THD}^2}} \tag{5-6}$$

$$\lambda = \frac{I_1}{I_{\text{rms}}}\cos\varphi = \frac{1}{\sqrt{1 + \text{THD}^2}}\cos\varphi \tag{5-7}$$

当 $\varphi = 0$ 时，λ 与 THD 的对应关系见表 5-1[2-3]。

表5-1　λ 与 THD 的对应关系（$\varphi = 0$）

λ	0.5812	0.9903	0.995	0.99875	0.99955
THD/（%）	140	14	10	5	3

从表 5-1 可知，当 $\varphi = 0$ 时，要使 λ 值高于 0.999，则 THD≤5%。所以，为提高电路的功率因数，应当尽量使 THD 和 φ 趋向于 0。

5.1.2　功率因数校正

为避免因使用 LED 驱动电源而导致功率因数下降并对电网造成谐波污染，必须在电路中采用功率因数校正（Power Factor Correction 或 Power Factor Controller，PFC）技术[4]。PFC 的作用是使交流输入电流与交流输入电压保持相位一致，滤除电流谐波，使电路的功率因数接近于 1。

一般 LED 驱动电源输入侧通常会采用单相全桥整流和电解电容滤波电路来实现 AC/DC 变换，为下一级变换器提供直流电压，如图 5-1 所示。

整流桥的二极管只有在正向偏置时才会导通，因此只有当输入电网电压 U_{AC} 高于电解电容 C 的电压 U_C 时，电网才能对电容 C 和后续级联的负载进行供电。这样就导致整流桥二极管 $VD_1 \sim VD_4$ 导通角很小，往往为 $60° \sim 70°$。因此，输入侧的交流电流出现严重的畸变，呈幅度很高的窄脉冲电流波形，如图 5-2 所示。这时功率因数接近 0.5，输入电流波形严重畸变，其基波成分较小，而谐波含量较高[5]。

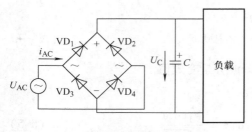

图 5-1　桥式整流电容滤波电路

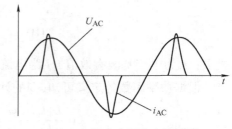

图 5-2　输入电压和电流波形

交流侧的电流谐波会对电网产生严重污染，影响电网的电能质量，也会对驱动电源本身及连接在同一电网中的其他电子设备产生干扰，还会导致电网侧功率因数降低，严重影响电网输电容量，大量的无功不仅占据了很多输电容量，而且造成了很大的线路损耗，造成电能浪费。因此，LED 驱动电源中需要 PFC 电路对交流输入电流进行校正或整形，使其尽可能接近正弦，且交流电流相位同交流电压相位趋于相同，从而提高系统的功率因数。

5.1.3　PFC 分类

根据工作方式不同，PFC 可以分为无源 PFC（Passive PFC，PPFC，也称为被动式 PFC）和有源 PFC（Active PFC，APFC，也称为主动式 PFC）。

无源 PFC（PPFC），电路一般采用无源元件来减少交流输入的基波电流与电压之间的相位差，以提高功率因数。PPFC 电路简单、成本低廉，但容易产生噪声且校正效果不如 APFC。PPFC 常见的有电感补偿 PPFC 和填谷电路（Valley Fill Circuit）PPFC。

有源 PFC（APFC），在输入整流桥与输出滤波电容之间加入一个功率变换电路，将输入电流校正成与输入电压相位同相且不失真的正弦波，使功率因数接近于 1。APFC 具有功率因数高、THD 小、输入电压工作范围宽、输出电压可保持稳定等优点，但电路复杂、成本相对增加，效率相对下降。

5.2　无源 PFC

5.2.1　电感补偿式无源 PFC 电路

电感补偿式无源 PFC 电路有两种方式，可在整流桥后加入一个电感，如图 5-3 所示；或在整流桥前加入一个电感，如图 5-4 所示。

电感补偿式无源 PFC 电路利用电感上电流不能突变的特性来平滑电容充电的脉冲波动，改善供电线路电流波形的起伏，并且电感上电压超前电流的特性也补偿了滤波电容电流超前电压的特性，因此使电源功率因数得以改善。该 PFC 电路的主要优点是简单、成本低、可靠性高、EMI 小。但由于滤波电容和电感的取值较大，电路往往比较笨重，而且也难以得到高功率因数，对输入谐波电流的抑制效果也不是很好，在对体积和重量要求不高的场合中经常使用[6]。

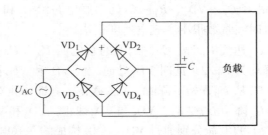

图 5-3　整流桥后电感补偿方式

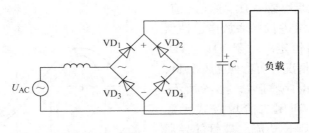

图 5-4　整流桥前电感补偿方式

5.2.2　二阶填谷式无源 PFC 电路

无源 PFC 电路中，以填谷式无源 PFC 电路最具代表性，二阶填谷式无源 PFC 电路如图 5-5 所示，电路置于桥式整流器的输出端，通常由 3 个二极管 VD_6、VD_7、VD_8 和 2 个电容 C_1、C_2 组成。VD_5 为隔离二极管，将整流桥和填谷电路隔离开。VD_7 和 R_1 串联在一起用于限制开机时电容 C_1 和 C_2 的冲击电流。

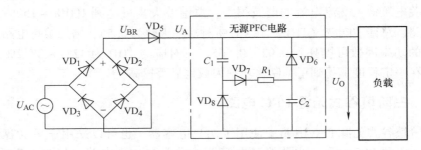

图 5-5　二阶填谷式无源 PFC 电路

二阶填谷式无源 PFC 电路以电容的串联方式充电，而放电以并联方式实现。设交流输入电压和电流分为别为 u、i，电压峰值为 U_P，整流桥输出的脉动电压为

U_{BR}，VD_5 右端电压为 U_A（即 C_1 和 C_2 上的总电压），为讨论方便，忽略二极管 $VD_1 \sim VD_8$ 的正向压降，具体工作过程如下[1]：

1）阶段一：在交流电正半周的上升阶段，当 $U_{BR} > U_A$ 时，VD_1、VD_4、VD_5 和 VD_7 均导通，U_{BR} 就沿着 $C_1 \to VD_7 \to R_1 \to C_2$ 的串联电路给 C_1 和 C_2 充电，同时向负载提供电流。其充电时间常数很小，充电速度很快。

2）阶段二：当 U_A 达到 U_P 时，C_1、C_2 上的总电压 $U_A = U_P$；因 C_1、C_2 的容量相等，故二者的压降均为 $U_P/2$。此时 VD_7 导通，而 VD_6 和 VD_8 被反向偏置而截止。

3）阶段三：当 U_A 从 U_P 开始下降时，VD_7 截止，立即停止对 C_1 和 C_2 充电。

4）阶段四：当 U_A 降至 $U_P/2$ 时，VD_5 和 VD_7 截止，VD_6 和 VD_8 被正向偏置而变成导通状态，C_1、C_2 上的电荷分别通过 VD_6、VD_8 构成的并联电路进行放电，维持负载上的电流不变。

进入负半周后，在 VD_5 导通之前，C_1、C_2 仍可对负载进行并联放电，使负载电流基本维持恒定。对于 VD_2、VD_3 和 VD_5 导通后的情况，可参照上面分析，具体电压、电流时序波形如图 5-6 所示。

综上所述，利用二阶填谷式无源 PFC 电路能大大延长整流二极管的导通时间，使之在正半周的导通范围扩展到 $30° \sim 150°$。同理，负半周的导通范围扩展到 $210° \sim 330°$。整流二极管导通角的扩大使得交流输入电流的死区时间大大缩短，由原先的窄脉冲变为删除接近正弦波，填平了普通全波整流滤波电路中

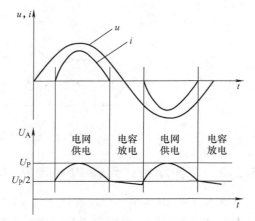

图 5-6　电压 u、电流 i 和电压 U_A 的时序波形

电流波形的大部分低谷区，因此称为填谷式无源 PFC 电路。

开关电源输入交流电流的谐波很大，总谐波失真可达到 $100\% \sim 150\%$，不用填谷电路，总谐波畸变（THD）在 151% 时功率因数为 0.55；增加填谷电路后，开关电源的功率因数可提高到 $0.92 \sim 0.965$，所对应的 THD 为 $42\% \sim 27.2\%$，证明总谐波在一定程度上得到了抑制，功率因数也显著提高[1]。

5.2.3　三阶填谷式无源 PFC 电路

二阶填谷式无源 PFC 电路中使用了两只电容器，也可以采用三只电容器的三阶填谷式无源 PFC 电路，也称为三电容填谷式无源 PFC 电路，如图 5-7 所示[1]，其特点是电容 C_1、C_2 和 C_3 以串联方式充电，充电回路为 $VD_1 \to VD_5 \to C_1 \to VD_7 \to C_2 \to VD_{10} \to R_1 \to C_3 \to VD_4$，如果 $C_1 = C_2 = C_3$，则三者的电压均为 $U_P/3$。三只电容并联放电，C_1 通过 VD_6 放电，C_2 通过 VD_8 和 VD_9 放电，C_3 通过 VD_{11} 放电。

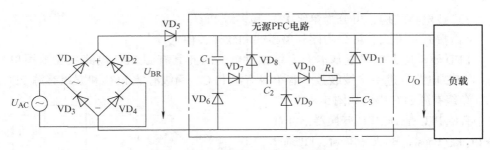

图 5-7 三阶填谷式无源 PFC 电路

三阶填谷式无源 PFC 电路可大大延长整流二极管的导通时间。使用填谷电路的阶数越高，改善功率因数的效果越明显，但电路越复杂，使用元器件越多。三阶填谷式无源 PFC 电路并联放电电压会降至 $U_P/3$，该电压必须高于开关电源的最低输出电压，否则电路无法工作。使用填谷电路会增加电源的损耗，因此其一般适用于小功率、低成本 LED 驱动。

5.3 有源 PFC

无源填谷电路采用电容和二极管组合来增大输入电流的导通角，从而改善功率因数，实际上，这个过程是在较高电压时以较小电流给电容充电，然后在较低电压时以较大电流让电容放电给负载。前面二阶填谷式无源 PFC 电路需要两个电容和三个二极管，要进一步提高功率因数则采用三阶填谷式无源 PFC 电路，需使用三个电容和六个二极管，这些电路虽然提高了输入电流的利用率，但并未给后端开关稳压电源提供恒定的输入，提供给负载的功率也有较大纹波，纹波频率为输入电压频率的 2 倍，需要后续采用二极管或电容进行滤波处理，这些二极管及电解电容增加了成本、体积，降低了可靠性。

高功率因数通常需要正弦输入电流，且要求输入电压与电流之间的相位差极小，这样在开关前就应尽量设计较小的电容，从而使整流电压跟随输入电压、输入电流更接近正弦波。有源 PFC 可以通过 DC/DC 变换器及相关的控制取代无源 PFC，主要通过功率开关管结合合理的控制方式获得更高的功率因数。

5.3.1 有源 PFC 电路

有源 PFC 由于工作在高频开关状态，具有体积小、重量轻、效率高和功率因数高等优点，因此得到了广泛应用。

有源 PFC 电路有多种分类方法：

1）按电网供电方式，可分为单相 PFC 和三相 PFC。

2）按控制模式，可分为电流连续模式（CCM）、电流断续模式（DCM）和电流临界模式（CRM）。

3）按电路结构，可分为单级 PFC 和多级 PFC。

4）按开关模式，可分为硬开关模式和软开关模式。

LED 驱动电源的供电基本上为单相供电，因此其有源 PFC 电路主要采用单相有源 PFC 电路，进一步按级数分有单级有源 PFC、两级有源 PFC 和三级有源 PFC。

单级有源 PFC 电路如图 5-8 所示，图中有源 PFC 是 DC/DC 变换器，可以是 Buck、Boost、Buck - Boost、Flyback 等。单级有源 PFC 是将 PFC 功能与 DC/DC 功能合并成一级，主要是利用开关管实现通断控制，将整流后的直流电压加载到负载上，通过对通断时间的控制，一方面可以实现能量的

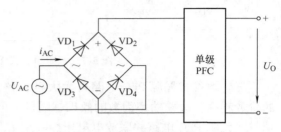

图 5-8　单级有源 PFC 电路

传输，另一方面可以实现对输入电流的控制，最终实现功率因数校正。

两级有源 PFC 电路如图 5-9 所示，基本上第一级为 PFC，第二级为 DC/DC 变换器。通常为了实现输入与输出的隔离，第二级常选用隔离型 DC/DC 电路。这种 PFC 抑制谐波效果好，可以达到较高的功率因数。其具有独立的 PFC 级，还可以对 DC/DC 级的直流输入电压进行预调节，因此输出电压比较精确，带负载能力较强，适用于大、中功率 LED 驱动电源，但所需元器件较多，成本较高，功率密度低，损耗大。

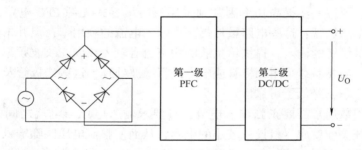

图 5-9　两级有源 PFC 电路

三级有源 PFC 主要包括 PFC、LLC 谐振变换器和 DC/DC 变换器三级电路，使用元器件更多，进而导致可靠性降低、成本上升和负载的 EMI 问题，因而主要适用于大功率 LED 驱动和特殊要求场合。多级有源 PFC 中的 DC/DC 级和 LLC 谐振变换器的工作原理与设计方法在第 3 章已讲述，因此本章主要介绍单级有源 PFC 电路及其控制方法。

在 LED 驱动电源中，可选的 PFC 方案有 PPFC、单级 APFC 和两级 APFC，不同方案各有特点，三种 PFC 方案的性能比较见表 5-2[7]，该表可作为不同应用场合 PFC 方案的选择依据。

表 5-2　三种 PFC 方案性能比较

项 目	PPFC	两级 APFC	单级 APFC
总谐波含量	高	低	中
功率因数	低	高	中
体积	中	较大	小
重量	重	轻	轻
控制	简单	复杂	简单
器件数量	很少	多	中等
设计难度	简单	中等	复杂

5.3.2　单级有源 PFC 电路拓扑

单级有源 PFC 电路较为简单，成本也较低并能得到较好的功率因数，因此备受青睐。基本上大部分 DC/DC 拓扑都可以作为单级 PFC 的主电路，下面分别介绍几种常见单级有源 PFC 电路[5]。

1. 单级 Buck 有源 PFC 电路

单级 Buck 有源 PFC 电路如图 5-10 所示，图中，Buck 电路可工作在电感临界连续模式，以实现输入电流波形的校正。

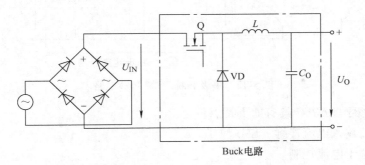

图 5-10　单级 Buck 有源 PFC 电路（一）

Buck 电路由于输入电压高于输出电压，在用于电网侧功率因数校正时，在输入电压低于输出电压时就没有电流输入，这时电流波形会出现一个缺口。不过这个缺口对 PFC 影响不大，实际电路功率因数可以达到 0.9 以上。

另外，由于控制回路的信号采样方式不同，单级 Buck 有源 PFC 电路中的开关管和电感也有不同的接法，如图 5-11 所示，可根据不同的 EMC 和灯具安规的不同处理方法进行分析和讨论。

2. 单级 Boost 有源 PFC 电路

单级 Boost 有源 PFC 电路如图 5-12 所示，其工作原理为，在 PWM 信号的控制下，当 Q 导通时，二极管截止，整流后的输入电压 U_{IN} 全部加在电感 L 上，电感充

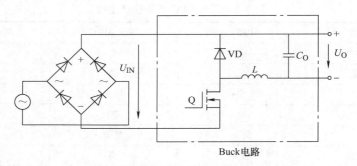

图 5-11　单级 Buck 有源 PFC 电路（二）

电，电流逐渐增大，此时电源的输入电流等于电感电流；当开关管 Q 关断时，二极管 VD 导通，电感 L 向输出电容放电，电感两端的电压为 $U_O - U_{IN}$，并且电源电流仍然等于电感电流。当开关管交替开启和关断时，电路在两种状态中交替转换，可以实现升压变换功能。

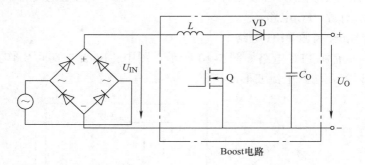

图 5-12　单级 Boost 有源 PFC 电路

Boost 电路的 APFC 具有如下特点：

1）一般输入电流连续，EMI 较小。

2）适合于电流控制。

3）输入有电感，可减少对滤波器的要求，同时可以减少瞬态高频脉冲对电网产生的冲击。

4）开关管的电压不超过输出电压。

5）开关管的驱动基准电压为零，容易设计开关电路。

6）可在整个交流电压输入范围内实现较高的功率因数。

3. 单级 Flyback 有源 PFC 电路

单级 Flyback 有源 PFC 电路可以用最少的元器件实现宽范围灵活的输入输出电压比，电路如图 5-13 所示。

Flyback 变换电路可以结合输入电压的前馈控制和电感电流临界连续模式，轻松实现电网侧高功率因数，不像单级 Buck 有源 PFC 电路那样存在输入电流死区。

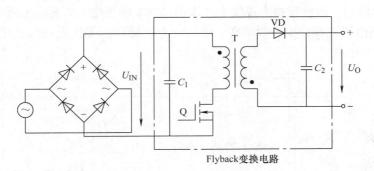

图 5-13　单级 Flyback 有源 PFC 电路

如果采用一次侧反馈控制和准谐振工作模式，可进一步去掉一次侧、二次侧控制闭环用的光耦并降低开关损耗，可以提高 LED 驱动的可靠性和寿命。

单级 Flyback 有源 PFC 电路的核心是变压器 T，变压器 T 的实质为储能耦合电感，而不是传统概念的变压器。当开关管 Q 导通时，能量存储到一次侧的电感中；当开关管 Q 关断时，存储的能量通过二极管 VD 释放到二次侧。因此变压器一次侧电感量 L_p 的设计是关键，可参见第 3 章 Flyback 变换电路的变压器设计部分。

单级 Flyback 有源 PFC 电路也有不足之处，当输入电容容量不够时，输出电流的工频纹波会引起明显的频闪，此时需要再加一级纹波电流抑制电路将其控制在 10% 以内，以解决频闪问题；同时在使用调光器时，兼容各种调光器也较为困难。

5.3.3　两级有源 PFC 电路拓扑

两级有源 PFC 经过多年大量的研究相对来说比较成熟，由两个互相独立的 DC/DC 变换器来实现，PFC 级 DC/DC 变换器实现输入电流的整形，DC/DC 级变换器则实现输出电压的调节，因此控制较单级有源 PFC 简单。两级有源 PFC 的功率因数更高，可达 0.99 以上，THD 一般小于 5%，但是变换电路中至少含两个开关管和两套控制电路，增加了成本和复杂性。

两级有源 PFC 电路解决了单级有源 PFC 无法解决的问题，常用于满足 LED 驱动电源更高功率因数的需求、各种调光器兼容性的需求和大功率 LED 的驱动需求等。

一种常用的两级有源 PFC 电路如图 5-14 所示，前一级用 Boost 有源 PFC 电路来实现电网侧功率因数的校正，后一级用 Flyback 变换电路来实现输出负载 LED 的恒流驱动[5]。以此为代表的两级有源 PFC 电路的恒流驱动结合数字控制，基本上可以兼容全球 98% 的各种调光器，不出现闪烁，并能连续调光至 1% 的亮度。

另一种常用的两级有源 PFC 电路如图 5-15 所示，前一级用 Boost 有源 PFC 电路来实现电网侧功率因数的校正，后一级用谐振 LLC 变换电路来实现输出负载 LED 的恒流驱动[5]。对于大功率 LED 驱动电源，单级功率变换给磁性器件和开关管带来很大压力，而且很难实现效率、体积和成本的优化，因此常用两级电路。谐振 LLC 电路由于元器件少、效率高、电气应力和噪声低等优点被大功率 LED 驱动广泛采用。

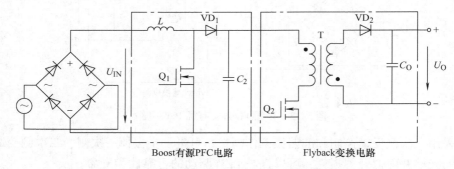

图 5-14　Boost 有源 PFC 级联 Flyback 恒流驱动电路

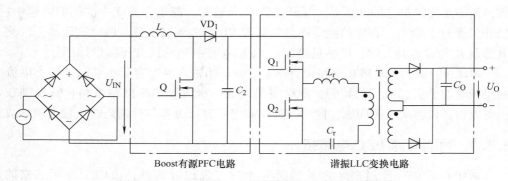

图 5-15　Boost 有源 PFC 级联谐振 LLC 恒流驱动电路

谐振 LLC 变换电路的高效率是因为电路中的开关器件工作在零电压或零电流开关状态，使得开关损耗比较小。谐振电感可以直接利用变压器的漏感，进一步提高变换效率。软开关工作模式还可以避免二极管反向恢复引起的尖峰电流和噪声，进一步减轻 EMI 压力。对于谐振 LLC 变换电路的工作原理和电路设计，请参考第 3 章谐振 LLC 变换电路部分。

5.3.4　有源 PFC 电路控制模式

针对不同的有源 PFC 主电路结构，应采用不同的控制方法。但无论采用哪一种主电路拓扑，从实现 PFC 的目的来看，所需要控制的变量都有两个[3]：

1）输入电流：必须控制输入电流的波形跟踪桥式整流输入电压的波形，使之与输入电压同频同相，保证输入端口针对交流电网呈现近似纯阻性。

2）输出电压：必须保证输出电压是一个近似恒定的直流电压，类似一个直流稳压源。

有源 PFC 电路在通常情况下需要用电压、电流的双闭环来控制，控制方法必须以稳压输出和单位输入功率因数为目标。为了达到以上目标，根据输入电感电流是否连续，可分为 DCM、CCM 和介于两者之间的 CRM。在 DCM 下，可用电压跟踪控制；在 CCM 下，常用峰值电流控制、平均电流控制和滞环电流控制。

1. DCM

在 DCM 下，电压跟踪控制应用较为广泛，常采用恒频、变频、等面积等多种方法。DCM 的基本特点就是电感能量的完全传输，即在每一个开关周期中，电感都必须把从电源中获得的能量完全转移到输出电容中去。其优点是输入电流自动跟踪电压，且保持较小的电力畸变率，开关管实现零电流开通，且不承受二极管的反向恢复电流；缺点是输入输出电流纹波较大，对滤波电路要求高，峰值电流远高于平均电流，器件承受较大的应力，一般应用于小功率场合[3、8]。

（1）恒频控制

单级 Boost 有源 PFC 电路如图 5-12 所示，在一个开关周期 T_S 中，电感电流的平均值为

$$I_{AV} = \frac{U_{IN}T_{ON}(T_{ON} + T_{DON})}{2LT_S} \tag{5-8}$$

式中，U_{IN} 为整流桥的直流侧电压；T_{ON} 为开关管的导通时间；T_{DON} 为二极管的导通时间。

在恒频控制中，开关周期 T_S 恒定，在恒压输出时，若 T_{DON} 恒定，则 U_{IN} 与 I_{AV} 比值恒定，即变换器的等效输入阻抗为一个纯电阻，从而实现 $PF = 1$ 的功能。但在电路实际工作中，T_{DON} 在半个工频周期内并不恒定，这导致了平均输入电流有一定程度的畸变，输出电压与输入电压峰值的比值越大，输入电流畸变程度越小。

（2）变频控制

在式(5-8) 中，若 $T_S = T_{ON} + T_{DON}$，则平均电流只与 T_{ON} 有关；若在半个工频周期内保持 T_{ON} 恒定，则从理论上保证输入电压和平均输入电流为同相同频，这就是用变频控制技术实现 PFC 的理论依据，一个开关周期中二极管导通与开关管导通时间互补，因此此时电路工作在 CRM 下。

2. CCM

CCM 的特点是输入电感上的电流始终是连续的，在每一个开关周期中，电感都只把部分能量转移到输出电容中去。相对于 DCM，其优点为输入和输出电流纹波小，THD 和 EMI 小、容易滤波、器件导通损耗小，适用于大功率场合。

在 CCM 下，电流控制比较常见，以整流器的输出电流作为反馈量和被控量，具有动态响应快、限流容易、电流控制精度高等优点。根据电流控制方式的不同，其可分为峰值电流控制、滞环电流控制和平均电流控制三种方法[3、8]。

（1）峰值电流控制（Peak Current Mode Control，PCMC）

开关管在恒定的开关周期内导通，电流上升；当电流达到目标电流 i_{ref} 时，开

关管关断，电流下降；在下一个开关周期到来时再次导通，从而实现电感电流 i_L 的峰值按目标电流 i_{ref} 正弦规律变化，从而实现 PFC。峰值电流控制原理如图 5-16 所示，控制的电流波形如图 5-17 所示。

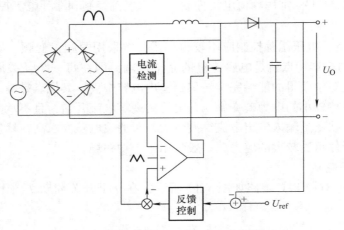

图 5-16　Boost 有源 PFC 峰值电流控制原理

　　峰值电流控制的缺点是电流峰值和平均值存在误差，无法满足 THD 很小的要求；电流峰值对噪声敏感；占空比大于 0.5 时系统产生次谐波振荡，需要加入斜率补偿。在 PFC 中，这种控制方法用得比较少。

　　（2）滞环电流控制（Hysteresis Current Control，HCC）

　　滞环电流控制是最简单的电流控制方式，它的工作原理是：电流目标信号

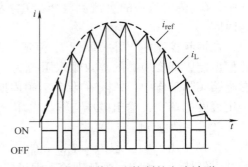

图 5-17　峰值电流控制的电流波形

i_{ref} 和滞环宽度 h 决定电感电流 i_L 的上限（$i_{max} = i_{ref} + h$）和下限（$i_{min} = i_{ref} - h$）。当电感电流 i_L 上升到 i_{max} 时，开关管关断，电感电流 i_L 开始下降；当电感电流下降到 i_{min} 时，开关管开始导通，电感电流 i_L 开始上升，如此反复，控制电感电流 i_L 在滞环宽度范围内变化。滞环电流控制原理如 5-18 所示，控制的电流波形如图 5-19 所示。

　　滞环电流控制将电流控制与 PWM 结合，结构简单，容易实现，具有很强的鲁棒性和快速动态响应能力。缺点是开关频率不固定，滤波器设计困难。

　　（3）平均电流控制（Average Current Mode Control，ACMC）

　　平均电流控制，又称为三角载波控制，电感电流 i_L 被直接检测，与目标电流 i_{ref} 相比较后，高频分量的变化量经电流误差放大器后被平均化处理放大，产生的平均电流误差信号与锯齿波比较，产生开关管的驱动信号。电流误差将得到快速精

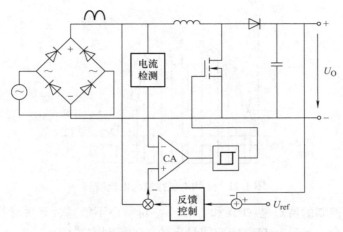

图 5-18　Boost 有源 PFC 滞环电流控制原理

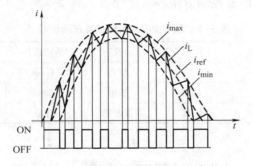

图 5-19　滞环电流控制的电流波形

确的校正，电流环有较高的增益带宽，跟踪误差小，容易实现功率因数近似为 1。平均电流控制原理如 5-20 所示，控制的电流波形如图 5-21 所示。

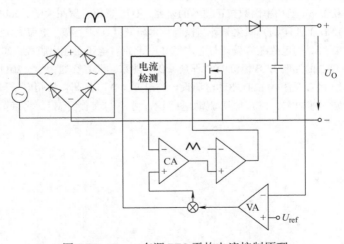

图 5-20　Boost 有源 PFC 平均电流控制原理

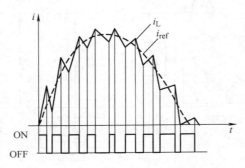

图 5-21　平均电流控制的电流波形

平均电流控制的特点是 THD 和 EMI 小、对噪声不敏感、开关频率固定，适用大功率应用场合，是目前 PFC 中应用最多的一种控制方式。

综上所述，三种电流控制方法各有优缺点，其基本特点见表 5-3。

表 5-3　三种 PFC 电流控制方法比较[3]

控制方法	开关频率	工作模式	对噪声	适用拓扑	备　注
峰值电流	恒定	CCM	敏感	Boost	需斜率补偿
滞环电流	变频	CCM	敏感	Boost	需逻辑控制
电流平均	恒定	任意	不敏感	任意	需电流误差放大

参 考 文 献

[1] 沙占友，等. LED 照明驱动电源优化设计 ［M］. 2 版. 北京：中国电力出版社，2014.

[2] 乔波. UV – LED 大功率驱动电源的研究 ［D］. 上海：上海大学，2013.

[3] 傅晓帆. 单相 Boost 型功率因数校正技术的研究 ［D］. 贵阳：贵州大学，2006.

[4] 胡力元. UVLED 工业印刷光固化驱动与控制技术研究 ［D］. 上海：上海大学，2014.

[5] 黄敏超. LED 灯具的电磁兼容设计与应用 ［M］. 北京：电子工业出版社，2015.

[6] 李永康. 带 PFC 的照明 LED 恒流源的研究 ［D］. 北京：北京交通大学，2011.

[7] 李振森. 单级 PFC 反激式 LED 驱动电源设计与研究 ［D］. 杭州：杭州电子科技大学，2009.

[8] 戴志平，谭宏，赖向东. LED 照明驱动电路设计方法与实例 ［M］. 北京：中国电力出版社，2013.

第6章

LED驱动电源的反馈控制电路设计

6.1　LED 驱动电源的反馈控制电路设计概述

第 3 ~ 5 章的主电路及其 EMC、PFC 电路，总体而言位于驱动电源的前向通道，主要实现电能转换，传递能量流，将输入电压转换成 LED 负载要求的电压、电流，并为负载提供需要的电功率。从控制系统的角度而言，上述前向通道本质上是一个开环系统，系统在受到扰动（如输入变化、负载变化、电路内部参数变化、外部干扰等）时不能保证输出恒定，因此尚不能满足 LED 光源对驱动电压或电流恒定的需求。为此，需增加反馈控制电路，如图 2-17、图 2-19 所示，主要目的是通过采样电路将输出信号转换成弱电信号，进一步通过与设定值的比较、反馈、控制等环节形成控制信号，从而根据输出信号的变化实时调节主电路，使输出信号稳定在设定值，主要实现信息流的传递。为了实现上述的闭环反馈功能，反馈控制一般需包含输出采样电路、设定与参考电压电路、控制电路、PWM 信号调制电路，有时还需要增加补偿电路和隔离电路。

反馈控制电路设计的总体要求是只传递信息流，无需传递能量流。为此，设计时应遵循以下原则：

1）电路的简单易实现：要传递的各种信息尽量转化为电压形式。

2）减少能量流的传递：应使反馈通道流过的电流尽量小，即保证较大的电路阻抗。

3）保证闭环系统的增益裕量和相位裕量：为此反馈控制电路中有时还需要增加补偿网络。

反馈控制电路设计的基本流程如下：

1）确定采样变量：根据输出的恒压/恒流要求，确定对输出变量电压还是电流进行采样，或者同时采样。

2）确定采样点位置：一般直接在 LED 负载端采样，有时为了电路的其他要求，也可在与输出变量直接相关的中间变量处采样，如反激变换的一次侧反馈。

3）确定控制策略：根据系统稳定性、输出精度、EMI 等要求，选择相应的控制策略。

4）根据驱动电源设计要求，确定输出电压/电流目标设定值。

5）根据设定值，设计输出采样电路和设定与参考电压电路。

6）根据控制算法设计控制电路。

7）根据控制策略设计 PWM 信号调制电路。

8）若驱动电源主电路采用隔离式结构，则反馈通道一般也需设计隔离电路。

9）分析闭环系统的稳定裕度，裕度不够时需要设计补偿电路。

10）若采用电源控制芯片作为控制器，则设定与参考电压电路、控制电路、PWM 信号调制电路等均可由芯片提供。

6.2 LED 驱动电源的反馈控制策略

对于开关电源形式的 LED 驱动电源，由第 3 章各种主电路的原理可知，其输出电压一般与主电路开关管的占空比 D 正相关，因此，反馈控制本质上都是根据实际输出与设定值的偏差实时调节 D，使得输出电压或电流维持不变。具体调节开关管 D 的控制策略有很多种，最基本的是脉冲宽度调制（Pulse Width Modulation，PWM），此外常见的还有脉冲频率调制（Pulse Frequency Modulation，PFM）、脉冲跳周期调制（Pulse Skip Modulation，PSM）以及滞环控制（Hysteresis Control，HC）等。

6.2.1 PWM

一般以开关电源形式实现的 LED 驱动电源，其主开关管总是工作在周期性的开-关状态，设其周期为 T_S（频率为 f_S），开通时间为 T_{ON}，关断时间为 T_{OFF}，则占空比为

$$D = \frac{T_{ON}}{T_{ON} + T_{OFF}} = \frac{T_{ON}}{T_S} = T_{ON}f_S \tag{6-1}$$

如果保持开关管的频率 f_S 不变，只改变开通时间 T_{ON}，这种调节 D 的方式就是 PWM，如图 6-1 所示。

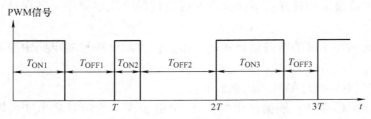

图 6-1　周期固定的 PWM 信号

根据对控制信号的不同要求，有两种 PWM 工作模式：单环控制模式和双环控制模式。

1. 单环控制模式

图 2-12 所示的基于闭环负反馈机制实现恒压/恒流控制的 Buck 电路中，通过 PWM 单环控制模式实现反馈的典型电路——Buck 恒压/恒流电路的单环反馈控制如图 6-2 所示，图中，电压采样电路将输出电压 U_O 转换为反馈电压 U_f 后，与参考电压 U_{ref} 比较形成误差信号 E，经 PI 控制电路形成控制电压信号 $U_{control}$，再与锯齿波信号进行比较，经 PWM 信号调制电路产生对应的 PWM 信号，去调节主电路开关管 Q 的占空比 D，完成闭环反馈控制，实现输出电压恒定。其中，锯齿波频率就是 PWM 信号的频率，一般固定不变，其工作波形如图 6-3 所示。

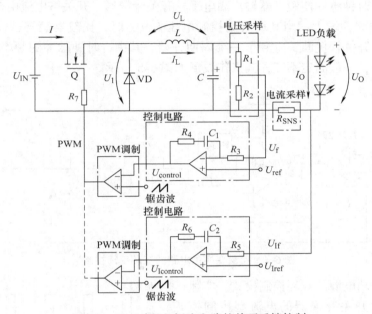

图 6-2　Buck 恒压/恒流电路的单环反馈控制

图 6-2 下面的通道是电流采样反馈电路，其将输出电流 I_O 转换为反馈电压 U_{If} 后，可经过相同的电路产生 PWM 信号，实现输出电流恒定。

上述 LED 驱动电源的单环控制模式，不管是输出电压反馈还是输出电流反馈，本质上都是通常开关变换器的电压型控制模式，这种控制模式线性度高、输出纹波小，由于锯齿波的幅值比较大，抗干扰能力比较强。但其缺点是从输出端提取的反馈信号在调节过程中存在一定的滞后，所以响应速度

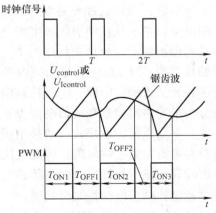

图 6-3　PWM 单环控制模式的开关波形

慢，影响稳定性；因为只有单环控制，所以还需额外的电路来实现另一个输出变量（电压或电流）的超限控制。

2. 双环控制模式

双环控制模式是针对单环控制的缺点而发展起来的，一般是在电压外环基础上增加一个电流内环反馈，反激变换主电路的双环反馈控制如图6-4所示。图中，电压采样电路将输出电压 U_O 转换为 U_f，与 U_{ref} 比较形成误差 E，经控制电路形成控制电压 $U_{control}$ 提供给内环；内环检测开关管的电流形成反馈电压 U_{If} 代替锯齿波，与 $U_{control}$ 进行比较，并在时钟脉冲同步下产生对应的 PWM 信号，即在每个开关周期开始时，时钟脉冲使锁存器输出高电平，开关管导通，开关管电流由初始值线性增大，U_{If} 也线性增大，当其增大到控制电压 $U_{control}$ 时，比较器翻转，使锁存器输出低电平，开关管关断，直到下一个周期开始。其中，时钟脉冲的频率就是 PWM 信号的频率，一般固定不变，其工作波形如图6-5所示。

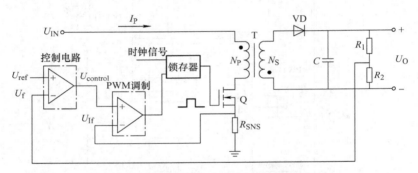

图 6-4　反激变换主电路的双环反馈控制

LED 驱动电源的双环控制模式，实际上就是通常开关变换器的电流型控制模式，其外环通过输出电压反馈，可以使输出电压稳定；内环通过开关管高频工作电流的反馈，在系统扰动引起该电流变化时能及时做出调节。根据内环中与 $U_{control}$ 比较的反馈电压 U_{If} 对应的是周期内平均电流还是开关管瞬时电流，电流控制模式又可分为平均电流控制和峰值电流控制两种模式。平均电流控制模式一般采用积分器将瞬时电流转为平均电流，因此电流控制精度较高，抗干扰性强，但对负载变化的响应速度比峰值电流控制模式慢。

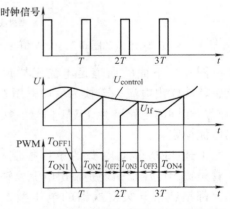

图 6-5　反激变换双环控制模式的开关波形

峰值电流控制模式因为电流的反馈作用，所以在补偿网络中无需增加超前补偿网络就可以获得较宽的带宽输出控制，使得系统具有良好的动态特性。同时，由于采用了开关管的峰值电流作为反馈量，内环实际上是限值控制，只要简单地设置控制电压的最大值，即可方便地实现驱动电源的过电流保护和多个电源并联时的均流控制。这种模式的缺点是，当占空比 $D > 50\%$ 时，电路会出现谐波振荡，从而导致系统不稳定，但通常可在比较器输入端加周期性的补偿斜坡信号来消除[1]。

6.2.2 PFM

PFM 与 PWM 方式类似，也是通过输出电压或电流反馈信号与基准信号进行比较，输出控制电压信号对 PWM 信号进行调节，不过 PWM 信号调节方式不同：在图 6-1 中，如果根据控制电压信号使开通时间 T_{ON} 变化而保持关断时间 T_{OFF} 不变，或使 T_{OFF} 变化而保持 T_{ON} 不变，或者使 T_{ON}、T_{OFF} 同时变化且 $T_{ON} + T_{OFF}$ 不是固定值，则都可以改变 PWM 信号的频率从而改变占空比 D，实现输出电压或输出电流的恒定。这种控制方式的优点是频率特性好，电压调整率高，在负载较轻时效率很高；主要缺点是开关频率变化导致 EMI 不可预测。

6.2.3 PSM

PSM 是一种变频非线性调制方法[2]，Buck 恒压电路的 PSM 反馈控制原理如图 6-6 所示（恒流电路原理类似，只需将图中的电压采样电路改成电流采样即可）。图 6-6 中电压采样电路将输出电压 U_O 转换为反馈电压 U_f 后，与参考电压 U_{ref} 比较，经比较器形成数字信号，以此选择不同的主开关管驱动信号，完成闭环反馈控制，实现输出电压恒定。即当 $U_f < U_{ref}$ 时，比较器输出 1，选择以设定占空比 D_1 工作的正常 PWM 信号，去控制主电路开关管 Q，使输出电压增大；当 $U_f > U_{ref}$ 时，比较器输出 0，选择关断周期，该周期内开关管 Q 不工作，即跳过一个开关周期，

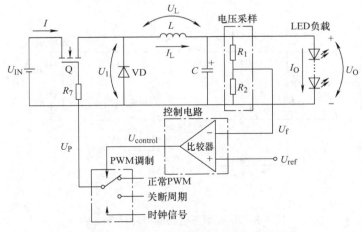

图 6-6　Buck 恒压电路的 PSM 反馈控制

使输出电压减小。每个周期的开始时刻是由时钟脉冲的上升沿同步的，时钟周期一般固定不变，其工作波形如图 6-7 所示。这样主开关管的驱动信号由正常周期和关断周期组合成一个跳周期序列，设时钟周期为 T_C，正常周期的占空比为 D_1，关断周期占空比为 0，一个正常周期加 n 个（$n = 0, 1, 2, \cdots, N$）关断周期形成一个等效的 PSM 周期，则 PSM 信号的等效周期 $T_S = T_C(1 + n)$，占空比 $D = D_1/(1 + n)$。这样，不同 PSM 周期的频率和占空比都是变化的，与输出误差成正相关，从而可以

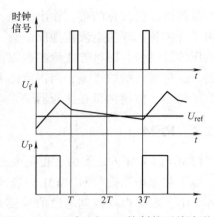

图 6-7　Buck 恒压 PSM 控制的开关波形

通过调整跳周期序列中正常周期和关断周期的组合，实现输出调节。

　　这种控制方式的控制电路中没有延迟环节，因此响应速度快；在轻负载时跳周期序列中关断周期较多，开关管损耗较小，因此轻载时效率较高。主要缺点是输出纹波较大[3]。

6.2.4　滞环调制

　　滞环控制也称为 Bang‑Bang 控制或纹波调节器控制，是一种频率变化的单环调制方法，Buck 恒流电路的滞环反馈控制原理如图 6-8 所示（恒压电路的原理类似，只需将图中的电流采样电路改成电压采样即可）。图 6-8 中电流采样电路将输出电流 I_O 转换为反馈电压 U_{If} 后，与参考电压 U_{Iref} 及其上下限 U_{IH}、U_{IL} 比较，经滞环比较器形成相应的 PWM 信号，驱动主开关管完成闭环反馈控制，实现输出电流恒定，其开关波形如图 6-9 所示。

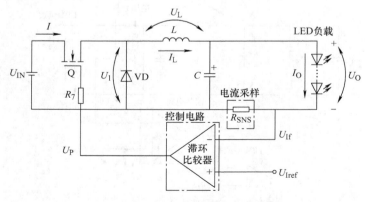

图 6-8　Buck 恒流电路的滞环反馈控制

图 6-9 中，在 t_0 时刻反馈电压 U_{If} 下降到 U_{IL}，此时滞环比较器输出高电平，开关管导通，输出电流上升，U_{If} 也逐渐增大；在 t_1 时刻，U_{If} 增大到 U_{Iref}，滞环比较器输出不会立即翻转，而是继续保持原来的状态，直到 U_{If} 增大到 U_{IH} 时即 t_2 时刻，比较器翻转，输出低电平，开关管关断，输出电流下降，U_{If} 也逐渐减小，直到 U_{If} 减小到 U_{IL} 时即 t_3 时刻，比较器翻转输出高电平，开始下一周期[4]。滞环控制通过将反馈电

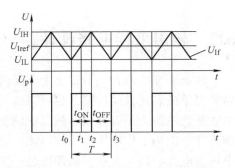

图 6-9 Buck 恒流滞环控制的开关波形

压限制在以参考电压 U_{Iref} 为中心的滞环宽度 $\Delta U = U_{IH} - U_{IL}$ 内，从而将输出电流控制在设定值 I_{ONOM} 的一定偏差带内。

在 MOSFET 开通阶段，有

$$U_L = L\frac{dI_L}{dt} = L\frac{\Delta I_L}{\Delta t} = L\frac{\Delta I_L}{T_{ON}} = U_{IN} - U_O \tag{6-2}$$

则滞环控制的开通时间为

$$T_{ON} = L\frac{\Delta I_L}{U_{IN} - U_O} = L\frac{\Delta I_O}{U_{IN} - U_O} \tag{6-3}$$

在 MOSFET 关断阶段，有

$$U_L = L\frac{dI_L}{dt} = L\frac{-\Delta I_L}{\Delta t} = L\frac{-\Delta I_L}{T_{OFF}} = -U_O \tag{6-4}$$

则滞环控制的关断时间为

$$T_{OFF} = L\frac{\Delta I_L}{U_O} = L\frac{\Delta I_O}{U_O} \tag{6-5}$$

滞环控制的开关周期为

$$T_S = L\Delta I_O\left(\frac{1}{U_{IN} - U_O} + \frac{1}{U_O}\right) \tag{6-6}$$

由于滞环宽度 $\Delta U = \Delta I_O R_{SNS}$，当滞环宽度确定后，输出电流纹波也由采样电阻 R_{SNS} 确定；当输出电压 U_O 变化不大时，滞环控制的开通时间与输入电压成反比，关断时间近似不变。由图 6-9 可见，滞环宽度决定了主电路的最大工作频率，环宽越窄，开关频率越高。但如果电路参数变化或负载变化，则会导致输出上升或下降的斜率变化，从而使工作频率变化。

这种控制方式的控制电路中也没有延迟环节，因此响应速度快；该方式的主要缺点在于其工作频率是变化的，增加了 EMI 滤波的难度[1]。

6.3 输出采样电路设计

输出采样的位置一般在整个驱动的输出端，即负载电压或电流，但有时为了电路的简单或满足其他性能，也可以从与输出有固定关系的电路中间节点采样，如隔离式驱动电路为了省掉复杂的二次侧信号调理及隔离电路，可以采用一次侧反馈，即采样一次侧工作电压、工作电流，并通过工作原理分析建立该电压、电流与输出电压、电流的数学关系，从而通过一次侧采样间接表征输出量实现反馈。输出采样电路主要包括电压采样电路和电流采样电路，如果需要输出电压恒定则采样输出电压，如果需要输出电流恒定则采样输出电流。

6.3.1 电压采样电路

直流电压采样可以有多种不同方法，如霍尔效应法、电阻分压法等。LED驱动电源的输出电压一般为稳定的直流电，电压值也不高，因此电压采样电路大多采用电阻分压法。

电阻分压法主要通过电阻分压原理将输出电压 U_O 转换为较小的反馈电压 U_f，如图6-2所示，因此有

$$U_f = \frac{R_2}{R_1 + R_2}U_O \tag{6-7}$$

设期望的输出电压恒定值为 U_{ONOM}，此值即为电压闭环反馈的设定值，按照反馈控制原理，当输出电压 $U_O = U_{ONOM}$ 时，应有 $U_f = U_{ref}$，因此有

$$U_{ref} = \frac{R_2}{R_1 + R_2}U_{ONOM} \tag{6-8}$$

因此，采样电阻 R_1 和 R_2 的设计值应满足的条件为

$$\frac{R_1}{R_2} = \frac{U_{ONOM}}{U_{ref}} - 1 \tag{6-9}$$

任意一组满足式(6-9)的 R_1 和 R_2 都可以实现要求的输出电压采样，一般这两个电阻取较大的阻值，以尽量减少在采样环节上的功率消耗。为了保证输出恒压的精度，一般采样电阻选用精密电阻。

6.3.2 电流采样电路

电流采样可以有多种不同方法，如霍尔效应法、电阻采样法及磁阻法等，LED驱动电源大多采用电阻采样法。

1. 电阻采样

电阻采样法主要通过在LED负载回路中串联一个小的采样电阻 R_{SNS}，将输出电流 I_O 转换为较小的反馈电压 U_{If}，如图6-2所示。设期望的输出电流恒定值为

I_{ONOM}，此值即为电流闭环反馈的设定值，当输出电流 $I_{\text{O}} = I_{\text{ONOM}}$ 时，应有 $U_{\text{If}} = U_{\text{Iref}}$，因此，采样电阻 R_{SNS} 的设计值应满足

$$R_{\text{SNS}} = \frac{U_{\text{Iref}}}{I_{\text{ONOM}}} \tag{6-10}$$

为了保证输出恒流的精度，一般采样电阻选用精密电阻；同时，为了减小其功耗，应选取较小的阻值，所以要求电路能提供较小的参考电压 U_{Iref}。

2. 高端电流采样

有时，LED 驱动电源的主电路和反馈控制电路不共地，或者采样点位置受限使采样电阻两端均为对地高电位，此时就需要进行高端电流采样，采样电路的基本原理是提取采样电阻两端的差分电压经电路转换为反馈通道的对地电压。MAX471 是一款典型的高端电流检测芯片，是 MAXIM 公司生产的双向、精密电流传感放大器，芯片内部有一个 $35\text{m}\Omega$ 的精密传感电阻，测量精度为 2%，可测量的电流范围为 $\pm 3\text{A}$，多个 MAX471 芯片并联使用还可以扩大其电流检测范围，其内部电路原理如图 6-10 所示，该芯片为电流输出型，其中 OUT 引脚为电流输出脚，输出电流的大小正比于流过其内部传感电阻 R_{SENSE} 的电流，该电流增益比芯片设定为 $500\mu\text{A}/\text{A}$。使用时，OUT 引脚与地之间应接一个输出电阻 R_{OUT}（阻值为 $2\text{k}\Omega$ 时，1A 被测电流将产生 1V 的电压），由 MAX471 组成的电流采样电路如图 6-11 所示，此时高端电流采样输出电阻 R_{OUT} 的设计值应满足

$$R_{\text{OUT}} = \frac{U_{\text{Iref}}}{500(\mu\text{A}/\text{A})I_{\text{ONOM}}} \tag{6-11}$$

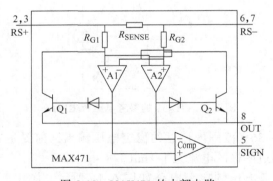

图 6-10　MAX471 的内部电路

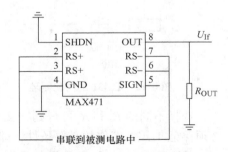

图 6-11　由 MAX471 组成的电流采样电路

6.4　设定与参考电压电路

在 LED 驱动电源的反馈通道中，输出电压或输出电流的设定值通过参考电压实现。由式(6-8)、式(6-10)可见，参考电压 U_{ref}、U_{Iref} 本质上就是输出设定值

U_{ONOM}、I_{ONOM} 的线性变换，输出电压 U_O、输出电流 I_O 经过相同的线性变换后形成的反馈信号 U_f、U_{If}，即可与参考电压比较，形成误差信号。

稳定的参考电压可由专用电路实现，如可调式精密稳压器 TL431；也可由外部恒压源给定；此外，当采用电源控制芯片时，一般芯片内部会提供参考电压，可参见 6.7 节。

TL431 是具有良好热稳定性的三端可调分流基准源，其输出电压通过两个电阻就能任意设置为 2.5～36V 内的任何值，因此当 LED 驱动电源反馈通道中需要的参考电压无法由驱动电路直接提供，或不方便由外部电压源提供时，可以由 TL431 形成无源非标准参考电压产生电路。TL431 的简化原理如图 6-12 所示，其内部 2.5V 基准源接于运放的反相端，参考端接到运放同相端。根据运放的特性可知，只有当参考端电压几乎等于 2.5V 时，晶体管中才会有一个稳定的非饱和电流流过，而且随着参考端电压的微小变化，通过晶体管的电流将在 1～100mA 范围内变化。

TL431 提供无源非标准参考电压 U_{OUT} 的产生电路如图 6-13 所示，当 R_1 和 R_2 的阻值确定后，两者对于 U_{OUT} 的分压引入反馈，若 U_{OUT} 增大，反馈量增大，TL431 的分流也就会随之增加，于是又致使 U_{OUT} 降低，从而使 U_{OUT} 稳定为

$$U_{OUT} = U_{ICref}\left(1 + \frac{R_1}{R_2}\right) \tag{6-12}$$

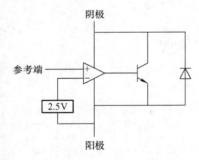

图 6-12　TL431 的简化原理

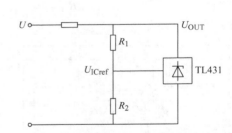

图 6-13　TL431 的参考电压产生电路

选择不同的 R_1 和 R_2 可得到在 2.5～36V 范围内任意的稳定电压输出，前提是必须保证 TL431 工作的必要条件，即通过阴极的电流大于 1mA。

基于 TL431 为电流采样值提供参考电压的典型电路如图 6-14 所示。图中，TL431 的参考端与阴极短接、与阳极断开，相当于图 6-13 中的 $R_1 = 0$、$R_2 = \infty$，设 TL431 的阳极电压为 0V，则其提供基准参考电压 $U_{OUT} = 2.5V$。比较器的正端为 0V，则在输出电流 I_O 为设定值 I_{ONOM} 时，比较器负端电压也应为 0V，为此，R_{SNS}、R_3、R_4 取值应满足的条件为

$$\left(\frac{2.5}{R_{SNS} + R_3 + R_4} - I_{ONOM}\right)R_{SNS} + \frac{2.5}{R_{SNS} + R_3 + R_4}R_3 = 0 \tag{6-13}$$

则有

$$I_{\text{ONOM}} = \frac{2.5}{R_{\text{SNS}} + R_3 + R_4} \left(1 + \frac{R_3}{R_{\text{SNS}}}\right)$$

$$(6-14)$$

由式(6-14)，可以根据 TL431 提供的参考电压设计输出电流采样电阻 R_{SNS} 及 R_3、R_4。当 $I_0 \neq I_{\text{ONOM}}$ 时，比较器两输入端产生与输出电流偏差成正比的误差信号 $E = (I_{\text{ONOM}} - I_0) R_{\text{SNS}}$，供后端进一步处理。

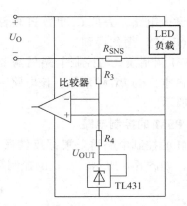

图 6-14　电流采样值提供参考电压的典型电路

6.5　控制电路

输出采样反馈信号 U_f、U_{If} 与参考电压信号 U_{ref}、U_{Iref} 进行比较形成误差信号 E 后，即可采用控制算法产生相应的控制信号 U_{control}。根据 6.2 节不同的控制策略可以选用不同的控制算法，并由相应的电路实现。

1. PWM 的控制电路

PWM 可以采用多种控制算法，最常见的就是 PID 算法，通过比例、微分、积分环节的组合，产生合适的控制量，从而使输出具有良好的响应特性。实现 PID 算法的典型电路如图 6-15 所示。

根据集成运放"虚短""虚断"的原则，图 6-15 中，设 $E = U_{\text{ref}} - U_f$，则电路有如下关系：

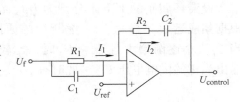

图 6-15　PID 算法典型电路

$$I_2 = I_1 = \frac{U_f - U_{\text{ref}}}{R_1} + C_1 \frac{\mathrm{d}(U_f - U_{\text{ref}})}{\mathrm{d}t}$$

$$(6-15)$$

$$U_{\text{ref}} - U_{\text{control}} = R_2 I_2 + \frac{1}{C_2}\int I_2 \mathrm{d}t$$

$$(6-16)$$

$$U_{\text{control}} = U_{\text{ref}} + \left(\frac{C_1}{C_2} + \frac{R_2}{R_1}\right)E + \frac{1}{R_1 C_2}\int E \mathrm{d}t + R_2 C_1 \frac{\mathrm{d}E}{\mathrm{d}t}$$

$$(6-17)$$

式(6-17)就是典型的 PID 算法，控制电路的输出控制电压等于在参考电压基础上叠加输入误差的比例、积分、微分项。

由图 6-15 所示电路通过器件改变可以方便地得到其他电路，如去掉 C_1($C_1 = 0$)、C_2($C_2 = \infty$)即为比例电路，去掉 C_1、R_2($R_2 = 0$)即为积分电路，去掉 R_1($R_1 = \infty$)、

C_2 即为微分电路，去掉 C_1 即为 PI 电路，去掉 C_2 即为 PD 电路，相应的算法公式也可由式(6-17) 简化得到。

PWM 调制模式的控制电路后需要接 PWM 信号调制电路，以将控制电压转化为对应占空比的 PWM 信号，该电路一般采用简单的比较器即可实现，如图 6-2 和图 6-4 所示。

2. PSM 的控制电路

PSM 的控制电路需要根据反馈误差实现开关量输出，因此用简单的比较器即可实现，如图 6-6 所示，实现的控制算法为

$$U_{\text{control}} = \begin{cases} 0 & (U_{\text{f}} > U_{\text{ref}}) \\ 1 & (U_{\text{f}} < U_{\text{ref}}) \end{cases} \tag{6-18}$$

PSM 的控制电路后需要接 PWM 信号调制电路，主要根据控制电压的 1、0 状态完成正常 PWM 信号与零电平关断信号的切换，电路一般采用简单的逻辑开关即可实现。

3. 滞环调制方式的控制电路

滞环调制方式主要采用滞环比较器（或称施密特触发器）电路，如图 6-16 所示。

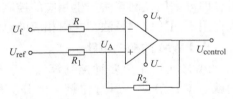

图 6-16　滞环调制典型电路

设滞环调制的上下限分别为 U_{H}、U_{L}，根据集成运放"虚短""虚断"的原则，当 U_{f} 从小逐渐增大且 $U_{\text{f}} < U_{\text{A}}$ 时，比较器输出为正的供电电压 U_{+}，此时有

$$U_{\text{A}} = U_{\text{H}} = U_{+}\frac{R_1}{R_1 + R_2} + U_{\text{ref}}\frac{R_2}{R_1 + R_2} \tag{6-19}$$

当 U_{f} 继续增大且 $U_{\text{f}} \geqslant U_{\text{H}}$ 时，比较器输出为负的供电电压 U_{-}，此时有

$$U_{\text{A}} = U_{\text{L}} = U_{-}\frac{R_1}{R_1 + R_2} + U_{\text{ref}}\frac{R_2}{R_1 + R_2} \tag{6-20}$$

当 U_{f} 从大逐渐减小到 $U_{\text{f}} < U_{\text{L}}$ 时，比较器输出才恢复为正的供电电压 U_{+}，可见，滞环比较器实现的控制算法为

$$U_{\text{control}} = \begin{cases} U_{+} & (\text{当 } U_{\text{f}} \text{ 从 } U_{\text{L}} \text{ 增大到 } U_{\text{H}}) \\ U_{-} & (\text{当 } U_{\text{f}} \text{ 从 } U_{\text{H}} \text{ 减小到 } U_{\text{L}}) \end{cases} \tag{6-21}$$

由图 6-9 可见，滞环比较器的输出波形就是 PWM 信号，所以该控制电路后无需 PWM 信号调制电路。

6.6　保护电路

只要实现了驱动电源一些关键变量的采样反馈，就可以方便地在控制电路中集成这些变量的保护功能。LED 驱动电源常见的保护形式有输出过电压、输入欠电压、输出过电流、短路、过热等保护。

过电压、过电流、过热保护通过采样电压、电流、关键点温度信号与设定阈值进行比较，输出保护信号，该信号与控制电路输出的 PWM 信号通过逻辑门操作，当采样值超过阈值时保护信号有效，从而屏蔽控制电路产生的 PWM 信号，使MOSFET 关断，等待电压、电流、温度信号恢复正常后解锁控制电路使 PWM驱动信号有效。其实现电路如图 6-17所示，电路中一般采用常规比较器，有时为了避免扰动引起误保护，可以采用图 6-16 所示的滞环比较器，使保护阈值具有上、下限的缓冲范围。

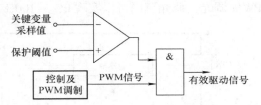

图 6-17　过电压、过电流、过热保护电路

欠电压保护与过电压保护的原理及实现电路类似，只要将采样信号接比较器正端、保护阈值接比较器负端即可。

短路保护通过连续检测关键环节电压值，在出现短路时马上进入保护状态，并保证 LED 驱动电源不会出现损害性的热失控现象，故障排除后恢复正常工作，实现电路可以采用与欠电压保护类似的形式。

6.7　控制芯片

LED 驱动电源反馈通道的电路，因为其主要进行信息处理，工作电流小，而且主要由比较器及数字逻辑电路组成，所以易于用集成电路（IC）芯片实现；此外，随着 IC 技术的发展，芯片内部很容易实现复杂的控制算法，过电压、过电流、欠电压等保护机制也容易集成，芯片还可以将参考电压设置到 mV 级，从而使反馈通道功耗更小，因此近年出现了许多专门针对 LED 驱动电源特点的控制 IC 芯片。这些芯片将通用性较强的一些主要功能集成于内部，需要针对具体应用情况进行个性化设计的功能单元则留在外部作为辅助电路，这极大地简化了驱动电源的设计，提高了驱动电源的性能和可靠性，下面介绍几个典型的控制芯片。

6.7.1　PWM + PFM 控制方式的 IC 芯片 HV9910B

HV9910B 是一款具有调光功能的高亮度通用 LED 驱动集成芯片，可用于降压、升压、升降压主电路，输入可以是通用的交流，也可以是 8 ~ 450V 直流，该芯片包含一个线性稳压器，工作电压范围较宽且不需外部降压电路，在此电压范围内能有效地采用恒流方式驱动上百个 LED，其恒流值由 CS 引脚外接的采样电阻决定，驱动电流可从几 mA 到超过 1A，能够有效地驱动大功率 LED。该芯片采用峰值电流控制模式，无需外加任何反馈补偿就可较精准地控制 LED 电流，芯片可通过外接不同接法的定时电阻实现芯片工作在固定频率模式（Constant Frequency Operation）或固定关断时间模式（Constant Off – time Operation），开关频率或关断时间可由外部电阻设定。该芯片不需要附加其他驱动电路就可以直接驱动外部的 MOS 管，芯片有两种调光模式：一种是接收外部模拟调光信号（0 ~ 250mV）实现模拟调光，调光范围一般为 5% ~ 100%；另一种是接收外部低频 PWM 调光信号实现 PWM 调光，调光范围可以实现 0% ~ 100%。芯片内部功能结构如图 6-18 所示[5]。

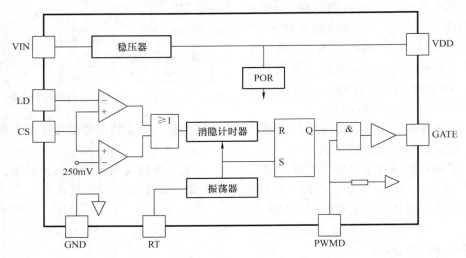

图 6-18　HV9910B 内部功能结构

（注：该图取自参考文献 5）

1. 引脚功能

VIN：输入引脚，能够将 8 ~ 450V 输入直流电压转换为 7.5V 左右的内部稳定电压，给内部其他模块供电，并可以通过 VDD 引脚输出。

CS：电流检测引脚，通过外接检流电阻检测流过 MOSFET 的电流并转化为电压值，当该引脚电压超过内部 250mV 或 LD 引脚电压时，GATE 引脚输出为低电平。

GND：地引脚，引脚为参考地。

GATE：门引脚，该引脚为外部 N 沟道 MOSFET 的门驱动信号。

PWMD：PWM 调光引脚，内部集成 100kΩ 的下拉电阻到地，当该引脚被拉低时，驱动器被关断；当该引脚为高电平时，驱动器正常工作。

VDD：电源引脚，输出 7.5V 电压，必须接一个低等效阻抗电容（≥0.1μF）到 GND 引脚。

LD：线性调光引脚，为线性调光输入端，用来改变电流采样比较器的电流限制阈值，只要该引脚的输入电压小于250mV就由该电压设定电流检测阈值。

RT：设置振荡频率引脚，如电阻连接在RT引脚和GND引脚之间，则芯片工作在固定频率模式；如电阻连接在RT引脚和GATE引脚之间，则芯片工作在固定关断时间模式。

2. 控制功能的实现

采用HV9910B的典型恒流驱动电路如图6-19所示，下面结合该电路分析该芯片的控制实现原理。

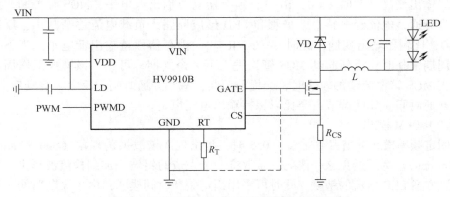

图6-19　采用HV9910B的典型恒流驱动电路

（1）PWM模式

当RT引脚和GND引脚之间外接一个电阻R_T时，HV9910B工作在固定频率PWM模式。芯片内部振荡器频率由该外部电阻R_T确定[5]，振荡周期$T_{OSC}(\mu s) = [R_T(k\Omega) + 22]/25$。振荡器整个过程中都处于工作状态，产生的脉冲信号周期是固定的，RT引脚的外部电路如图6-19的实线部分，工作波形如图6-20a所示。

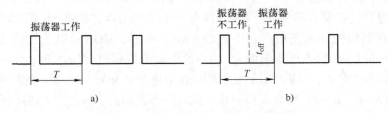

图6-20　振荡器不同工作模式波形图

a）固定频率模式　b）固定关断时间模式

振荡器产生固定的周期脉冲，该信号输入SR锁存器的S端，如图6-18所示，当SR锁存器检测到时钟脉冲到来时，此时S = 1，R = 0，锁存器置位输出高电平。振荡器时钟脉冲还将启动反馈比较器后面的消隐计时器，该计时器可在150 ~ 280ns时间窗内，忽略由于外部MOS管起动尖峰引起CS检测电压跳变导致反馈比较器产生的误关断信号。当时钟信号变低后，此时 S = 0，R = 0，锁存器保持输出高电平。该信号与 PWMD 信号经与门后，通过一个驱动器将信号加强并降低开关损耗，来驱动大功率 MOS 管。当不进行 PWM 调光时，PWMD 信号为高电平，所以振荡器时钟脉冲会启动 MOS 管开通。

如图 6-19 所示，当 MOS 管开通后，电流经 LED、电感、MOS 管和检流电阻至地，电感储能，检流电阻上的电流线性增加，CS 引脚电压上升，比较器将该反馈电压和内部参考电压 250mV 进行比较（假设此时不进行模拟调光，LD 引脚电压为高电平（大于 250mV），不起作用），当反馈电压超过 250mV 且消隐计时完成后，比较器输出变高，此时 S = 0，R = 1，锁存器复位输出低电平，MOS 管关断。此时二极管导通，电流经电感、二极管和 LED 形成回路，负载电流逐渐减小，反馈电压为 0，比较器输出变低，此时 S = 0，R = 0，锁存器保持输出低电平。当下一个时钟周期来临时，重新起动 MOS 管，进入下一个周期。可见，该模式工作周期固定，当 MOS 管电流增加较快时，会提前关断，减小开通时间；反之，会延后关断，增加开通时间。如此调节占空比以保持输出电流恒定。

（2）PFM 模式

固定频率模式下当占空比大于 0.5 时，将出现次谐波振荡现象（Sub‑harmonic Oscillations）。为了避免这种情况，通常将一个人造的斜坡添加到检流波形上，但会影响该方案 LED 电流的精度。此时可采用固定关断时间模式，由于关断时间一开始就被设定好，导通时间基于电流检测信号而变化，因此开关周期可自动调整为关断时间和导通时间之和，芯片工作于 PFM 模式，这样系统可在占空比大于 0.5 时运行，并经内在的输入电压调整使得 LED 电流对输入电压变化不敏感。HV9910B 通过将电阻 R_T 连接在 RT 引脚和 GATE 引脚之间，就可以方便地将固定频率模式切换为固定关断时间模式[5]，此时关断时间为 $T_{OFF}(\mu s) = [R_T(k\Omega) + 22]/25$，引脚外部电路如图 6-19 的虚线部分所示。

在固定关断时间模式下，当芯片锁存器输出高电平、GATE 输出高电平起动 MOS 管开通后，振荡器不工作，CS 引脚电压小于 250mV，内部 SR 锁存器的 S = 0、R = 0，锁存器保持输出高电平；电流经 LED、电感、MOS 管以及检流电阻到地，MOS 管电流和 CS 引脚电压逐渐增大。当 CS 引脚电压超过 250mV 时，S = 0，R = 1，锁存器复位输出低电平，芯片 GATE 引脚输出低电平，MOS 管关断；此后 CS 引脚电压为 0，使 S = 0，R = 0，输出保持原状；此时振荡器相当于通过定时电阻接地而开始工作，经过设定的固定关断时间 T_{OFF} 后，振荡器输出一个正脉冲，S = 1，R = 0，锁存器输出高电平，GATE 引脚输出高电平使 MOS 管重新开通，振荡器再次进入不工作状态，系统进入一个新的周期，振荡器工作波形如图 6-20b 所示。

3. 保护功能的实现

HV9910B 内部集成了多种保护功能，具有欠电压保护、过温保护和峰值电流限制等，最大限度地保障使用安全。

（1）输入欠电压保护

HV9910B 内置 VDD 电压检测电路，可实现输入欠电压保护，保护采用滞环方式，阈值 U_{VLD} 典型设置值为 6.7V，并具备 $\Delta U_{VLD} = 500mV$ 的迟滞范围。当 VDD 电压上升到 U_{VLD} 时，电路启动，GATE 引脚有输出；当 VDD 电压下降到比 U_{VLD} 低 ΔU_{VLD} 时，系统关闭。

（2）过热保护

HV9910B 内置温度检测电路以实现过热保护，采用滞环方式，阈值 T_{TSD} 设置在 145℃，并具备 $\Delta T_{TSD} = 20℃$ 的迟滞范围。当温度过热，高于上限阈值时，输出关闭，直到温度下降到比 T_{TSD} 低 ΔT_{TSD} 后，输出才重新启动，以防止器件因为过热而损坏。

（3）峰值电流限制

HV9910B 中的两个比较器的反相输入端分别接 250mV 的基准电压和 LD 引脚，且在反相端具有最低电压的比较器决定门输出的状态。当锁存器置位输出高电平时，MOS 管导通，检流电阻上的电流线性增加，CS 引脚电压上升。比较器不断地将 CS 引脚的电压和 LD 引脚的电压及内部 250mV 电压进行比较，当任意一个比较器的输出变高时，锁存器复位输出低电平，MOS 管关断，CS 引脚电压下降，通过这种方式实现对峰值电流限制。

4. 调光功能

HV9910B 有两种方式实现调光，根据不同的应用可单独调节也可组合调节。

（1）模拟调光

模拟（线性）调光通过调节 LD 引脚电压从 0～250mV 而实现，在该范围内的控制电压优先于内部 CS 引脚设定值 250mV，从而可对输出电流实现编程。例如，在 VDD 和地间接一个分压器，分压后的调光电压接入 LD 引脚，当调光电压小于 250mV 时，图 6-18 中下面的 250mV 比较器失去作用，上面的 LD 比较器起作用，使输出电流恒定在调光电压对应的设定值；当调光电压大于 250mV 时，250mV 比较器起作用，调光电压不起作用。如希望更大的输出电流，可选择一个更小的采样电阻。虽然 LD 引脚可以接地，输出电流却并不会为 0，这是由于存在最低导通时间（等于消隐时间和输出的时间延迟的总和，约为 450ns），这将导致 MOS 管至少导通 450ns，使 LED 电流不会为零。

（2）PWM 调光

通过 PWMD 引脚接入 PWM 调光信号实现。该引脚信号和锁存器输出经与门后驱动 MOS 管，当 PWMD 引脚信号为高电平时，GATE 引脚按照锁存器的工作周期输出通断信号来驱动 MOS 管，电路正常工作在恒流模式；当 PWMD 引脚为低电平时，相当于禁止锁存器的正常工作周期信号，GATE 引脚只能输出低电平，MOS 管处于关断状态。因此一个占空比可调的低频 PWM 信号，可直接用于 HV9910B 的 PWM 宽范围调光。

加在 PWMD 引脚的外部 PWM 信号可由微控制器或脉冲发生器给出，以该信号的有效和失效转换来调节 LED 的电流，即 LED 的电流处在零或由采样电阻设定的正常电流这两种状态之一。要禁用 PWM 调光时，需要将 PWMD 引脚和 VDD 引脚相连使其保持高电平。

6. 7. 2　PWM + PFM 一次侧控制方式的 IC 芯片 iW3620

iW3620 芯片是 iWatt 公司推出的一款高性能 AC/DC 离线 LED 驱动电源管理 IC，主要用于一次侧反馈控制的反激变换拓扑电路，从而省略了传统隔离式电路输出端反馈通道的光耦与相关二次侧调整电路，节约成本的同时减小了电源体积、简化了电路设计，较好地解决了对电源体积有严格限制场合光耦难以布局的问题。芯片有数字逻辑控制单元，从而可以实现复杂的控制策略，即峰值电流 PWM 控制与恒压 PFM 控制相结合，以适应不同负载情况，并通过准谐振模式提高效率。逐脉冲波形分析技术使负载动态响应更快。芯片还内置软启动、过电压、短路等保护功能，以减少外部元器件、简化 EMI 设计[6]。芯片内部功能结构如图 6-21 所示，该芯片用于 LED 驱动电源控制的典型案例见本书 8. 3. 3 节。

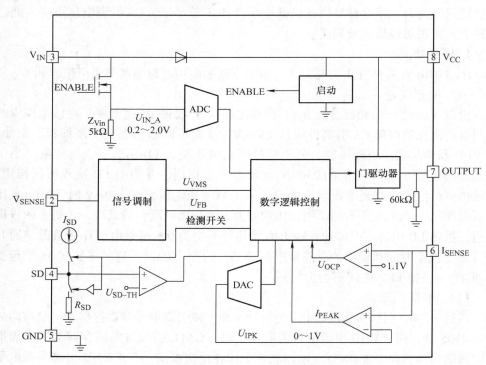

图 6-21　iW 3620 内部功能结构

（注：该图取自参考文献 6）

1. 引脚功能

V_{SENSE}：电压检测引脚，检测辅助边电压作为二次电压反馈以调整输出。

V_{IN}：输入电压引脚，检测 AC 整流后的母线电压，可以作为输入过电压、欠电压保护，该引脚在芯片启动时提供供电电流。

SD：外部关断控制引脚，如果不用关断控制功能，该引脚应通过电阻接地。

I_{SENSE}：原边电流检测引脚，用于逐周期峰值电流控制。

OUTPUT：输出引脚，外部功率 MOSFET 的驱动信号。

V_{CC}：芯片正常工作时的供电引脚，芯片在该引脚电压达到 12V（典型值）时启动、低于 6V（典型值）时关断，该引脚与地之间应外接一个解耦电容。

2. 控制功能的实现

该芯片主要针对隔离式拓扑主电路（如反激变换等），总体上采用一次侧反馈控制形式实现输出控制，具体实现时，控制模块检测输出条件以确定输出功率等级，在重负载时采用峰值电流 PWM 控制方式，并通过准谐振模式提高效率；轻载时跳到恒压 PFM 控制方式以减小功耗。最后由数字逻辑控制单元输出周期性开关信号驱动 MOSFET。

（1）PWM 模式

当输出电流 I_O 大于额定输出电流的 10% 时，芯片工作于恒流（CC）控制模式以保持输出电流恒定，而不控制输出电压。此时以固定频率 PWM 或断续导通模式工作，通过芯片外部在主电路 MOSFET 源极与地之间的电流采样电阻 R_{SNS}，可以检测到一次侧 MOSFET 的工作电流从而间接代表二次侧的负载输出电流，该反馈电压 U_{If} 接入 I_{SENSE} 引脚后通过比较器与内部设定的峰值电流限值 U_{IPK} 比较，当工作电流达到设定峰值电流值时，MOSFET 关断，从而调节占空比，实现峰值电流控制，使输出电流稳定在设定值。芯片 U_{IPK} 的典型值为 1.0V，可以通过 R_{SNS} 值的选取设定额定电流值。

芯片还内置准谐振（Quasi-resonant）工作模式，当输出电流 I_O 大于额定输出电流的 50% 时，芯片控制 MOSFET 工作于谷底开通模式，即当 MOSFET 漏源极的电压到达谐振最低点时开通，以减小恒流控制模式下的开关损耗和 EMI，芯片也可以在频率太高时直接控制跳过谷底。

（2）PFM 模式

当输出电流 I_O 小于额定输出电流的 10% 时，芯片工作于恒压（CV）控制模式，以 PFM 调制方式工作，保持输出电压恒定。此时通过芯片外部的电压采样电阻，可以检测到辅助边的工作电压从而间接代表二次侧的负载输出电压，该电压接入 V_{SENSE} 引脚后，信号调制单元对该电压波形进行逐周期分析，产生可精确表示输出电压的反馈电压 U_{FB}，与内部电压基准值比较，通过内部数字误差放大器进行运算，得到合适的控制电压，经数字逻辑控制单元调节占空比，实现恒压控制。芯片内部电压基准典型值为 1.538V，可以通过电压采样电阻值的选取设定额定电压值。芯片内部的误差放大器已经有内部环路补偿，对典型应用能够保证至少 45° 相位裕量和 -20dB 增益裕量，因此一般无需设计外部补偿电路。

该 PFM 调制方式的开通时间由一次侧线电压控制，关断时间由负载电压控制，此外，在每个周期检查 V_{SENSE} 引脚电压的下降沿，如果未检测到则关断时间延长直至检测到该下降沿，从而使开关周期变化，因此，该模式的 T_{ON}、T_{OFF}、T_S 同时改变，其频率根据输入电压和负载情况在 $30 \sim 130kHz$ 范围内变化。

3. 保护功能的实现

（1）输出过电压（OVP）保护

由上面介绍可知，输出电压可通过 V_{SENSE} 引脚波形分析得到，如果发现输出电压超过阈值（典型值为 1.846V），芯片将立即发出关断信号。

（2）输入欠电压（UVLO）保护

当 V_{CC} 引脚电压降至欠电压阈值（典型值为 6V）时，控制器将重启动，开始一个软启动周期，直到欠电压消除。

（3）峰值电流限制、过电流和采样电阻短路保护

芯片通过 I_{SENSE} 引脚可以检测一次侧电流，因此可以通过该引脚电压实现逐周期的峰值电流限制、过电流（OC）和采样电阻短路保护。当电流采样电阻反馈回该引脚的电压超过峰值电流限制值或过电流阈值时（典型值为 1.1V），芯片将立即发出关断信号直到下一周期开始。如果电流采样电阻短路，将无法检测到过电流状态，因此芯片在软启动后检测 I_{SENSE} 引脚电压，如果该电压低于设定阈值（典型值为 0.15V），芯片将立即发出关断信号。

（4）过热（OTP）和附加过电压保护

芯片在 SD 引脚内部接有一个 $107\mu A$ 的电流源，如果在 SD 引脚与地之间外接一个 NTC 热敏电阻，则可通过检测该引脚电压获得与热敏电阻阻值成反比的外部环境温度，该电压与设定阈值（典型值 1.0V）比较，可实现过热保护。

此外，该引脚在芯片内部接有一个电阻 R_{SD} 到芯片地，这样通过检测 SD 引脚电压即可监视接到 SD 引脚的外部电压，该电压与设定阈值（典型值为 1.0V）比较，可以实现附加过电压保护。

过热保护和过电压保护内部使用同一个比较器和阈值，数字逻辑控制单元在每个检测周期的高电平期间让内部电流源与 SD 引脚接通，并实施过热检测保护；在每个检测周期的低电平期间让内部电阻 R_{SD} 与 SD 引脚接通，并实施附加过电压检测保护[6]。

6.7.3 PSM 控制方式的 IC 芯片 TinySwitch -Ⅲ

TinySwitch -Ⅲ 系列芯片由 PI（Power Integrations）公司生产，集成了一个 700V 的高压功率 MOSFET 开关及一个电源控制器。电源控制器包括了一个振荡器、使能电路（感测及逻辑）、流限状态调节器、5.85 V 稳压器、旁路/多功能引脚欠电压及过电压电路、电流限流选择电路、过热保护、电流限流电路、前沿消隐电路。该系列芯片采用简单的开/关控制方式实现 PSM 调制来稳定输出电压，集成了过电

压、欠电压、限流、过热等多种保护机制，还增加了欠电压检测、自动重启动、自动调整的开关周期导通时间延长及频率抖动功能，芯片内部功能结构如图6-22所示[7]。该系列芯片引脚少，外围电路简单，可提供灵活的设计方案，实现5～36W的输出功率范围，适用于开关电源，也可用于LED驱动电源，该芯片用于LED驱动电源恒压控制、恒流控制的典型案例分别见本书8.3.1节、8.3.2节。

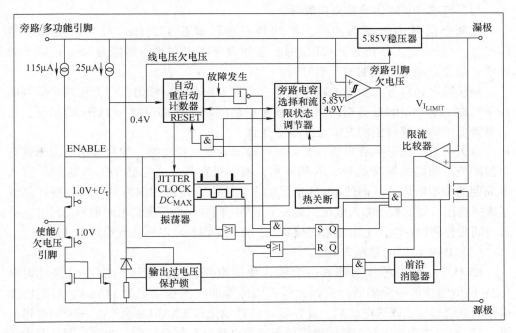

图6-22　TinySwitch-Ⅲ内部功能结构

（注：该图取自参考文献7）

1. 引脚功能

TinySwitch-Ⅲ系列芯片根据输出功率的不同，主要包含TNY274～TNY280。这些芯片主要由以下四个引脚组成。

漏极（D）引脚：功率MOSFET的漏极连接点，在开启及稳态工作时提供内部操作电流。

旁路/多功能（BP/M）引脚：这一引脚有多项功能：

1）一个外部旁路电容连接到这个引脚，用于生成内部5.85V的供电电源。

2）作为外部限流点设定，根据所使用外部旁路电容的数值可选择不同电流限流值。

3）它还提供了关断功能，实现欠电压或过电压保护。

使能/欠电压（EN/UV）引脚：此引脚具备两项功能：

1）输入使能：在正常工作时，通过此引脚可以控制功率MOSFET的开关。

2）输入线电压欠电压检测：在 EN/UV 引脚和 DC 线电压间连接一个外部电阻可以用来感测输入欠电压情况。

源极（S）引脚：内部连到 MOSFET 源极，作为高压功率的返回节点及控制电路的参考点。

2. 控制方式的实现

（1）正常 PWM 信号及同步时钟

这两个信号由振荡器产生，平均频率均设置在 132kHz。最大占空比信号（DC_{MAX}）是固定占空比的 PWM 信号，芯片设定的占空比典型值为 65%；同步时钟信号用于启动每个周期的开始时刻。

振荡器电路可导入少量的频率抖动，通常为 8kHz 峰-峰值，即上述两个信号的频率可在 124～140kHz 范围内调节，频率抖动的调制速率设置为 1kHz 的水平，目的是降低平均及准峰值的 EMI，并给予优化。

最大占空比信号具有自适应开关周期导通时间延长功能，即在一次电流未达到电流限流点前继续保持此开关周期导通，而不是在最大占空比 DC_{MAX} 达到后进入本周期的关断阶段，从而使 PWM 信号的占空比在一定范围内可调。这一特性降低了维持稳压所需的最小输入电压，延长了维持时间并降低了所需电解电容的尺寸。导通时间延长功能在电源上电开启时被禁止，直到电源输出电压达到稳定时才启动[7]。

（2）PSM 调制的控制方式

EN/UV 引脚的芯片内部有一个输入使能电路，包括了一个使该引脚设置在 1.2V 的低阻抗源极跟随器，流经此源极跟随器的电流被限定为 115μA。当流出此引脚的电流超过了阈值电流后，此使能电路的输出端 ENABLE 会产生一个低逻辑电平（禁止），直到流出此引脚的电流低于阈值电流。在每个周期起始时，同步时钟信号的上升沿对这一使能电路输出进行采样。如果高，功率 MOSFET 会在那个周期导通（启用）并以最大占空比信号工作，否则功率 MOSFET 将仍处于关闭状态（禁止）从而跳过一个周期。由于取样仅在每个周期的开始时进行，此周期中随后产生的 EN/UV 引脚电压或电流的变化对 MOSFET 状态都不构成影响，也即该引脚只是作为 PSM 方式的控制信号，用于选择本周期是 PWM 周期还是关断周期，并与同步时钟一起决定 PWM 信号的启动时刻，如图 6-22 中 RS 触发器的 S 端逻辑电路所示。

应用于恒压控制时，电源输出电压与参考电压比较后的反馈信号产生 EN/UV 引脚信号。在典型应用中，EN/UV 引脚由光耦驱动，光耦晶体管的集电极连接到 EN/UV 引脚，发射极连接到源极引脚，反馈信号驱动光耦二极管，当电源输出电压超出参考电压时，光耦二极管关断，光耦晶体管关断，使 EN/UV 引脚信号保持高状态（1.2V），控制 MOSFET 在本周期以正常 PWM 工作；当电源输出电压低于参考电压时，光耦 LED 开始导通，从 EN/UV 引脚拉出的电流超过 115μA，从而将该引脚拉低，控制 MOSFET 跳过本周期，实现 PSM 控制方式。当接近最大负载时，芯片在大多数周期内均为 PWM 周期；在中等负载时，芯片会跳过多个周

期；负载极轻时，仅有少部分周期启动
以供给电源本身的功率消耗。在大多数
工作条件下（除接近空载时），在开关周
期被禁止时，低阻抗源极跟随器会保持
EN/UV 引脚不会低于 1.2V 过多，以改
善连接到该引脚光耦的响应时间。该芯
片典型的 PSM 方式波形如图 6-23 所示。

（3）电流限流控制

TinySwitch - Ⅲ 的 PSM 调制模式还
集成了电流限制控制方式，芯片内集成
了功率 MOSFET，因此通过内部的电流

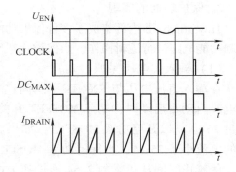

图 6-23　TinySwitch - Ⅲ PSM 方式典型波形
（注：该图取自参考文献7）

限流电路可自动检测 MOSFET 的工作电流。当电流超过流限值即内部阈值 I_{LIMIT} 时，
会产生关断信号在该周期剩余阶段关断功率 MOSFET。在功率 MOSFET 开启后，前
沿消隐电路会将该关断信号抑制片刻。通过设置前沿消隐时间，可以防止由电容及
次级整流管反向恢复时间产生的电流尖峰引起开关脉冲的提前误关断。

实际上电流限流电路与最大占空比信号（DC_{MAX}）通过逻辑门电路共同决定了
PSM 模式下本周期正常 PWM 信号的关断时刻，如图 6-22 中 RS 触发器的 R 端逻辑
电路所示。如果本周期进入正常 PWM 周期，则 MOSFET 电流上升到流限值或达到
DC_{MAX} 占空比时均可关断 MOSFET。由于 TinySwitch - Ⅲ 设计的最高流限值与频率是
定值，它提供给负载的功率与电感及峰值一次电流的二次方成正比，因此，电源的
设计包括计算实现最大输出功率所需的变压器一次电感，如果设计合理并根据功率
选择了正确的 TinySwitch - Ⅲ，那么一般流过电感内的电流会在达到 DC_{MAX} 前上升
到流限值，提前进入本周期的关断阶段。

电流流限值 I_{LIMIT} 可通过 BP/M 引脚的外接电容设定，使用数值为 0.1μF 的电
容会工作在标准的电流限流值上；对于 TNY275 - 280，使用数值为 1μF 的电容会
将电流限流值降低到相邻更小型号的标准电流限流值；使用数值为 10μF 的电容会
将电流限流值增加到相邻更大型号的标准电流限流值。进一步，I_{LIMIT} 还可通过电流
限流状态调节器在中轻度负载条件下以非连续方式降低电流限流阈值，该调节器监测
使能的开关周期序列以确定负载情况，并以非连续方式相应地调节流限值。在重负载
状态下，调节器将流限设置在最高值；在轻载状态下，当 TinySwitch - Ⅲ 开关频率有
可能进入音频范围内时，流限状态调节器以非连续方式降低流限，较低的电流限流值
使开关频率保持在音频范围之上，降低变压器的磁通密度从而减轻了音频噪声。

TinySwitch - Ⅲ 的上述控制方式使得电源的输出电压纹波由输出电容、每一开
关周期传输的总能量及反馈延时决定，能很好地抑制线电压纹波，提供不受输入电
压影响的恒定输出功率；其开/关控制电路的响应时间比 PWM 控制要迅速得多，
可获得精确的稳压精度及出色的瞬态响应特性。

3. 保护功能的实现

TinySwitch –Ⅲ内部集成了多种保护功能，其保护电路分别通过逻辑门电路与上述控制功能电路进行逻辑操作，当保护状态发生时，禁止 MOSFET 的正常启动周期。

（1）输入欠电压保护

在输入直流电压与 EN/UV 引脚间连接一个外接电阻可用于监测输入电压。在通电或自动重启动时，功率 MOSFET 开关禁止期间，流入 EN/UV 引脚的电流必须超过 $25\mu A$，以开启功率 MOSFET；如果此期间出现输入欠电压情况，使流入该引脚的电流小于 $25\mu A$，则保持功率 MOSFET 开关禁止，自动重启动计数器会停止计数，使禁止时间从正常的 2.5s 延长到欠电压消除为止。该欠电压电路能自动检测出没有外部电阻连接到此引脚的情况（低于 $1\mu A$ 电流流入该引脚），此时禁止输入电压欠电压保护功能。

（2）一般欠电压保护

通过将要监测的电压接到 BP/M 引脚，可实现对该电压的欠电压保护，其保护策略采用滞环方式。BP/M 引脚欠电压电路在稳态工作下，当 BP/M 引脚电压下降到 4.9 V 以下时，将关断功率 MOSFET；然后该引脚电压必须再上升到 5.85 V 才可重新开启功率 MOSFET。

（3）过电压保护

通过将要监测的电压接到 BP/M 引脚，还可实现对该电压的过电压保护，当发生过电压时，流入该引脚的电流超过阈值 I_{SD}，将关断功率 MOSFET。

（4）过热保护

TinySwitch –Ⅲ可方便地在内部自动检测 MOSFET 的温度，并通过热关断电路实现过热保护，保护采用滞环方式，阈值设置在 142℃并具备 75℃的迟滞范围。当温度超过上限阈值，功率 MOSFET 关闭，直到结温度下降到下限阈值，MOSFET 才会重新开启。采用 75℃（典型）的迟滞可防止因持续故障而使 PCB 出现过热现象。

（5）自动重启动

一旦出现故障，例如在输出过载、输出短路或开环情况下，TinySwitch –Ⅲ 进入自动重启动操作。每当 EN/UV 引脚电压拉低时，一个由振荡器计时的内部计数器会重新置位。如果 64ms 内 EN/UV 引脚未被拉低，功率 MOSFET 通常被禁止 2.5s（除欠电压状态，因 MOSFET 在欠电压时已被关断）。自动重启动电路对功率 MOSFET 进行交替使能和关闭，直到故障排除为止。在欠电压状态下，功率 MOSFET 开关的禁止时间超过了通常的 2.5s，直到欠电压状态结束为止[7]。

6.7.4　滞环控制方式的 IC 芯片 LM3404/HV

LM3404/HV 是一款由美国国家半导体公司生产的降压型调节器控制芯片，是针对恒流驱动大功率、高亮度 LED 设计的。该芯片输出电压范围为从 200mV 参考电压对应的最低电压 U_{OMIN} 到由最小关断时间（典型为 300ns）决定的最高电压

U_{OMAX}，它构成的电路效率可高达 90% 以上。芯片内置一个高侧 N 沟道 MOSFET 开关，控制策略采用滞环调制加导通时间控制，无需控制环路补偿。其构成的电路基本功能是以恒流方式驱动 LED，且恒流值的确定仅需一个精密电阻。此外，LM3404/HV 具有 PWM 调光功能，以及过电压、欠电压、短路、低功率和温度保护等功能，电路简单方便，具有很好的实用性[8]。芯片内部功能结构如图 6-24 所示，该芯片用于 LED 驱动电源恒流控制的典型案例见本书 8.4.4 节。

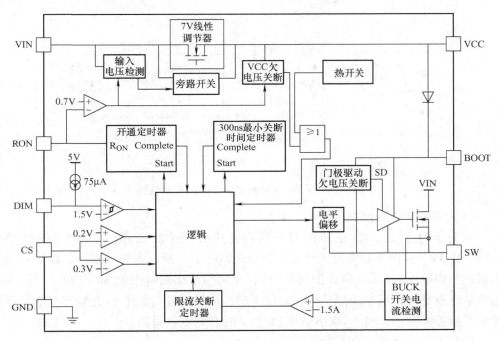

图 6-24　LM3404/HV 内部功能结构

（注：该图取自参考文献 [8]）

1. 引脚功能

SW：内部 MOSFET 开关源极引脚，连接至外部 Buck 电路输入电感和肖特基二极管。

BOOT：内部 MOSFET 驱动引脚，连接一个外部 10nF 陶瓷电容至引脚 SW。

DIM：PWM 调光输入引脚，接外部 PWM 信号，来开通/关断 MOSFET 以调整 LED 光输出。

CS：电流检测反馈引脚，连接一个外部检测电阻到地，以检测通过 LED 阵列的输出电流。

RON：开通时间控制引脚，外部在该引脚和 VIN 引脚之间接一个电阻可以设置开通时间。

VCC：内部 7V 线性调节器输出引脚，外部旁路接最小 0.1μF 陶瓷电容至地。

VIN：输入电压引脚，该引脚的额定工作输入电压范围为 6 ~ 42V（LM3404）或 6 ~ 75V（LM3404HV）。

GND：地引脚，外部连接到系统地[8]。

2. 控制方式的实现

采用 LM3404 的典型恒流驱动电路如图 6-25 所示，下面结合该电路分析该芯片的控制实现原理。

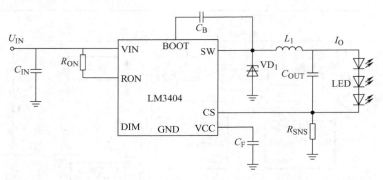

图 6-25　采用 LM3404 的典型恒流驱动电路

（1）滞环调制的控制方式

由图 6-24 可见，CS 引脚的芯片内部连接有两个比较器，参考电压分别为 0.2V、0.3V，这两个参考电压确定了滞环调制的上下限。当外部采样电路接入 CS 引脚的反馈电压 U_{If} 减小到 0.2V 以下时，逻辑门输出高电平使 MOSFET 开通，输出开始逐渐增大，当 U_{If} 增大到 0.3V 以上时，逻辑门输出低电平使 MOSFET 关断，输出开始逐渐减小，当 U_{If} 减小到 0.2V 以下时开始下一周期。

（2）开通、关断时间控制

芯片内部设置了开通、关断时间控制电路以克服传统滞环控制的缺点。由于芯片设置的滞环宽度 $\Delta U = 100\text{mV}$，因此由 6.2.4 节滞环原理可知，输出电流纹波 $\Delta I_O = \Delta U / R_{SNS}$ 成为固定值，从而影响了驱动电源设计的灵活性。为此，LM3404/HV 内部采用了开通时间控制电路，结合外部电阻 R_{ON} 使每个周期的开通时间 T_{ON} 随输入电压成反比自动调节[8]，即

$$T_{ON} = 1.34 \times 10^{-10} \times \frac{R_{ON}}{U_{IN}} \tag{6-22}$$

当工作于连续导通模式时，进一步由式（6-3）可得

$$\Delta I_O = \frac{U_{IN} - U_O}{L} T_{ON} = 1.34 \times 10^{-10} \times R_{ON} \frac{1 - D}{L} \tag{6-23}$$

可见，通过外部电阻 R_{ON} 可改变输出纹波的设计值。同时，当输入电压变化时，由于占空比变化会使滞环宽度动态变化，相当于设置了一个随输入波动的滞环

上限值。当 MOSFET 开通后，输出电流逐渐增大，当到达开通时间 T_{ON} 但 U_{If} 未到 0.3V 时，开通时间控制电路使逻辑门输出低电平使 MOSFET 关断；当 U_{If} 增大到 0.3V 但未到达开通时间 T_{ON} 时，滞环上限比较器起作用使逻辑门输出低电平使 MOSFET 关断。设计时一般应使该上限值小于芯片固定的上限 0.3V，这样正常工作时滞环上限由开通时间控制电路决定，而 0.3V 上限可以作为过电流保护；否则，开通时间控制电路将失去作用，恢复到常规滞环控制。

芯片还采用了最小关断时间控制器控制关断时间。当本周期开通时间结束后，该控制器使 MOSFET 自动关断一个最小关断时间 t_{OFFMIN}，该时间典型值为 300ns，当关断时间到 t_{OFFMIN} 时，CS 引脚内部比较器将会重新比较 U_{If} 和 0.2V，若 U_{If} 仍然大于 0.2V，则 MOSFET 继续关断一个 t_{OFFMIN}，之后再比较；若 U_{If} 小于 0.2V，则 MOSFET 进入导通状态。可见，该电路改变了常规滞环下限的处理机制，当 MOS-FET 进入关断状态后，并不是当 U_{If} 减小到 0.2V 时立即开通，而是必须关断时间达到 t_{OFFMIN} 时，才允许下限比较，这样的好处是当变换器运行于连续导通模式（CCM）且输入电压波动较小时，开通时间变化不大，而关断时间也为数个 t_{OFFMIN}，因此系统工作频率可以较为稳定，避免了常规滞环控制方法工作频率会随着电感和负载等效电阻变化而连续变化，从而可改善 EMI 特性；此外，最小关断时间限制了变换器的最大占空比 D_{MAX} 和最大输出电压 U_{OMAX}。

3. 保护功能的实现

LM3404/HV 内部集成了多种保护功能，其保护电路与上述控制功能电路进行逻辑操作，当保护状态发生时，禁止 MOSFET 的正常启动周期。

（1）VCC 欠电压保护

VCC 引脚内部有一个 VCC 欠电压保护电路，保护采用滞环方式，阈值典型设置值为 5.3V，并具备 150mV 的迟滞范围。当该引脚电压降低到滞环下限以下时，芯片无法正常供电，保护电路启动并通过逻辑电路关断 MOSFET；当引脚电压上升到滞环上限以上时，芯片恢复正常工作。

（2）峰值电流限制

LM3404/HV 通过开关电流检测单元自动检测内部 MOSFET 的瞬时电流，并通过比较器与参考值 1.5A（典型值）比较，如果超限，则限流关断定时器起动，通过逻辑电路使功率 MOSFET 关闭一个冷却时间。当该冷却时间结束时，系统将重启。如果电流限制条件仍存在，则冷却周期和重启将继续，从而产生一个低功率打嗝模式，以最大限度地减少 LM3404/HV 和外围电路元器件的热应力。

（3）输出过电压/过电流保护

CS 引脚内部的滞环上限比较器可以作为一个输出过电流保护器，一旦 U_{If} 超过 0.3V，它将关断功率 MOSFET，从而为输出电流提供限制。

该电路也可通过外加辅助电路防止输出开路下输出电压达到上限值。当 LED

出现输出开路情况时，导致 U_{If} 降至零，从而达到最大占空比。为避免该现象，通过外加齐纳二极管和齐纳限制电阻，可以将输出开路电压限制为齐纳二极管反向电压加 0.2V，实现开路保护[8]。

（4）过热保护

LM3404/HV 可方便地在内部自动检测 MOSFET 的温度，并通过热关断电路实现过热保护，保护采用滞环方式，阈值设置在 165℃，并具备 25℃ 的迟滞范围。当温度超过最大工作温度时，该电路起作用进入热关断状态，MOSFET 和驱动电路均不工作。

4. 调光功能

LM3404/HV 的 DIM 引脚是一个 TTL 兼容的输入，用于 LED 的低频率 PWM 调光。DIM 引脚的逻辑低电平（低于 0.8V）可以停止内部 MOSFET 工作并关断流过 LED 阵列的电流。当该引脚处于逻辑低电平时，芯片内部支持电路仍保持工作，以便当其再次达到逻辑高电平（高于 2.2V）时，能使 LED 阵列开通的时间最小。一个 75μA 的典型上拉电流确保 DIM 引脚开路时芯片能正常工作而无需上拉电阻。调光频率 f_{DIM} 和占空比 D_{DIM} 受到 LED 电流上升时间、下降时间、从 DIM 引脚激活到内部功率 MOSFET 响应的延迟时间等限制，f_{DIM} 至少应当比稳态的开关工作频率低一个数量级，以避免引起混乱[8]。

参 考 文 献

[1] ANG S, OLIVA A. 开关功率变换器——开关电源的原理、仿真和设计（原书第 3 版）[M]. 张懋，张卫平，徐德鸿，译. 北京：机械工业出版社，2014.

[2] LUO P, LUO L, LI Z, et al. Skip Cycle Modulation in Switching DC－DC Converter [C]. IEEE 2002 International Conference on Communications, Circuits and Systems and West Sino Expositions, 2002, 2：1716－1719.

[3] 罗萍. 智能功率集成电路的跨周调制 PSM 及其测试技术研究 [D]. 成都：电子科技大学，2004.

[4] MARQUES S, CRUZ C, ANTUNES F, et al. The 23rd IEEE International Conference on Industrial Electronics, Control and Instrumentation [C]. [S. L. s. n.], 1997.

[5] Supertex Inc. HV9910B：Universal High Brightness LED Driver [EB/OL]. [2018－05－23]. http：//www. microchip. com/products/en/HV9910B, 2015.

[6] iWatt Inc. iW3620 Digital PWM Current－Mode Controller For AC/DC LED Driver [EB/OL]. [2018－05－23]. https：//www. dialog－semiconductor. com/products/lighting/ssl/iw3620, 2012.

[7] Power Integrations Inc. TNY274－280 TinySwitch－Ⅲ Family data sheets [EB/OL]. [2018－05－23]. https：//ac-dc. power. com/design-support/product-documents/data-sheets/tinyswitch-iii-data-sheet.

[8] Texas Instruments. LM3404XX 1－A Constant Current Buck Regulator for Driving High Power LEDs [EB/OL]. [2018－05－23]. http：//www. ti. com/product/LM3404HV/datasheet, 2015.

第7章

LED驱动电源的调光与色温调节设计

7.1 LED 调光方式

LED 的发光强度与流过 LED 的电流值基本成正比，因此 LED 的调光，本质上是通过对流过 LED 电流的调节来实现的。实现调光的方式有很多种，根据 LED 输出电流的不同形式，LED 调光技术可分为模拟调光（Analog Dimming）和 PWM 调光（Pulse Width Modulation Dimming）[1]；根据输入调光信号的不同形式，LED 调光技术又可分为模拟调光、PWM 调光、晶闸管调光（TRIAC Dimming）、数字调光（Digital Dimming）和无线调光（Wireless Dimming）等。输入、输出形式的不同组合，又可以细分为不同的方式，而模拟调光、PWM 调光和晶闸管调光是目前的三大主流调光方式。

1. 模拟调光

其又称为线性调光（Linear Dimming），一般指输入调光信号为模拟电压、输出电流幅值连续变化（即输入输出均为模拟量）的调光方式，通过输入调光电压的变化，输出电流值相应线性变化，从而使 LED 的亮度能够连续调节。模拟调光的主要优点是电路简单，可变的调光电压信号容易实现，操作方便，无闪烁，成本低。其主要缺点是随着 LED 电流的变化，LED 的峰值波长会发生偏移[2]，这意味着 LED 的色彩发生变化，即 LED 的色偏现象，这将影响 LED 光源的光色稳定性，对白光 LED 尤其重要；模拟调光的调光比不够大，通常在 10∶1 左右；由于模拟电压的精确调节比较困难，导致调光精确度难以保障。因此，模拟调光常用在对调光范围、色彩偏差和调光精度要求不高的场合。

2. PWM 调光

一般指给 LED 驱动电源输入一个占空比可调的 PWM 信号，使其输出电流跟随变化的调光方式。其输出电流有两种形式：

1）输出为幅值连续变化的模拟电流，此时一般在驱动电源的输入侧加入 PWM 调光信号，通过驱动电路的转换，输出与 PWM 占空比对应的模拟电流，从而调节 LED 亮度。

2）输出为 PWM 波形的跳变电流，此时一般在驱动电源输出侧加可控开关器件，通过输入 PWM 信号控制开关开合使输出电流波形为占空比可调的矩形波[3]，LED 电流周期性地在满载电流和零电流之间切换，通过调节 PWM 占空比，即可调节流过 LED 的平均电流，从而达到调节 LED 亮度的目的。

PWM 调光的主要优点是调光比可以高达 3000∶1；LED 平均电流与占空比成正比，通过调节占空比可以精确地调节 LED 电流，因此 PWM 调光能够提供比模拟调光大得多的调光范围、更好的线性度和更高的精度。另外，输出电流为 PWM 形式时在整个调光范围内，LED 电流要么处于最大值，要么为零电流，可以避免色偏问题；还可以方便地和数字控制技术相结合进行调光控制，因为数字信号可以轻松转换为 PWM 信号。PWM 调光的主要缺点在于，通常需要配备 PWM 信号源才能对 LED 进行调光，其成本通常高于模拟调光；当 PWM 调光信号的频率处于 200Hz ~ 20kHz 时，LED 驱动器会有噪声[4]；由于 PWM 信号为矩形波，因此存在大量的高频分量，如果设计不好，可能会产生 EMI 问题。PWM 调光常用于调光范围大、无色偏和高精度调光的照明系统中。

3. 晶闸管调光

该方式主要利用传统的晶闸管调光器（TRIAC Dimmer）对 LED 灯具进行调光，晶闸管调光器本来用于对白炽灯等电阻性负载进行调光，在用 LED 照明替代原有灯具的应用场合，往往要求不能改变已有照明系统的基础设施，因此要求 LED 灯具能利用线路已有的晶闸管调光器进行调光。晶闸管调光器对交流市电进行斩波后输入 LED 驱动器，LED 驱动器通过检测输入电压的变化，调节 LED 驱动器的输出电流，从而调节 LED 的亮度。其优点在于电压调节速度快、调光精度高、体积小、成本低。缺点在于，调光器工作在斩波方式，会造成大量谐波，造成电磁干扰，并导致电源效率和功率因数的降低；晶闸管调光容易出现闪烁问题，且闪烁问题不易解决[5]。虽然各大 LED 驱动芯片厂商针对谐波、功率因数以及闪烁问题提出了不少解决方案，但是市场上晶闸管调光器的种类多样，参数各有区别，对 LED 驱动器的兼容性提出了极大挑战。

4. 数字调光

该方式主要由微控制器通过接口、总线等给 LED 驱动器发送数字调光信号，LED 驱动器通过对该信号解码，转换为 PWM 调光信号或模拟调光信号再调节 LED 亮度，这种方式是调光输入信号的拓展。其优点在于控制极其灵活，光线的明暗程度以及变化规律均可由微控制器灵活控制；缺点是成本较高。

5. 无线调光

该方式是在数字调光基础上增加无线通信功能来进行调光指令的设定，也是一种调光输入信号的拓展。其优点在于调光控制器与灯具之间无需布线，安装简单，提高了照明系统灵活性，降低了维护成本；但系统成本较高。

在 LED 的数字调光或无线调光方案中，一般都有通用的微控制器或微处理器，比较容易产生 PWM 控制信号，因此大多数情况下驱动电源实际执行的仍然是 PWM 调光方式。

7.2　LED 模拟调光的设计及应用

模拟调光要使输出电流跟随调光信号而连续变化，其实现原理本质上就是要使输出电流的设定值 I_{ONOM} 可调节，然后通过驱动电源自身的闭环控制机制使输出电流始终稳定在变化后的设定值上。由公式（6-10）$R_{SNS} = U_{Iref}/I_{ONOM}$ 可知，要使 I_{ONOM} 连续可调，只要参考电压 U_{Iref} 或电流采样电阻 R_{SNS} 任意一个连续可调即可，因此模拟调光实现方法主要有三种：限流电阻调光、采样电阻调光及参考电压调光。

1. 限流电阻调光

该方法主要通过调节与 LED 负载串联的限流电阻，来调节输出电流，当输入电压一定时，限流电阻增大，LED 负载电流下降；限流电阻减小，LED 负载电流上升，如图 7-1 所示。这种方法比较简易，可以用在 LED 电阻限流驱动电路中。但要使电流调节有明显效果，限流电阻不能太小，因此电阻本身耗电较大，效率不高；该电路是一种开环控制，LED 电流难以精确调节，特别是当输入电压波动时，LED 亮度也随之变化。随着市场对 LED 灯具要求的提高，这种方式已很少见到。

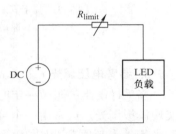

图 7-1　限流电阻调光原理

2. 采样电阻调光

在具有闭环反馈控制的 LED 恒流驱动电路中，当比较电路的参考电压 U_{Iref} 一定时，调节采样电阻 R_{SNS} 的阻值，即可调节 LED 电流，实现模拟调光。

基于开关电源拓扑结构的采样电阻调光原理如图 7-2 所示。开关电源电路中采样电阻的阻值一般较小，LED 输出电流与采样电阻又几乎为倒数关系，因此这种方法调节难度较大，很难实现电流的均匀调节。

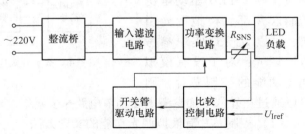

图 7-2　基于开关电源拓扑的采样电阻调光原理

采样电阻调光方式也可以用于线性恒流电源。基于安森美 NUD4001 的可编程 LED 恒流驱动方案如图 7-3a 所示，其工作原理是利用 U_{IN} 引脚和 R_{EXT} 引脚之间的电阻 R_{ext} 设定内部恒流源的输出电流，R_{ext} 与 LED 负载串联以检测输出电流，内部参考电压为 0.7V，故有输出设定值 $I_{ONOM} = 0.7/R_{ext}$。恒流电源输出电流 I_{OUT} 随

R_{ext}电阻变化的曲线如图7-3b所示。因为 NUD4001 能承受的最大输入电压仅为30V，所以该方案主要用于低压小功率以及电池供电的 LED 照明应用。

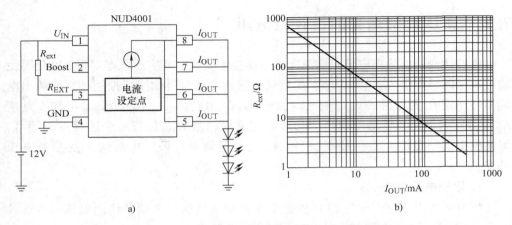

a)   b)

图7-3   基于安森美 NUD4001 的线性恒流源采样电阻调光方案

a）驱动电路方案   b）输出电流随 R_{ext} 变化曲线

（注：该图取自参考文献5）

3. 参考电压调光

当采样电阻的阻值一定时，调节参考电压值，即可调节 LED 输出电流设定值，实现模拟调光。通常由一个可调的外部 DC 模拟电压产生变化的参考电压，即模拟调光信号，其原理如图7-4所示。这种模拟调光方法，简单易行，控制灵活，是目前主要的模拟调光实现形式，许多 LED 驱动电源控制芯片都有模拟调光引脚，可以方便地实现参考电压调光；对于没有模拟调光功能的控制芯片，则

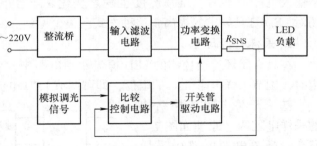

图7-4   基于开关电源拓扑的参考电压调光原理

可以通过在外部增加参考电压调节电路来实现。

（1）控制芯片有模拟调光功能的实现方法

利用调节参考电压来实现模拟调光的驱动电源控制芯片有很多，以 HV9910B 为例，其内部功能结构及工作原理见6.7.1节，其与电流采样值进行比较的内部固定参考电压为 250mV，当一个在 0～250mV 范围内可调节的外部电压从芯片模拟调光引脚 LD 接入时，该外部电压就取代内部 250mV 电压作为参考电压，调节该外部参考电压，即可通过反馈控制使输出电流稳定在新的设定值，实现模拟调光。外部

产生调光模拟电压信号的原理如图 7-5 所示，一般外部电路中常规的 DC 供电电压远大于 250mV，因此需要电压缩小环节。

图 7-5　外部产生调光模拟电压信号的原理

（2）控制芯片无模拟调光功能的实现方法

很多电源控制芯片并不具有模拟调光接口，但其反馈通道中输出采样、设定比较与参考电压电路在芯片外部，此时可以将原来固定的参考电压改为可调参考电压，实现模拟调光，其基本原理如图 7-6 所示。

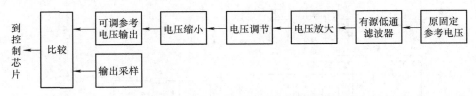

图 7-6　固定参考电压改为可调参考电压的基本原理

一个采用无模拟调光功能控制芯片的 LED 限压恒流驱动电路如图 7-7 所示，电源设计为宽电压市电输入 AC90～265V、50Hz，输出功率为 60W，额定输出电流为 1A，额定输出电压为 60V。主电路采用反激式拓扑结构以及单级 PFC 技术，工作在连续导通模式。控制芯片为安森美公司的 NCL30001，该芯片集成了单端 PFC 和隔离型降压电源转换功能，省去了专用 PFC 升压部分，大大减少了元器件数量；NCL30001 控制器包括高压启动电路、电压前馈、输入欠电压检测、内部过载定时器、锁闭输入以及一个高精度乘法器；控制策略采用固定周期 PWM 双环调制方式结合软跳周期方式，正常工作时，前馈的母线电压、输出反馈电压、主开关管电流共同决定占空比，并通过斜坡补偿使连续导通模式可在占空比大于 50% 时工作；轻负载时则启动软跳周期方式，以解决声频噪声的问题。本设计的二次侧反馈环路采用限压恒流双环的方式对输出电压及输出电流进行控制，使输出电流保持恒定，并且当输出电压超过设定值时，限压环路限制输出电压继续升高。

反馈通道的限压恒流电路采用 NCS1002 设计，NCS1002 内部集成了两个高增益且相互独立、具有内部频率补偿的运算放大器和一个 2.5V 基准参考电压，两个运放为图中的 U_A、U_B。图中采样电阻 $R_{12} = 0.1\Omega$ 用来检测输出电流，该电阻阻值与输出电流相乘转变为电压信号，该电压信号经 R_{17} 输入到运算放大器 U_B 的负端，U_B 的正端输入为基准电压 2.5V 经 R_{14}、R_{13}、R_{12} 分压后的信号，取 R_{13} 为 2.7kΩ，R_{14} 计算为 64.8kΩ 取 68kΩ，具体原理可参见本书 6.4 节。运算放大器 U_B 的输出信号经光耦 U_3 反馈回控制芯片 NCL30001 的 FB 引脚，形成恒流控制环路，芯片根

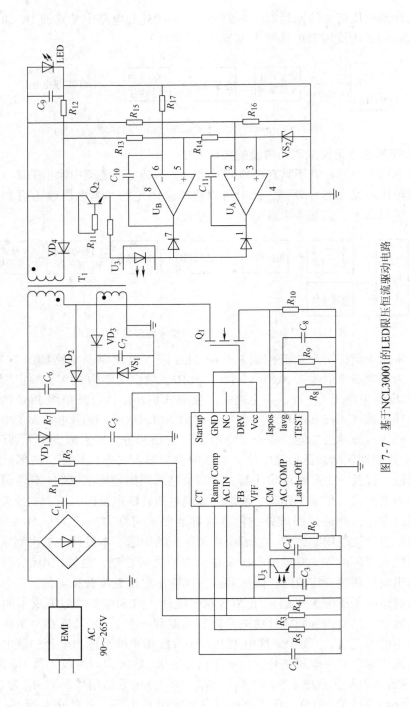

图7-7 基于NCL30001的LED限压恒流驱动电路

据反馈回的信号来调节占空比，以控制电源输出电流恒定在设定值。图中 R_{15}、R_{16}、运算放大器 U_A 及光耦构成了电压控制环，输出电压经过 R_{15}、R_{16} 的分压后输入 U_A 负端，与正端 2.5V 基准信号进行比较，U_A 的输出信号经过光耦反馈到 FB 引脚，以限制输出电压，输出电压上限值为 65V，因此取 R_{16} 为 3.9kΩ，R_{15} 为 100kΩ。该电路中恒流环与限压环不能同时工作，当负载开路或轻载（即输出电流小于 1A），U_B 输出高电平，因串联二极管隔离而失去控制作用，当电压环的输入采样电压高于 2.5V 时，U_A 输出低电压，经串联的二极管增加光耦的导通电流，信号反馈到芯片 FB 引脚，使输出电压限制在 65V 左右。当输出电流大于 1A 时，U_B 输出低电压，增加光耦导通电流，使输出电压降低而使输出电流维持在 1A 左右，而 U_A 输出高电压不起作用。

　　控制芯片 NCL30001 无调光引脚，故芯片本身不支持调光功能，因此可根据图 7-6 原理设计外加模拟调光电路来改造恒流环，如图 7-8 所示。图中将 NCS1002 的 3 引脚与 R_{14} 断开，3 引脚的基准电压 2.5V 输入到同相放大器 U_4 的正端，R_{18}、R_{19} 的取值可以确定 U_4 的放大倍数，这里分别取 5kΩ 和 15kΩ，基准电压经过 U_4 的滤波、放大作用后变为 10V；10V 电压经过滑动变阻器 R_{21} 和电阻 R_{23} 分压实现电压调节，R_{23} 是为防止滑动变阻器分压后电压变为零致使电流环无反馈，使整个电源无法正常工作，R_{21} 和 R_{23} 的值分别取 100kΩ 和 11kΩ，10V 电压经过滑动变阻器的分压变为 1～10V 的可调电压；该可调电压输入到电压跟随器 U_5 的正端，从 U_5 输出的可调电压经 R_{24} 和 R_{25} 的分压变为 0.25～2.5V，再通过电压跟随器 U_6 与 R_{14} 相连，这里 R_{24} 和 R_{25} 分别取 30kΩ 和 10kΩ。

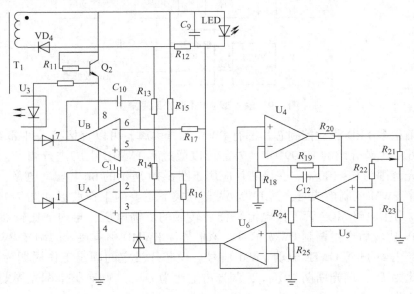

图 7-8　外加模拟调光电路

这样 2.5V 的基准参考电压变成了 0.25 ~ 2.5V 可调参考电压，则输出电流设定值 I_{ONOM} 的变化范围为 0.1 ~ 1A，实现了模拟调光。

7.3 LED PWM 调光的设计及应用

PWM 调光的实现主要包括两种形式：在 LED 驱动电源输入侧施加 PWM 控制的输入型 PWM 调光以及在驱动电源输出侧施加 PWM 控制的输出型 PWM 调光。

进行 PWM 调光时，设外部可提供的 PWM 调光信号最大占空比和最小占空比分别为 D_{DIMMAX}、D_{DIMMIN}，对应的输出平均电流最大值、最小值分别为 I_{OMAX}、I_{OMIN}，输出额定电流为 I_{ONOM}，调光比为 γ，则有

$$I_{OMAX} = D_{DIMMAX} I_{ONOM} \tag{7-1}$$

$$I_{OMIN} = D_{DIMMIN} I_{ONOM} \tag{7-2}$$

$$\gamma = I_{OMAX}/I_{OMIN} = D_{DIMMAX}/D_{DIMMIN} \tag{7-3}$$

理想情况下，当 $D_{DIMMAX} = 1$，$D_{DIMMIN} = 0$ 时，PWM 调光范围为 0 ~ 100%。

1. 输入型 PWM 调光

该方式又称为使能调光（Enable Dimming），即把外部的 PWM 信号加到驱动控制芯片的使能输入端，使得整个变换器在正常工作和关断之间切换，如图 7-9 所示。

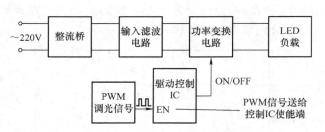

图 7-9　输入型 PWM 调光原理框图

目前很多 LED 驱动控制芯片都有 PWM 调光引脚，可以直接接入外部 PWM 信号，如 6.7.1 节介绍的 HV9910B，外部可以通过其 PWMD 引脚进行调光，芯片允许的调光范围为 0 ~ 100%。在该芯片应用于图 6-19 所示的 Buck 驱动电路、工作于固定频率 PWM 调制模式时，其 PWM 调光方式下主要的工作波形如图 7-10 所示。图中 U_{CS} 为主电路 MOS 管工作电流采样后转成的反馈电压，与内部比较器参考电压 250mV 比较后产生调制 PWM 信号，该信号经 PWMD 引脚接入的调光 PWM 信号使能后产生 MOS 管 GATE 驱动 PWM 信号。设芯片设定的固定工作周期为 T_S，调制占空比为 D_S，调光周期为 T_{DIM}，调光占空比为 D_{DIM}，则有整个调光周期内的等效占空比为

$$D_{\mathrm{E}} = \frac{D_{\mathrm{S}} T_{\mathrm{S}} \dfrac{D_{\mathrm{DIM}} T_{\mathrm{DIM}}}{T_{\mathrm{S}}}}{T_{\mathrm{DIM}}} = D_{\mathrm{DIM}} D_{\mathrm{S}} \qquad (7\text{-}4)$$

当调制占空比 D_{S} 对应输出额定电流 I_{ONOM} 时，调光占空比 D_{DIM} 可使输出电流变为 $D_{\mathrm{DIM}} I_{\mathrm{ONOM}}$，实现调光。

输入型 PWM 调光的优点在于不需要改变原有驱动电路结构，即可接入调光信号；主要缺点在于动态响应较慢，同时增加了导通瞬态时间，限制了调光的频率，一般控制芯片要求调光频率比其工作频率低 1～2 个数量级。

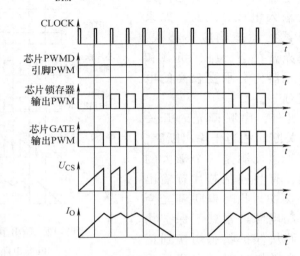

图 7-10　输入型 PWM 调光方式下 Buck 电路主要的工作波形

2. 输出型 PWM 调光

LED 的发光响应时间非常短，仅为 $10^{-9} \sim 10^{-7}\mathrm{s}$，不像传统灯具那样有热惯性或启动准备时间，因此，可以在驱动电源输出侧加一个开关管并以 PWM 信号控制，即可使 LED 周期性地亮灭闪烁，只要闪烁频率足够高，人眼就无法识别闪烁而只能感到连续的明暗变化，就能实现亮度的调节。最小的闪烁频率为 50Hz，但一般推荐最小值为 200Hz。这种输出型 PWM 调光有两种实现方法：串联调光（Series Dimming）和并联调光（Shunt Dimming）[6]。

串联调光是指把开关管与 LED 负载串联，调光 PWM 脉冲使得负载在开路状态和正常工作状态之间切换，其实现电路原理框图如图 7-11 所示。同样以图 6-19 所示的 Buck 驱动电路、9910B 芯片工作于固定

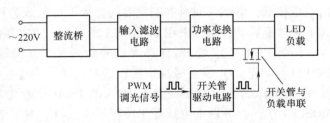

图 7-11　输出型 PWM 串联调光原理框图

频率 PWM 调制模式时的情况为例，则输出型 PWM 串联调光的主要工作波形如图 7-12 所示，当调制占空比 D_{S} 对应输出额定电流 I_{ONOM} 时，调光占空比 D_{DIM} 可使输出平均电流变为 $D_{\mathrm{DIM}} I_{\mathrm{ONOM}}$，则 LED 在一个调光周期 T_{DIM} 内的平均光输出会随着调光占空比线性变化，实现调光。

上述例子中，在调光脉冲的关断阶段，驱动电源的输出电流为零，输出电压近似为输入电压。因此，如果变换器的动态响应不够快，则调光开关管、LED 负载和其他元器件会承受较高的电压应力。

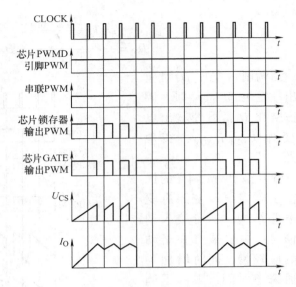

图 7-12　输出型 PWM 串联调光方式下 Buck 电路主要的工作波形

此外，串联调光时开关管在关断时相当于输出断路，这对于恒流源是一个极大的挑战，有些控制芯片有输出断路保护，此时串联调光会使驱动电源经常处于保护状态，而从保护状态切换到正常状态的转换时间会降低系统响应时间。对于没有断路保护机制的控制芯片，则可能使电源系统失控。为了避免这种情况，可以使用下面的"伪采样"方法，让控制芯片在输出断路时仍然判断为未断路，从而避免进入保护状态或不断加大工作调制占空比造成电路失控。

NCL30001 是一款不具备调光功能的控制芯片，基于该芯片的 LED 限压恒流驱动电路方案如前文图 7-7 所示。在该电源的输出端串联一个开关管，通过外部给该开关管输入调光 PWM 信号，可以周期性地使驱动电源输出与 LED 负载接通或断开，实现输出型 PWM 串联调光。该芯片具有故障保护功能，当输出过载、输出短路或开路情况下，芯片将自动重启动，按 2% 的自动重启动占空比工作，从而使输出电压较低，影响开通时的响应时间。为了避免该芯片在输出型 PWM 串联调光模式下频繁重启动，可以采用如图 7-13 所示的电路实现伪采样。

图 7-13 中，J_1 为 PWM 调光信号输入端口，控制 Q_4 的导通和关断，进而对 LED 进行调光。Q_2 发射极提供比较器 U_A、U_B 供电电压，光耦 U_3 的驱动电压，以及开关管 Q_4 的驱动电压。当 J_1 输入的 PWM 信号为低电平时，晶体管 Q_3 截止，MOSFET Q_4 的 GS 两端电压等于比较器 U_A、U_B 的供电电压，约为 14V，Q_4 导通，负载 LED 发光；此时，MOSFET Q_5 的 DS 两端也处于导通状态，R_{18} 通过 Q_5 连接到电流检测电阻 R_{12} 的 B 端，与图 7-7 的输出电流采样电路相同，恒流反馈回路不受调光电路的影响，正常工作。当 J_1 输入的 PWM 信号为高电平时，晶体管 Q_3 导通，Q_4 的栅极电压被拉低，Q_4 截止，负载 LED 不发光；此时流过电流采样电阻 R_{12} 的电流为零，Q_5 也截止，R_{12} B 端的检流电压不会反馈到 U_B 负端，实际反馈到该端的信号为电容 C_{12} 的电压，此电压为 Q_4 关断前 R_{12} 的 B 端电压，如果关断时间

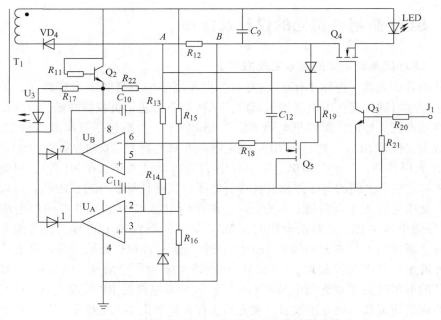

图 7-13　输出型 PWM 串联调光的伪采样电路

足够短以保证 C_{12} 电容来不及完全放电，则虽然输出电流反馈通道与检流电阻 R_{12} 断开了连接，但仍会检测到电压的存在，称这种电压采样方式为"伪采样"。由于"伪采样"，PWM 调光信号不会影响恒流电路的正常工作，但要 PWM 信号频率足够高，以保证在 Q_4 关断期间 C_{12} 不会完全放电，即 C_{12} 两端电压不会发生明显的改变。

并联调光，亦称分流调光，是指开关管和 LED 负载并联，如图 7-14 所示。开关管导通时，LED 负载被短路，开关管关断时，LED 负载正常工作。同样以图 6-19 所示的 Buck 驱动电路、9910 芯片工作于固

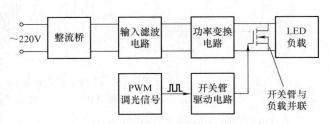

图 7-14　输出型 PWM 并联调光原理框图

定频率 PWM 调制模式时的情况为例，则输出型 PWM 并联调光的主要工作波形与图 7-12 的串联调光情况类似，只要调光 PWM 波形反相即可。与串联调光类似，调光占空比 D_{DIM} 可使输出平均电流变为 $(1-D_{DIM})I_{ONOM}$，则 LED 在一个调光周期 T_{DIM} 内的平均光输出会随着调光占空比线性变化，实现调光。这种方式的主要缺点在于，开关管导通时可能会有较大的功率损耗，影响 LED 照明的节能效果；如果损耗过大，可能会烧毁晶体管。

7.4 LED 晶闸管调光的设计及应用

1. LED 晶闸管调光的基本驱动方案

晶闸管调光器，也称 TRIAC 调光器，主要用于白炽灯和卤素灯调光，其工作原理是通过对输入交流电波形进行斩波，从而调节传递给负载的能量，改变输出功率。晶闸管调光器的内部典型电路如图 7-15a 所示，一般包括双向晶体管 TRIAC、双向触发二极管 DIAC、电位器 RP、限流电阻 R 和电容 C。双向晶体管 TRIAC 属于 NPNPN 五层器件，三个引脚 T_1、T_2、G 中 T_1、T_2 为主端子，G 为门极，只要门极 G 和任一主端子之间的电压差超过其转折电压，该器件都能导通，因此它可以双向导通。交流电在正半周时通过电位器 R_P 和 R 给电容 C 充电，当 C 两端电压达到 DIAC 导通电压 + TRIAC 转折电压时，DIAC 导通，触发 TRIAC 导通；交流电在负半周时，通过给 C 反向充电触发 TRIAC 导通。设从 TRIAC 开始承受正向电压起到开始导通这一角度为控制角 α，TRIAC 导通的角度为导通角 θ，$\theta = \pi - \alpha$。则 RP、R 和 C 的取值决定了调光器的控制角 α，通过调节电位器 RP 可改变 α，从而改变调光器输出到负载上的电压波形，调光器工作波形如图 7-15b 所示，从 A 点输入的是标准交流电，从 B 点输出的是经调光器斩波后的阴影部分。

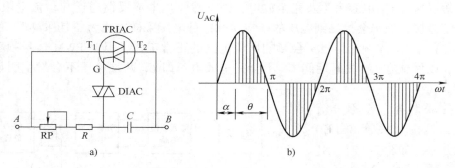

图 7-15　晶闸管调光器原理
a）内部典型电路　b）工作波形

LED 无法直接使用晶闸管调光器输出的交流电压，必须通过驱动电源转换，才能实现 LED 的晶闸管调光。LED 晶闸管调光照明中采用反激拓扑的典型应用如图 7-16 所示。其调光原理是，首先晶闸管调光器将交流市电斩波后，经整流桥转换为直流脉动电压，经幅值/相角检测电路把直流脉动电压的有效值或导通角信号送给 LED 控制 IC，然后在控制 IC 内部逻辑的作用下，调整 GATE 引脚输出的 PWM 驱动信号占空比，以调整传递给二次侧的能量，达到调光的目的。

LED 晶闸管调光方式的优点在于，可以使 LED 灯具很方便地替换原有照明系统中采用晶闸管调光的传统灯具，电压调节速度快。缺点在于，调光器工作在斩波

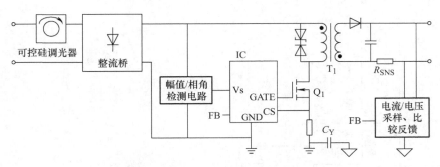

图 7-16　常规的 LED 晶闸管调光原理图

方式，会产生大量谐波，造成电磁干扰，并导致电源效率和功率因数的降低；TRI-AC 调光器是为调节阻性负载的功率而设计的，而且不同的 TRIAC 调光器性能有所不同，在设计 LED 驱动时要考虑负载特性匹配和兼容性问题；此外，LED 晶闸管调光容易出现人眼可观察到的闪烁问题。一般来说，造成闪烁的原因主要有以下两种：

1）市面上的 TRIAC 调光器参数各异、功率等级不同，其维持电流为 7 ~ 75mA，导通以后的电流必须大于这个维持电流才能正常工作，否则会出现误关断情况，导致驱动电源的适应性差及 LED 闪烁[7]。

2）当 TRIAC 导通角较小时，其输入电压和输入电流都变得很小，容易导致控制芯片供电电压或电流不足，从而使其无法正常工作，产生闪烁现象。

2. 轻载时的维持电流设计

针对 LED 晶闸管调光驱动电路存在的闪烁及兼容性问题，可以增加假负载电路或者动态阻抗，以在低负载时提供额外的电流回路，使输入电流不低于维持电流，保证晶闸管调光器的正常工作；还应在设计时充分考虑极端情况，如最小输入电压和最小输出功率等。有些 LED 驱动控制芯片考虑了与 TRIAC 调光器的兼容问题，如恩智浦半导体公司的 SSL2101T 芯片，当该芯片检测到 LED 驱动器的输入电流或输入电压较低时，会启动内部泄放回路，从而产生一个维持电流，防止 TRIAC 误关断，以避免闪烁问题及与不同 TRIAC 调光器的兼容性问题。基于 SSL2101T 的 LED 晶闸管调光驱动电路原理如图 7-17 所示。图中，TRIAC 调光器串入交流输入电路中，安规电容 C_x、共模电感 L_1 和 L_2 组成 EMI 滤波电路，用于滤除共模干扰、串模干扰和谐波。二极管 VD$_1$ ~ VD$_4$ 组成桥式整流电路，将调光器斩波后的交流电整流成脉动的直流高压。L_3 和 C_3 组成输入滤波电路，将脉动的直流高压转换成一个较平稳的电压信号，供给隔离式高频变压器 T_1 的一次绕组 a。R_1 和 R_2 组成 100∶1 的分压电路，对整流后的直流高压采样，经 C_1 滤波为一个平滑的电压信号，作为亮度控制信号送给芯片 BRT 引脚和 PWMLMT 引脚，R_6、R_7 分别为两个引脚的上拉电阻，这样当 TRIAC 调光器调节控制角 α 时，母线电压跟随变化从而调节芯片

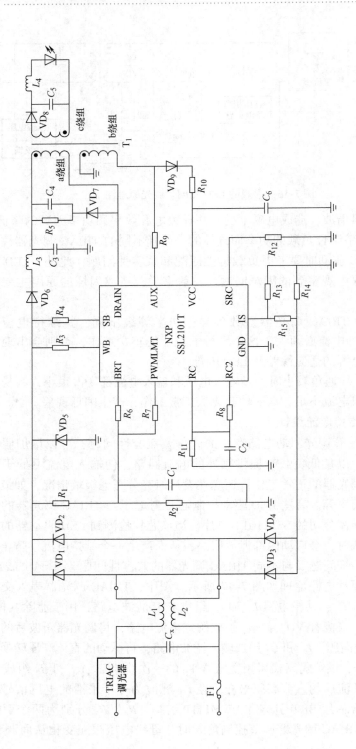

图7-17 基于SSL2101T的LED晶闸管调光驱动电路原理

开关频率和占空比，改变输出电流。VD_5 是瞬变抑制二极管，用于电压瞬变保护。R_8、R_{11} 和 C_2 组成外接振荡器，用于产生开关频率，并设定开关频率的上限和下限。R_5、C_4 和 VD_7 组成变压器一次侧钳位电路。SSL2101T 内集成有高压大功率 MOSFET，漏极为 DRAIN 引脚，源极为 SRC 引脚；在 MOSFET 导通期间，隔离式高频变压器 T_1 将电能存储在一次绕组 a 中；在 MOSFET 关断期间，存储在一次绕组 a 中的电能传送至变压器 T_1 的二次绕组 c 和辅助绕组 b。辅助绕组 b 通过 VD_9、R_{10} 和 C_6 组成的 VCC 产生电路，给芯片提供工作电压。AUX 引脚用于设定电路的不连续导通模式（DCM），R_9 用于退磁检测。电阻 R_{12} 用于设定一次绕组 a 的峰值电流，并起过电流保护作用。VD_8、C_5、L_4 组成输出整流滤波电路，将二次绕组 c 电压平滑成直流输出，以驱动 LED 灯具。R_3 和 R_4 组成强-弱分压泄流电路，强分压泄流电阻 R_4 用于调光器的过零重启和晶闸管锁存，在低输入电压情况下，当 WB 引脚和 SB 引脚上的最大电压低于强泄放阈值（典型值为 52V）时，内部强泄放 MOS 管导通，母线电压经 R_4、内部强泄放 MOS 管接地，形成强泄放电路；在低输入电流情况下启动弱分压泄流，采用滞环比较器，R_{14} 用于将输入电流转换为一个负电压信号，经 R_{13}、R_{15} 分压后送给 IS 引脚，一旦该引脚电压大于弱泄放上限阈值（典型值为 -100mV），内部弱泄放 MOS 管导通，母线电压经 R_3、内部弱泄放 MOS 管接地，形成弱泄放电路，产生维持电流；当 IS 引脚电压下降到低于弱泄放下限阈值（典型值为 -250mV）时，内部弱泄放 MOS 管关断，恢复正常工作。当强泄放 MOS 管导通时，弱泄放 MOS 管关断。

3. 晶闸管旁路调光设计

针对常规晶闸管调光方案在谐波、功率因数、效率、闪烁、兼容性等方面存在的问题，可以将晶闸管调光器由原来的串联形式改为并联形式，使晶闸管调光器作为只产生调光信号的信号源，给 LED 驱动器提供调光控制信号，不再通过晶闸管斩波给 LED 驱动器提供负载所需的主能量，而驱动电源恢复为常规的 AC/DC 变换器，从而可避免晶闸管调光器串入主电路带来的一系列问题，其基本原理如图 7-18 所示。

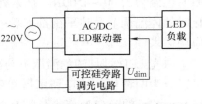

图 7-18　晶闸管旁路调光基本原理

晶闸管旁路调光的实现电路如图 7-19 所示，电路主要包括晶闸管调光器、整流、假负载、分压滤波等环节，晶闸管调光器串入交流输入回路中，对交流市电进行斩波，以改变输入到整流电路的电压有效值；整流电路对斩波后的畸变交流市电进行整流，转换成直流脉动电压；其后并联两个大功率电阻作为假负载，给交流市电提供一个电流回路形成维持电流，以保证晶闸管调光器在整个调光过程中始终能够正常工作；分压滤波电路将整流后的直流脉动电压经过电阻分压、电容滤波转换成一个 $0 \sim U_{max}$ 幅度可调的直流模拟电压 U_{dim}，作为调光信号源，用于控制各类支持模拟调光的 LED 驱动器。这样，整个调光回路与驱动主回路并联，只为主回路提供调光信号，不参与其能量转换，实现了 LED 驱动电源与晶闸管调光器的解耦。

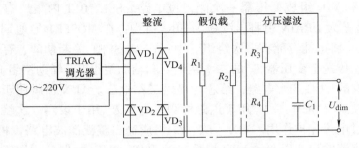

图 7-19　晶闸管旁路调光的实现电路

7.5　LED 色温调节方式

随着 LED 照明技术的发展和对照明品质要求的提高，人们对普通白光照明不再仅仅满足于照明的亮度，开始关注光的色温。自然界的太阳光是动态变化的且光谱是连续的，其色温（CT）在日出和日落时为 2000K，日出 1h 后大约为 3500K，中午约为 5300K。研究人员还发现色温对照明效果有某些独特的影响。在道路照明中，色温会影响视觉对目标的探测和辨别能力，在同样亮度水平下，合适的色温能提高人眼分辨物体颜色和细节的能力[8]。在医院照明中，通过光线色温的周期性变化，可刺激人类松果体的活性，激发人类自身免疫功能[9]。在商场照明中，低色温光会让人觉得舒适放松[10]，而高色温能提高人眼分辨能力，因此，商场的主照明色温为 3500～4500K。在家庭照明中，光源色温对人体昼夜节律和环境温度变化时的体温调节及热平衡都起着一定的作用[11]。可见，LED 照明的色温调节具有应用需求。

白光 LED 灯具的色温调节与其白光实现方式有关。LED 白光的实现方式大致可以分为两种：一种是利用覆盖荧光材料直接制作白光 LED，如日亚化学公司以 460nm 波长的 InGaN 蓝光晶粒涂上一层 YAG 荧光物质，利用蓝光 LED 照射此荧光物质以产生与蓝光互补的 555nm 波长黄光，再利用透镜原理将互补的黄光和蓝光予以混合，便可得出肉眼所需的白光，这种方法得到的白光的色温及光谱主要由蓝光 LED 与荧光粉决定，因此这种白光的亮度可以由驱动电流来调节，但其色温很难实时调节；第二种则是通过不同颜色的 LED 所发出的光进行混合进而形成所需的白光，这种混光方式可以通过调节各基色的配比来动态调节白光的色温和亮度。

根据白光 LED 光源混光方法的不同，色温调节方式可以分为两基色色温调节、三基色色温调节、多基色色温调节，分别由两种基色、三种基色、三种以上基色的 LED 芯片进行混光组合，不同基色 LED 独立驱动控制，通过控制不同基色 LED 的出光配比，实现色温调节。具体实现方案方面，三基色混光主要通过红、绿、蓝三原色 LED 混光生成不同色温白光，即 RGB 技术[12-13]；为了提高整灯光效，有些方案以接近白色的 LED 为基本色，配合其他两种颜色，如白色、蓝色、红色 LED 的三色混光，薄荷色、琥珀色、蓝色 LED 的三色混光[14]。两基色混光主要有白光 LED 和黄光 LED 的组合方案，以及低色温白光 LED 和高色温白光 LED 的组合方案，即冷、暖白光 LED 混光方案[11]。

7.6 LED 色温调节的设计及应用

7.6.1 LED 混光理论

CIE 对颜色的色坐标一般用 x、y、z 表示，大体上讲，x 和红色有关，y 和绿色有关，z 和蓝色有关，由于 $x+y+z=1$，所以一般色坐标仅用其中两个即可[15]，再加上该颜色的亮度系数 Y，这种表示颜色的方法称为 CIE xyY 颜色空间。LED 规格书主要采用这种方法。颜色、色温与色坐标之间的关系如图 7-20 所示，图中椭圆线上的坐标值为光谱波长，$T_C(K)$ 为完全辐射体的色度轨迹曲线，其上标出了完全辐射体不同色度坐标处的色温，与 $T_C(K)$ 曲线近似垂直的直线为等色温线，等色温线上

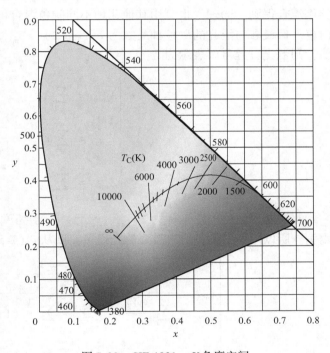

图 7-20   CIE 1931 xyY 色度空间

各点的相关色温就是交点处完全辐射体的色温。图中由色坐标值可确定对应的颜色，对于白色，还可由色坐标确定其色温。1931 年，CIE 在 RGB 系统的基础上，改用三个假想的原色 X、Y、Z 建立了一个新的色度系统。将 RGB 系统光谱三刺激值进行转换后，变为以 X、Y、Z 三原色匹配等能光谱的三刺激值，定名为"CIE1931 标准色度观察者光谱刺激值"，这一系统叫作"CIE1931 标准色度系统"，这种使用 X、Y、Z 激励值描述颜色的方法为 CIE XYZ 色彩空间，延伸自 CIE 标准

观测方程[16]，在这个色彩空间里，不同种类 LED 的 X、Y、Z 激励值可以直接相加，表征激励值的提高。

XYZ 和 xyY 两个色彩空间可以通过式(7-5) 相互转换[17]。这里 i 表示不同色坐标 LED 的种类，(x_i, y_i, z_i) 为各类 LED 的色坐标；X_i、Y_i、Z_i 为其激励值。

$$\begin{cases} x_i = \dfrac{X_i}{X_i + Y_i + Z_i} \\ y_i = \dfrac{Y_i}{X_i + Y_i + Z_i} \\ z_i = \dfrac{Z_i}{X_i + Y_i + Z_i} = (1 - x_i - y_i) \end{cases} \Leftrightarrow \begin{cases} X_i = \dfrac{Y_i}{y_i} x_i \\ Y_i = Y_i \\ Z_i = \dfrac{Y_i}{y_i}(1 - x_i - y_i) \end{cases} \tag{7-5}$$

从图 7-20 可看出，不同的颜色或不同色温的白色可由红、绿、蓝三色以适当比例混合得到。同理，也可用其他几种不同颜色混合得到想要的颜色或某种色温的白色。假设参与混光的颜色种类数为 n（$n \geqslant 2$），X_{mix}、Y_{mix}、Z_{mix} 为混光后的激励值，则混光方程可以表示为

$$\begin{cases} X_{\mathrm{mix}} = \displaystyle\sum_{i=1}^{n} X_i \\ Y_{\mathrm{mix}} = \displaystyle\sum_{i=1}^{n} Y_i \\ Z_{\mathrm{mix}} = \displaystyle\sum_{i=1}^{n} Z_i \end{cases} \tag{7-6}$$

假设期望达到的色坐标为 $(x_{\mathrm{mix}}, y_{\mathrm{mix}})$，由于亮度与光通量只与三刺激值 Y 成比例，所以用 Y_{mix} 代表用户需要的光通量，则从式(7-5)、式(7-6) 可得

$$\begin{cases} x_{\mathrm{mix}} = \dfrac{\displaystyle\sum_{i=1}^{n} \dfrac{x_i Y_i}{y_i}}{\displaystyle\sum_{i=1}^{n} \dfrac{x_i Y_i}{y_i} + \sum_{i=1}^{n} Y_i + \sum_{i=1}^{n} \dfrac{Y_i}{y_i}(1 - x_i - y_i)} \\ \\ y_{\mathrm{mix}} = \dfrac{\displaystyle\sum_{i=1}^{n} Y_i}{\displaystyle\sum_{i=1}^{n} \dfrac{x_i Y_i}{y_i} + \sum_{i=1}^{n} Y_i + \sum_{i=1}^{n} \dfrac{Y_i}{y_i}(1 - x_i - y_i)} \\ \\ Y_{\mathrm{mix}} = \displaystyle\sum_{i=1}^{n} Y_i \end{cases} \tag{7-7}$$

如果期望达到的色坐标（x_{mix}，y_{mix}）及其光通量 Y_{mix}，参与混光各颜色的种类数 n 及其色坐标（x_i，y_i）均已知，而参与混光各颜色的光通量 Y_i 是未知量，则式(7-7) 演变成高维方程组，通过求解方程组可以得到参与混光的各种颜色的光通量 Y_i。因此，如果希望用多种基色 LED 混合得到某种色温的白光，只要确定 LED 种类数及其色坐标、期望混合后得到的色坐标和光通量，通过式(7-7) 即可计算出参与混光的各种 LED 的光通量。

7.6.2　基于三基色混光的 LED 色温调节方法

基于 CIE xyY 标准色度系统的三色混光原理如图 7-21 所示，假设所选的三种基色分别为 O、P、Q，则根据混光原理，通过不同比例的三色混光，可以得到色品图上三基色坐标点组成的三角形 OPQ 内任意一个颜色点。对于白光的色温调节，如果目标色温的坐标点 M 在三角形区域内，则通过混光方程组求解，可以得到对应该色温的三基色混光系数。

设要求配出的白光色温为 T_{M}，其色坐标为 $M(x_{\text{mix}}$，$y_{\text{mix}})$，光通量为 Y_{mix}，所取的三种基色的色坐标分别为 $O(x_1$，$y_1)$，$P(x_2$，$y_2)$，

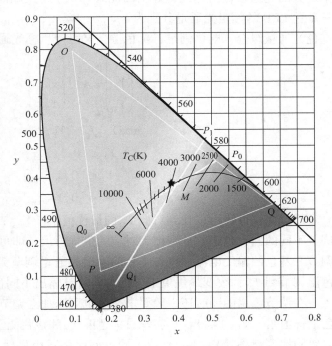

图 7-21　三色、二色混光原理

$Q(x_3，y_3)$，相应的三刺激值分别为 $M(X_{\text{mix}}$，Y_{mix}，$Z_{\text{mix}})$，$O(X_1$，Y_1，$Z_1)$，$P(X_2$，Y_2，$Z_2)$，$Q(X_3$，Y_3，$Z_3)$。各坐标值代入公式(7-7)，可得目标白光的色度坐标表示式，进一步可创建变换矩阵 A，即

$$A = \begin{bmatrix} \dfrac{x_{\text{mix}} - x_1}{y_1} & \dfrac{x_{\text{mix}} - x_2}{y_2} & \dfrac{x_{\text{mix}} - x_3}{y_3} \\[2ex] \dfrac{y_{\text{mix}} - y_1}{y_1} & \dfrac{y_{\text{mix}} - y_2}{y_2} & \dfrac{y_{\text{mix}} - y_3}{y_3} \\[2ex] 1 & 1 & 1 \end{bmatrix} \tag{7-8}$$

取矩阵 A 的逆为 A^{-1}，可得三种基色的光通量与目标白光光通量的关系，即

$$\begin{pmatrix} Y_1 \\ Y_2 \\ Y_3 \end{pmatrix} = \boldsymbol{A}^{-1} \begin{pmatrix} 0 \\ 0 \\ Y_{\mathrm{mix}} \end{pmatrix} \tag{7-9}$$

在 LED 灯具设计好后，参与混光的 O、P、Q 三种基色 LED 的色坐标已确定，目标色温 T_M 对应的色坐标也可确定，但混光后的目标光通量是可变的，从式(7-9) 可知，只要给出一个目标光通量就可得到一组三基色的光通量组合，不同目标光通量对应不同的三基色光通量组合，但均对应相同的色温。一般在照明应用中总是希望灯具的光通量输出越大越好，因此式(7-9) 的求解问题转化为求极值问题，设三基色 LED 的额定光通量分别为 $Y_{1\mathrm{NOM}}$、$Y_{2\mathrm{NOM}}$、$Y_{3\mathrm{NOM}}$，则希望找到一组最优的三基色光通量组合，既可满足目标色温，又可使目标光通量达到最大值 Y_{mixmax}，即

$$\begin{pmatrix} Y_1 \\ Y_2 \\ Y_3 \end{pmatrix} = \boldsymbol{A}^{-1} \begin{pmatrix} 0 \\ 0 \\ Y_{\mathrm{mix}} \end{pmatrix}$$

$$\max Y_{\mathrm{mix}}(Y_1, Y_2, Y_3) \tag{7-10}$$
$$\text{s. t. } Y_1 \in [0, Y_{1\mathrm{NOM}}]$$
$$Y_2 \in [0, Y_{2\mathrm{NOM}}]$$
$$Y_3 \in [0, Y_{3\mathrm{NOM}}]$$

通过优化方法可以找到对应 T_M 的最优值组 $[Y_{10} \ Y_{20} \ Y_{30}]$。对应完全辐射体轨迹上不同的白光色温，分别得到对应的最优值组，即可形成色温调节控制表，通过调节三基色的输出电流，将各基色的输出光通量调节到 Y_{i0}，则可通过控制使灯具色温调节到 T_M；改变最优值组，即可使灯具输出不同色温，从而实现色温调节。

在调节色温的同时还一般要求亮度也可以独立调节。此时的实现方法为，三基色最优值组 $[Y_{10} \ Y_{20} \ Y_{30}]$ 实现目标色温 T_M 和该色温下的最大目标光通量 Y_{mixmax}，只要同比例减小 $[Y_{10} \ Y_{20} \ Y_{30}]$，即可同比例减小目标光通量，而色温不变，设调光占空比为 D_{DIM}，则有

$$\begin{pmatrix} Y_1 \\ Y_2 \\ Y_3 \end{pmatrix} = \boldsymbol{D}_{\mathrm{DIM}} \begin{pmatrix} Y_{10} \\ Y_{20} \\ Y_{30} \end{pmatrix} \Rightarrow \boldsymbol{Y}_{\mathrm{mix}} = \boldsymbol{D}_{\mathrm{DIM}} \boldsymbol{Y}_{\mathrm{mixmax}} \tag{7-11}$$

可见，通过独立控制三基色 LED 灯串的驱动电流，使其输出光通量的配比 $Y_1 : Y_2 : Y_3 = Y_{10} : Y_{20} : Y_{30}$，即可实现目标色温；通过同比例变化 Y_1、Y_2、Y_3，即可使目标光通量在 $0 \sim Y_{\mathrm{mixmax}}$ 之间调节，从而实现色温调节与调光的解耦。

7. 6. 3 基于两基色混光的 LED 色温调节方法

在色温精度要求不高的应用场合，也可以采用基于两基色混光的色温调节方

法，其基本原理如图 7-21 所示，假设所选的两种基色分别为 Q_1、P_1，如果要求混光得到目标色温为 T_M 的白光 M，按照一般的计算方法，很多情况是没有解的，因为两种基色混光所能得到的颜色坐标只能处于两基色坐标点 Q_1、P_1 的连线上，该连线与完全辐射体色度轨迹曲线的交点就是理论上可以混光得到的白光色温，由于交点只有 1~2 个点，所以无法实现色温的连续调节，需要采用以下近似方法。

设要求配出的白光色温为 T_M，其色坐标为 $M(x_{mix}, y_{mix})$，光通量为 Y_{mix}，所取的两种基色的色坐标分别为 $Q_1(x_1, y_1)$，$P_1(x_2, y_2)$，相应的三刺激值分别为 $M(X_{mix}, Y_{mix}, Z_{mix})$，$Q_1(X_1, Y_1, Z_1)$，$P_1(X_2, Y_2, Z_2)$，则 Q_1P_1 直线的方程为

$$\frac{y_2 - y_1}{x_2 - x_1}x - y + \frac{y_1 x_2 - y_2 x_1}{x_2 - x_1} = 0 \tag{7-12}$$

目标白光 M 到直线 Q_1P_1 的垂直距离 d 为

$$d = \left| \frac{(y_2 - y_1)(x_{mix} - x_1) - (x_2 - x_1)(y_{mix} - y_1)}{\sqrt{(y_2 - y_1)^2 + (x_2 - x_1)^2}} \right| \tag{7-13}$$

设垂足点为 $M_0(x_{mix0}, y_{mix0})$，其光通量为 Y_{mix0}，色温为 T_{M0}，当 d 小于设定阈值时，M_0 可以近似 M，则认为二基色 Q_1、P_1 可以混光近似得到目标白光 M。因此问题转化为计算适当的 Q_1、P_1 光通量配比，以混光得到近似目标点 M_0。

由式(7-7) 可得

$$\frac{y_{mix0}}{x_{mix0}} = \frac{y_1 y_2 (Y_1 + Y_2)}{x_1 y_2 Y_1 + x_2 y_1 Y_2} \tag{7-14}$$

代入式(7-12) 可得

$$\begin{cases} x_{mix0} = \dfrac{x_1 y_2 Y_1 + x_2 y_1 Y_2}{y_1 Y_2 + y_2 Y_1} \\[3mm] y_{mix0} = \dfrac{y_1 y_2 (Y_1 + Y_2)}{y_1 Y_2 + y_2 Y_1} \end{cases} \tag{7-15}$$

由式(7-15) 可知，只要合理选择 Y_1、Y_2，总能混光得到近似目标点 M_0。

由式(7-15) 可进一步得到下式[11]，即

$$\begin{cases} \dfrac{Y_1}{Y_2} = \dfrac{y_1 (x_2 - x_{mix0})}{y_2 (x_{mix0} - x_1)} \\[3mm] Y_{mix0} = Y_1 + Y_2 \end{cases} \tag{7-16}$$

与三基色混光方法类似，在二基色 Q_1、P_1 及近似目标点 M_0 的色坐标已给定情况下，由式(7-16) 可得到二基色的光通量比例 $Y_1 : Y_2$，符合该比例的任意一组光通量组合 $[Y_1 \ Y_2]$ 均可混光得到 M_0 的色温 T_{M0}，但会得到不同的目标光通量 Y_{mix0}，因此需要寻找一组最优组合值，使目标光通量输出最大，因此式(7-16) 的求解问题转化为求极值问题，设 Q_1 基色 LED 的额定光通量为 Y_{1NOM}，P_1 基色 LED

的额定光通量为 Y_{2NOM}，目标光通量最大值为 $Y_{mix0max}$，即

$$\frac{Y_1}{Y_2} = \frac{y_1(x_2 - x_{mix0})}{y_2(x_{mix0} - x_1)}$$

$$Y_{mix0} = Y_1 + Y_2$$

$$\max Y_{mix0}(Y_1, Y_2) \tag{7-17}$$

$$\text{s. t. } Y_1 \in [0, Y_{1NOM}]$$

$$Y_2 \in [0, Y_{2NOM}]$$

通过优化方法可以找到对应色温 T_{M0} 的最优值组 $[Y_{10}\ Y_{20}]$，通过调节二基色的输出电流，将各基色的输出光通量调节到 Y_{iO}，则可使灯具色温调节到 T_{M0}，如果该色温点 M_0 与完全辐射体轨迹曲线上目标色温点 M 的距离足够小，则可认为实现了目标色温 T_M。对应完全辐射体轨迹曲线上不同的白光色温，分别得到对应的最优值组，即可形成色温调节控制表，则可通过改变二基色输出电流，选择最优值组，即可使灯具输出不同色温，从而实现色温调节。

两基色混光的亮度独立调节方法也与三基色类似，只要同比例减小 $[Y_{10}\ Y_{20}]$，即可同比例减小目标光通量，而色温不变，从而实现色温调节与调光的解耦。

上面的两基色混光是一种近似方法，如果 Q_1、P_1 两种基色选择不好，将会使混光得到的真实光点 M_0 与目标白光 M 偏差较大，因此，设计灯具时，Q_1、P_1 需要优化选择。优化的原则为，设要求的灯具色温调节范围为 $[T_{M1}, T_{M2}]$，对应完全辐射体轨迹曲线上色温点 M_1、M_2，则通过选择合适的 Q_1、P_1，使其连线与完全辐射体轨迹的 M_1M_2 曲线段相割，且使该曲线段上 M_1 点、M_2 点、中间凸顶点与 Q_1P_1 线的垂直距离均相等，图 7-21 中的 Q_0、P_0 为对应色温调节范围为 2700 ~ 6500K 时选择的两基色点。

7.6.4　基于三基色混光的 LED 灯具亮度、色温独立调节设计

本节应用 7.6.2 节所述的基于三基色混光的色温调节方法，设计一款亮度、色温独立可调的白光 LED 筒灯，其主要技术指标为，色温调节范围 2700 ~ 6500K，调光范围 0% ~ 100%，输入电压 AC220V，额定功率 21W，色温、亮度调节指令给定方式为 Zigbee 无线方式[14]。

1. 光源设计

本设计采用薄荷色、琥珀色、蓝色三种基色的 1W LED，三种 LED 芯片的主要光电参数见表 7-1。经过优化选择，光源板上 LED 的数量配置为 8 颗薄荷色，7 颗琥珀色，2 颗蓝色，各基色的 LED 串联连接，三路独立驱动。为使三种基色的 LED 充分均匀混光，将各色 LED 在光源板上交叉环形排布，选择高导热系数铝基板作为散热板。

表7-1　三种基色 LED 芯片的主要光电参数

LED	x	y	$(1-x-y)/y$	x/y	额定光通量	额定电流
薄荷色	0.3764	0.4554	0.3693	0.8265	131 Lm	350mA
琥珀色	0.68	0.3198	0.0006	2.1263	75 Lm	400mA
蓝色	0.1208	0.0705	11.4709	1.7135	28 Lm	350mA

2. 色温、亮度独立调节设计

在完全辐射体轨迹曲线上，从 2700～6500K 每隔 100K 选取一个点作为三基色混光的目标白光色温点，共计 39 个点，针对每个点分别采用 7.6.2 节方法得到对应的三路光通量输出最优值组，形成色温调节表 $\{T_{Mi}, (Y_{10i}, Y_{20i}, Y_{30i}) | i = 1, 2, \cdots, 39\}$，根据该表，驱动电源即可通过调节各基色输出电流得到 2700～6500K 范围内的任一点色温。

下面以色温 4000K 为例简述其实现过程。设 Y_1、Y_2、Y_3 分别为薄荷色、琥珀色、蓝色 LED 的光通量输出，混光后的目标色温为 4000K，可查出其色坐标为 (0.38, 0.377)，Y_{mixmax} 为混光后在该色温点可得到的最大光通量输出。把上述三基色及目标点参数代入式 (7-10)，可得

$$\begin{cases} 0.0207Y_1 - 2.4687Y_2 + 9.6753Y_3 = 0 \\ -0.4567Y_1 + 0.4744Y_2 + 11.5319Y_3 = 0 \\ Y_{mix} = Y_1 + Y_2 + Y_3 \end{cases}$$

$$\max Y_{mix}(Y_1, Y_2, Y_3) \tag{7-18}$$

$$\text{s. t. } Y_1 \in [0, 1048]$$

$$Y_2 \in [0, 525]$$

$$Y_3 \in [0, 56]$$

通过人工鱼群优化算法求取 Y_{mix} 的极大值及其对应的解 (Y_{10}, Y_{20}, Y_{30})，结果见表 7-2。表中最后一列前三行为实现该最优光通量的各基色占空比 (D_{10}, D_{20}, D_{30})，即各基色最优光通量与实际可提供光通量之比，实际可提供光通量 = 单颗 LED 额定光通量 × 颗数；最后一列第四行为整个光源的光通量利用率，即混光后最优光通量与所有 LED 实际可提供的光通量之比。

表7-2　目标色温为 4000K 时的三基色配比

LED	最优解/Lm	实际可提供光通量/Lm	占空比
Y_1	1048.00	1048.00	100.00%
Y_2	129.43	525.00	24.65%
Y_3	30.71	56.00	54.83%
Y_{mix}	1208.14	1629.00	74.16%

当需要调光且保持 4000K 色温不变时，假设调光比为 D_{DIM}，$D_{DIM} \in [0, 100\%]$，此时各基色的占空比 $[D_1\ D_2\ D_3] = D_{DIM}[D_{1O}, D_{2O}, D_{3O}]$，按此占空比调节各路输出电流，即可使混光输出的光通量也为最优光通量 Y_{mixmax} 的 D_{DIM} 倍。

3. 驱动电源设计

本案例 LED 筒灯需要三路独立驱动，因此驱动电源采用两级结构，前级为大功率恒压源，后级为小功率多路独立恒流源。前级恒压源负责将市电转换为统一的恒定直流电压，并负责集中解决宽范围稳压、电气隔离、PFC、EMC、保护等共性问题；后级恒流源负责将恒压源的输出转换为稳定的直流电流驱动 LED，这种电源架构通用性强，可以较好解决电源综合性能要求与多路独立可控的矛盾。此外，驱动电源中还集成了以单片机为核心的控制器，并具有无线通信接口，可以接收上位机设定的 LED 筒灯色温和亮度调节指令，控制器根据色温设定值查询色温调节表，并根据亮度设定值，计算出三路 LED 之间的亮度配比及每路亮度值，形成三路独立的 PWM 信号控制三路后级恒流电路。亮度、色温独立可调筒灯的结构，如图 7-22 所示。

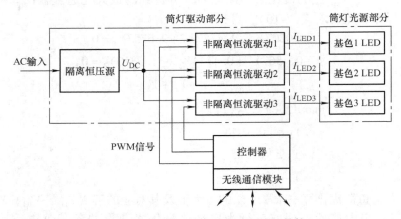

图 7-22　亮度、色温独立可调筒灯结构

前级恒压电路的输入电压为市电 AC220V（±20%）、50Hz，输出为直流 30V，主电路采用反激式拓扑结构，实现 AC/DC 转换和隔离，控制芯片采用 ST 公司的 L6561，工作于临界模式，具有单级功率因数校正功能，通过输出电压反馈实现恒压控制，该恒压电路比较常见，这里不再赘述，具体设计可参见文献 18。

三路后级 DC/DC 恒流电路均采用 Buck 拓扑主电路，输入统一为前级恒压电路输出的直流 30V，输出分别为薄荷色 24V/350mA、琥珀色 17V/400mA、蓝色 7V/350mA。控制芯片采用美国 Supertex 公司的 HV9910B，工作在固定关断时间的 PFM 模式，电路如图 7-23 所示，该芯片的工作原理可参见 6.7.1 节。图中，Buck 主电路由二极管 VD、电感 L 和 MOS 管 Q 构成，电路通过 MOSFET 的通断来控制 LED 负载电流；电阻 R_{CS} 检测流过 MOSFET 的电流并转化为电压反馈给芯片的 CS

引脚，并与内部的 250mV 参考电压做比较产生控制 PWM 信号实现恒流控制；电阻 R_T 接在芯片的 RT 引脚和 GATE 引脚间，使电路工作在固定关断时间模式；电容 C_1、C_2、C_3 为滤波电容；LD 引脚连接至芯片内部电源端 VDD 以禁止线性调光；PWMD 引脚接收由控制器发出的调光 PWM 信号，控制器通过改变 PWM 信号的占空比来实现对流过 LED 电流的调节，进而实现对 LED 输出光通量的控制。

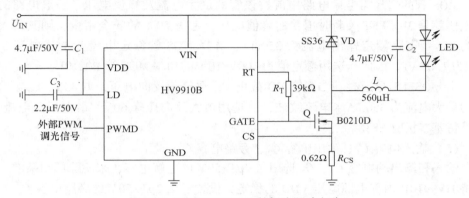

图 7-23　基于 HV9910B 的恒流驱动电路

薄荷色恒流驱动电路的参数设计如下。

（1）定时电阻 R_T 与关断时间 T_{OFF}

电路采用固定关断时间模式，该时间由定时电阻 R_T 设定。本设计将固定关断时间设为 $T_{OFF} = 2.5\mu s$，则根据 HV9910B 芯片手册[19]，定时电阻应为

$$R_T = (25T_{OFF} - 22) \tag{7-19}$$

式（7-19）中 T_{OFF} 单位为 μs，R_T 单位为 $k\Omega$，则计算可得 $R_T \approx 40k\Omega$，选取阻值与之最接近的标准电阻值 $39k\Omega$，则实际关断时间约为 $2.4\mu s$。

（2）电感 L

电感值决定了输出电流纹波的大小，通常假定输出电流纹波的峰-峰值为平均电流的 30%，则可以据此计算电感值的大小。考虑在 MOSFET 关断期间，流过 LED 的正向电流依靠电感释放能量维持，故有

$$L = U_O \frac{dt}{di_L} = U_O \frac{T_{OFF}}{\Delta I_O} = U_O \frac{T_{OFF}}{0.3I_O} \tag{7-20}$$

代入相应数值，可得 $L = (24 \times 2.4)/(0.3 \times 0.35)\mu H \approx 548\mu H$，取与之最接近的标准电感值 $560\mu H$，由于实际值略高于理论计算值，故电路纹波电流将小于 30%。

（3）电流采样电阻 R_{CS}

电流采样电阻决定电路峰值电流，流经电感 L 和 LED 的峰值电流 I_{PK} 为 LED 平均输出电流与纹波电流一半之和，芯片 CS 引脚参考电压为 250mV，故有

$$R_{CS} = \frac{0.25}{I_{PK}} = \frac{0.25}{I_O + U_O \dfrac{T_{OFF}}{2L}} \tag{7-21}$$

代入相应数值，可得 $R_{CS} = 0.62\Omega$。

（4）MOS 管 Q 和二极管 VD

MOS 管的选择需考虑电路中流过该管的最大电流及峰值电压。一般电路的输入电压就是 MOSFET 关断时承受的峰值电压，考虑 50% 的安全裕量，则其最大电压为 45V；电路额定输出电流为 350mA，选择 MOS 管额定电流为上述电流 3 倍（即为 1.05A）。因此，选用额定值为 100V/10A 的功率 MOS 管 B0210D。

当 MOSFET 导通时，二极管 VD 截止，承受峰值反向电压，取 45V；二极管承受的最大电流为 350mA + 电流纹波，故选用最大反向压降 60V、最大正向电流 3A 的肖特基二极管 SS36。

（5）输入电容 C_1、输出电容 C_2、旁路电容 C_3

输入和输出端电容 C_1、C_2 选用 4.7μF/50V 的电解电容，来滤除低频杂波。为保持 HV9910B 内部电源电压 VDD 的稳定，设置了 2.2μF/50V 的旁路电容 C_3。

4. 控制器设计

控制器微处理器采用 AVR ATmega48，该芯片有 6 通道 PWM，使用其中 3 个通道作为 PWM 调光信号；外围电路主要包括晶振、复位、Zigbee 接口电路等，Zigbee 接口采用半功能节点作为终端节点。

参 考 文 献

[1] RODRIGUES W A, MORAIS L M F, DONOSO-G, et al. 11th Brazilian Power Electronics Conference [C]. [S. l. s. n.], 2011.

[2] GU Y, NARENDRAN N, DONG T, et al. Sixth International Conference on Solid State Lighting, Proceedings of SPIE [C]. [S. l. s. n.], 2006.

[3] DYBLE M, NARENDRAN N, BIERMAN A, et al. Fifth International Conference on Solid State Lighting, Proceedings of SPIE [C]. [S. l. s. n.], 2005.

[4] 沙占友, 王力, 马洪涛, 等. LED 照明驱动电源优化设计 [M]. 北京: 中国电力出版社, 2011.

[5] ON Semiconductor. NUD4001, NSVD4001 High Current LED Driver [EB/OL]. [2018 - 05 - 23]. http: // www. onsemi. cn/PowerSolutions/product. do? /id = NUD4001.

[6] GACIO D, ALONSO J M, GARCIA J, et al. 25th Annual IEEE Applied Power Electronics Conference and Exposition (APEC) [C]. [S. l. s. n.], 2010.

[7] RAND D, LEHMAN B, SHTEYNBERG A. IEEE 38th Annual Power Electronics Specialists Conference [C]. [S. l. s. n.], 2007.

[8] LI X, JIN S Z, WANG L, et al. Effect of different color temperature LED sources on road illumina-

tion under mesopic vision [J]. Journal of Optoelectronics · Laser, 2011, 22(7): 997 - 999.

[9] SINOO M M, HOOF J V, KORT H S M. Light conditions for older adults in the nursing home: Assessment of environmental illuminances and colour temperature [J]. Building and Environment, 2011, 46(10): 1917 - 1927.

[10] KIM I T, CHOI A S, JEONG J W. Precise Control of a Correlated Color Temperature Tunable Luminaire for a Suitable Luminous Environment [J]. Building and Environment, 2012, 57: 302 - 312.

[11] 徐代升，陈晓，朱翔，等. 基于冷暖白光 LED 的可调色温可调光照明光源 [J]. 光学学报，2014, 34(1): 1 - 7.

[12] MORENO I, CONTRERAS U. Color distribution from multicolor LED arrays [J]. Optics Express, 2007, 15 (6): 3607 - 3618.

[13] 殷录桥，杨卫桥，李抒智，等. 基于三基色的动态色温白光发光二极管照明光源 [J]. 光学学报，2011, 31(5): 1 - 7.

[14] 栾新源，刘廷章，周壮丽. 基于改进人工鱼群算法的 LED 混光方法 [J]. 发光学报，2015, (1): 113 - 120.

[15] COATON J R, MARSDEN A W. 光源与照明 [M]. 陈大华，刘九昌，刘动，等译. 4 版. 上海：复旦大学出版社，1999.

[16] HARRIS A C, WEATHERALL I L. Objective Evaluation of Color Variation in The Sand - burrowing Beetle Chaerodes Trachyscelides White (Coleoptera: Tenebrionidae) by Instrumental Determination of CIE LAB Values [J]. Journal of the Royal Society of New Zealand, 1990, 20(3): 253 - 259.

[17] SMITH T, GUILD J. The C. I. E. Colorimetric Standards and Their Use [J]. Transactions of the Optical Society, 1931, 33(3): 73 - 134.

[18] ST Microelectronics Group of Companies. AN1059 Applicatiuon Note: Design equations of high - power - factor flyback converters based on the L6561 [EB/OL]. [2018 - 05 - 23]. http://www. st. com/content/st_ com/en/search. html#q = AN1059 - t = resources - page = 1.

[19] Supertex Inc. HV9910B: Universal High Brightness LED Driver [EB/OL]. [2018 - 05 - 23]. http://www. microchip. com/products/en/HV9910B.

第 8 章

基于模块化技术的LED驱动电源集成设计

8.1 基于模块化技术的 LED 驱动电源集成设计方法

掌握了前面各章介绍的 LED 驱动电源常用模块的原理与设计方法后，就可以通过各模块的组配进行电源的整体设计了。设计时可以按照 2.4.3 节流程，首先明确待设计电源的应用特点和技术要求，然后进行总体方案设计、电路及参数设计、电路仿真、PCB 设计、电路板制作调试、测试优化等步骤，最终制作出符合要求的驱动电源。

8.1.1 总体方案集成设计方法

总体方案集成设计是驱动电源设计的关键，方案是否合理往往决定了电源设计的成败。

1. 电源总体架构设计

（1）AC/DC 还是 DC/DC 结构

主要根据输入条件为交流还是直流来选择。

（2）单级还是多级结构

主要根据功率等级、性能、体积、成本等要求进行选择，一般功率较小、性能要求不是很苛刻、体积要求小时选单级结构，成本也较低，但性能指标数量多、要求高时很难兼顾。多级结构可将复杂的性能要求分而治之，一般前级为恒压输出，同时集中解决与输入条件有关的功能及性能要求，如交流输入时的 EMC、PFC、隔离、输入侧保护等；后级为恒流/恒压输出，同时解决与输出有关的功能及性能要求，如输出滤波、保护、调光、控制等。多级结构容易实现综合高性能，但电路复杂，各级均有独立的控制芯片，体积较大，成本也高。

（3）单路还是多路输出结构

主要根据功率等级、负载结构等要求进行选择，功率小时一般采用单路输出结构，成本低、体积小；但当功率较大时，如果 LED 负载可以模块化，那么最好采用多路输出为各模块独立供电，这样可以有效降低主电路元器件的电流/电压及功率等级，元器件选型、散热处理、维修维护都较容易，而且功率等级降低后主电路拓扑的选择余地也大。

（4）采样反馈形式

主要根据输出控制要求选择电流采样、电压采样还是电压/电流复合采样；采样还需考虑是否需要隔离；有变压器时还需选择一次侧反馈还是二次侧反馈，一般一次侧反馈电路简单，但因为是间接控制所以控制精度不够高，而二次侧反馈则相反。

2. 主电路拓扑设计

由 2.3 节 AC/DC 型和 DC/DC 型驱动电源基本原理可知，AC/DC 结构主要在 DC/DC 结构的前端加了 EMI、整流滤波、PFC 等模块，而且这些模块电路结构形式相对比较固定，因此主电路拓扑的设计重点在于 DC/DC 拓扑的选择。主要根据电路功率等级、输入输出直流电压范围、是否需要隔离、效率要求等，结合第 3 章介绍的各种 DC/DC 拓扑电路的特点和适用范围进行选择，有时还需要考虑其他约束条件，如体积限制、散热条件、适配的控制芯片等。

3. 电源控制芯片选择

每个控制芯片都有适用的主拓扑电路形式，因此主要根据上面确定的主拓扑电路选择控制芯片。另外，需要考虑的重要因素包括，芯片适用的功率范围和输入输出范围应满足电路的功率等级、输入条件和输出要求；芯片工作参数应满足电路工作电压、工作电流等级；芯片控制信号调制形式和工作方式应满足输出精度要求；芯片应满足要求的输出控制形式及保护功能；如需调光，还需有调光功能及合适的调光方式；芯片工作方式还会影响电路的 EMI、PFC、效率等。此外，成本、体积、自身功耗等其他因素也应考虑。有时，为了充分利用某个芯片的独特性能，可以修改不适合该芯片的主拓扑电路，如通过修改前级恒压电路的输出电压，可以将后级 DC/DC 主拓扑改为升压或降压形式。

4. 其他功能模块设计

设计好电源总体架构、主电路拓扑和电源控制芯片后，可以根据电源其他功能要求，添加相应的功能模块，完成总体方案集成。

5. 集成设计

驱动电源一般要求多种功能和性能同时满足，如效率、功率因数、电磁兼容、恒流/恒压精度、保护、散热、可靠性等，因此设计方案时不是功能模块的简单堆砌，而是要各模块有主有次、统筹兼顾、均衡折中，从而融合成一个整体，实现综合集成；此外，有些特殊应用场合对个别性能指标要求特别高，此时总体方案设计时应向该指标倾斜，因为能满足超常规指标的方案选择面较小，由此引起的其他性能指标的下降可通过其他手段补偿。

8.1.2 电路及参数集成设计方法

1. 电路原理设计

上面的总体方案设计完成后，电源的模块组成就基本确定，将各模块以相应的电路形式代入，即可形成驱动电路的原理图。设计时，每个功能模块可能有多种电路实现形式，要根据电源与该模块相关的性能要求，结合各种电路形式的特点进行选择，有时还要兼顾对周边模块的影响。此外，一般电源管理芯片都有配合主电路拓扑的推荐电路，设计时可以参考。

2. 参数设计

原理图设计完成后，就可进一步设计电路中各元器件的参数。LED 驱动电路可以分为三个子电路通道：由前到后的主电路，主要传输能量流，为强电电路；由后到前的反馈控制电路，主要传输信息流，为弱电电路；围绕控制芯片的外围电路，主要完成芯片参数设定及保证芯片正常工作，如图 8-1 所示。这三个子电路应根据各自特点分类进行参数设计。

（1）主电路参数设计

主电路各模块的参数设计主要通过能量流集成在一起，首先根据主电路的输入输出设计参数计算电路工作参数，如工作电压、工作电流、开关频率、占空比等，然后根据电路工作参数计算各模块的元器件工作参数，据此进行元器件选型。

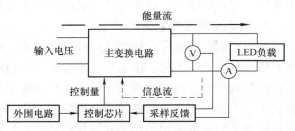

图 8-1　LED 驱动电源中三个子电路通道

（2）反馈控制电路参数设计

这部分电路各模块的参数设计主要通过信息流集成在一起，首先通过采样电路的设计将输出电压/电流经幅值变换转为弱电信号，然后经反馈控制电路送回控制芯片，再经芯片内部的调整电路输出控制量。反馈控制电路参数设计的原则是保证信息可靠传输的同时尽量减少携带的能量，以降低损耗，因此电压采样一般用大电阻分压形式，电流采样用小电阻串联的形式。电路工作参数计算时要保证电压传输基础上、尽量减小工作电流，据此进行元器件选型。

（3）控制芯片外围电路参数设计

这部分电路的参数设计一般在控制芯片手册中有详细介绍，与主电路工作参数有关的设定电路按照其公式代入工作参数进行计算，与芯片正常工作有关的电路按照芯片理论公式进行计算。

本章后续各节结合应用案例，介绍各类 LED 驱动电源的模块化集成设计方法。

8.2　Boost DC/DC LED 驱动电源的集成设计

8.2.1　设计要求

太阳能光伏技术可以把太阳光辐射转换成直流电能，将太阳能与 LED 相结合，无需任何逆变器进行交–直流转换，光伏电池输出的直流电与 LED 需要的直流电容易匹配；此外，使用蓄电池作为能量储存与中转装置，使其根据太阳光照情况及 LED 负载工作情况合理地进行充电和放电，可以维持整个光伏发电 LED 照明系统的正常运行。光伏发电与 LED 照明构成的系统可在直流低压条件下实现节能、环保、安全、高效的照明功能，目前已经开发出许多太阳能 LED 灯具，如太阳能草坪灯、太阳能信号灯、太阳能景观灯、太阳能路灯、汽车头尾灯等。

本案例要求设计一款小型太阳能 LED 草坪灯，总体方案采用太阳能独立供电，系统由太阳电池阵列、DC/DC 充电模块、蓄电池组、DC/DC 驱动模块、大功率白光 LED 阵列和微处理器组成[1]，如图 8-2 所示。

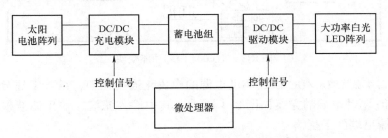

图 8-2　独立式太阳能 LED 草坪灯总体设计方案

在该系统中，蓄电池组的放电电压为 10.8 ~ 13V；光源采用 10 颗 1W 大功率白光 LED，每颗 LED 额定电流为 350mA，U_F 典型值为 3.4V，5 串 2 并构成 LED 阵列。因此可以确定该系统中后端 LED 的 DC/DC 驱动模块的主要设计参数为：输入电压范围为 DC10.8 ~ 13V，输出额定电压为 17V，输出额定电流为 0.7A，恒流输出方式。其具备过电压、过电流、开路、过热保护功能，无需隔离及安全防护。

8.2.2　方案设计

本 LED 驱动电源的输入电压低于输出电压，且输出功率为 11.9W，因此根据前面第 3 章中各 DC/DC 拓扑电路的特点，本驱动电源主拓扑选择 Boost 电路。

从电路的简洁性及稳定性出发，本驱动电源选用芯片 XL6004 实现 LED 阵列的恒流驱动控制，该芯片是一款通用型升压 LED 恒流驱动器，基于 PWM 控制实现低成本、高效率驱动。当供电为 5 ~ 32V 的直流电时，它可以以高达 92% 的效率驱动高亮度 LED 阵列。XL6004 内置高压 MOSFET，具有 400kHz 固定的 PWM 频率，开关管最大允许电流为3A，输出以恒流方式驱动LED，恒流值通过一个精密电阻即可设定。此外，XL6004还内置过电压、欠电压、短路和温度保护电路等，并可根据要求进行PWM调光，其内部功能模块如图8-3所示，其中，Vin、G为工作电压正端与地引脚；SW为内置MOSFET的输出引脚；EN为使能引脚，可以接PWM信号实现调光；FB为反馈引脚，XL6004通过一个外部电流采样电阻R_{ISNS}将LED负载电流转成电压后接入FB引脚，然后内部进行电流模式控制实现恒流输出，LED额定电流由芯片内部0.22V参考电压除以R_{ISNS}电阻值设定，即$I_{\mathrm{O}} = 0.22/R_{\mathrm{ISNS}}$。

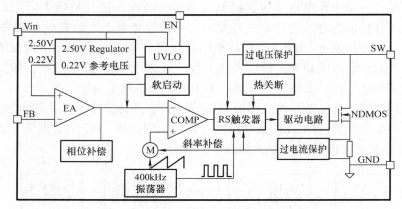

图8-3　XL6004内部功能模块

　　根据2.4.2节DC/DC LED驱动电源的模块化通用框架，结合上述分析，可以设计本LED驱动电源的方案如图8-4所示，其中输入滤波、输出滤波模块用于滤除输入、输出端的干扰信号。

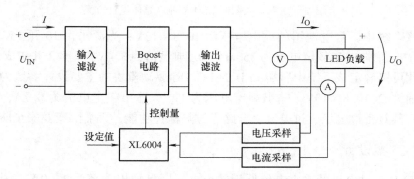

图8-4　Boost LED驱动电源方案

　　将图8-4中各功能模块用相应的电路模块代替，即可得到该驱动电源的原理图，如图8-5所示。图中，电感L_1、二极管VD_1、电容C_{OUT}、芯片内部SW与GND之间的MOSFET组成Boost电路；电容C_{IN}和C_1组成输入滤波模块，电容C_{OUT}和C_2组成输出滤波模块，一般C_{IN}和C_{OUT}采用电解电容，用于消除低频干扰，C_1

和 C_2 采用瓷片电容，用于消除高频干扰；电阻 R_{ISNS} 用于 LED 负载电流采样；电阻 R_1 与稳压二极管 VS_1 用于测量输出电压并实现电压模式控制，可进行电路二次开路保护。当芯片正常工作时，恒流控制起作用；当电路故障并输出过压时，稳压管 VS_1 将输出电压钳位，使 LED 不会承受较大功率而烧毁。

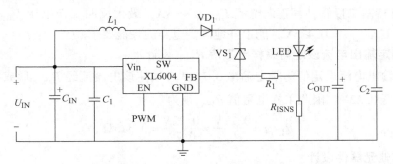

图 8-5 由 XL6004 构成的 LED 恒流驱动电源原理图

8.2.3 参数设计

1. Boost 电感 L_1 设计

为提高驱动电源的转换效率及功率密度、减小电流纹波，本方案中 Boost 变换器工作于 CCM，电感电流纹波一般为其平均电流的 10% ~ 30%，本设计中要求电感电流纹波小于 0.2A，则根据第 3 章公式(3-1) 可计算电感量 L，即

$$\Delta i_L = \frac{U_{IN}}{L}DT_S \leq 0.2A \tag{8-1}$$

$$L = \frac{U_{IN}}{\Delta i_L}DT_S \geq \frac{U_{IN}}{0.2f}D \tag{8-2}$$

前面设计参数中输出电压 $U_O = 17V$，输入电压 U_{IN} 最小值为 10.8V、最大值为 13V，根据 Boost 电路的变压比 $M = U_O/U_{IN} = 1/(1-D)$，可得占空比 D 的最大值为 0.365；芯片工作频率 f 固定为 400kHz，因此 $L \geq 59.3\mu H$；考虑到输入电流的大小以及一定的裕量，本设计选用 $68\mu H/2A$ 的电感。

2. Boost 电容 C_{OUT} 设计

Boost 变换器输出滤波电容 C_{OUT} 的大小取决于系统对输出纹波电压的要求。本设计中，为减小 LED 电流纹波，要求电容 C_{OUT} 上的电压纹波 $\Delta U_C \leq 0.1V$。当电路进入稳态后，$\Delta U_{C-} = \Delta U_{C+} = \Delta U_C$。根据第 3 章公式(3-13) 可得

$$C_{OUT} = \frac{I_O}{\Delta U_C}DT_S \geq \frac{I_O D}{0.1f} \tag{8-3}$$

前面设计要求中，$I_O = 0.7A$，因此 $C_{OUT} \geq 6.4\mu F$，考虑输出电压范围及一定的裕量，本设计选用 $10\mu F/50V$ 的高频低 ESR 的长寿命电解电容。

3. Boost 二极管 VD₁ 设计

Boost 变换器中，当开关管 Q 导通时，二极管 VD₁ 截止，承受的反向电压即为输出电压 $U_O = 17V$；当 Q 截止时，二极管 VD₁ 流过的电流为线性减少的电感电流 i_L，其最大值 $i_{LMAX} \leqslant 0.8A$。因此本设计中选用意法半导体（ST）公司生产的 1N5822 肖特基二极管，其正向电流 $I_{DF(AV)} = 3A$，最大反向工作电压 $U_{RRM} = 40V$，正向压降 $U_{DF(max)} = 0.475V$，能很好地满足电路的性能要求。

4. 额定输出电流设定与采样电阻值 R_{ISNS} 设计

要使输出电流设定值为额定输出 0.7A，必须使该电流流经 R_{ISNS} 形成的电压等于基准电压 0.22V，因此采样电阻值 R_{ISNS} 须为

$$R_{ISNS} = \frac{0.22V}{I_O} = \frac{0.22V}{0.7A} = 0.315\Omega$$

5. 其他元器件设计

输入滤波电容 C_{IN} 一般选用与 C_{OUT} 相同的参数；C_1 和 C_2 一般选用 1μF 的瓷片电容；结合设计要求的输入输出电压范围，选取 VS₁ 的稳压额定值为 20V，电阻 $R_1 = 1k\Omega$。

8.3 反激变换式 AC/DC LED 驱动电源的集成设计

8.3.1 反激变换式 AC/DC 恒压驱动电源设计

1. 设计要求

本案例要求设计一款 AC/DC 恒压型 LED 驱动电源，输入电压为市电 AC220V（±20%），光源采用 9 颗 1W 大功率白光 LED，每颗 LED 额定电流为 350mA，U_F 典型值为 3.4V，3 串 3 并构成 LED 阵列。因此可以确定该驱动电源的主要设计参数为：输入电压范围为 176～264V（交流 50Hz），输出额定电压为 10.2V，输出额定电流为 1.1A，恒压输出方式，需隔离[2]。

2. 方案设计

本案例输出功率较小，且需要输入输出隔离，因此主拓扑选用反激变换电路。反激变换电路有连续导通模式（CCM）、临界导通模式（CRM）和断续导通模式（DCM），DCM 与 CCM 相比，其响应更快，负载电流或输入电压突变引起的输出电压瞬时尖峰较小，不过峰值电流更大[3]。因此，断续工作模式反激变换器需要额定电流更大的变压器、功率开关管和二极管等，通常在输出功率较低时采用断续导通模式或者临界导通模式，而输出功率相对较大时（大于 70W），常采用连续导通模式。综合考虑，本案例选择 DCM。

本方案控制芯片选择 PI 公司生产的 TinySwitch－Ⅲ系列 TNY277，该芯片可用

于宽范围交流输入，集成度高、外围电路简单，具有良好的设置灵活性及安全可靠性，其工作原理见 6.7.3 节。

根据 2.4.2 节 AC/DC LED 驱动电源的模块化通用框架，结合上述设计要求及主拓扑、控制芯片的选择结果，可以设计本 LED 驱动电源的方案如图 8-6 所示，其中，输出整流电路主要在 MOSFET 截止期间导通使变压器二次侧向负载提供能量，在 MOSFET 导通期间截止阻止变压器二次侧向负载提供能量；输出滤波电路主要是对整流后的脉动电压进行平滑；由于 TNY277 芯片没有输出值设定功能，因此，本方案中输出额定电压通过比较反馈环节进行设定。

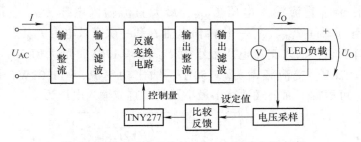

图 8-6　基于反激变换的 AC/DC 驱动电源方案

将图 8-6 中各功能模块用相应的电路模块代替，即可得到该恒压驱动电源的原理图，如图 8-7 所示。图中，VD_1 为集成桥式整流电路；电容 C_1 和 C_2 组成输入滤波模块；变压器 T_1、稳压管 VS_1、二极管 VD_2、芯片内部 D 与 S 引脚之间的 MOSFET 组成反激变换电路，其中 VS_1 与 VD_2 组成一次侧钳位电路；二极管 VD_3 用于输出整流；电容 C_3 用于输出滤波、平滑整流后的电压，该电容大小直接影响输出电压的纹波，一般采用电解电容；C_4 用于对开关噪声进行滤波；电阻 R_3 和 R_4 组

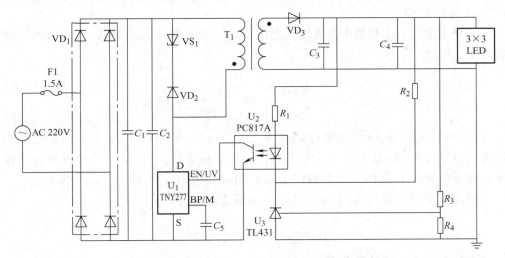

图 8-7　基于反激变换的 AC/DC 恒压驱动电源原理图

成输出电压采样电路，并与可调式精密并联稳压器 TL431 组成输出设定与比较电路；电阻 R_1、R_2、TL431、线性光耦 PC817A 组成隔离反馈电路；TNY277 芯片实现反激变换电路的 PSM 控制功能，当输出电压超过设定值时，反馈电路为芯片的 EN/UV 引脚提供有效信号，跳过本次 PWM 周期从而使输出电压降低，形成闭环控制，实现恒压输出。

3. 参数设计

（1）一次侧工作参数计算

为了确定反激变换一次侧各元器件的参数，需要首先计算一次侧的主要工作参数，主要包括最小直流输入电压 U_{MIN}、最大直流输入电压 U_{MAX}、最大占空比 D_{MAX}、最大导通时间 T_{ONMAX}、一次峰值电流 I_P 和一次有效电流 I_{RMS}。

根据设计要求，输入交流电压最小值 $U_{ACMIN} = 176V$，最大值 $U_{ACMAX} = 264V$，额定值 $U_{AC} = 220V$，交流频率 $f_{AC} = 50Hz$，输出功率 $P_O = 11.22W$，设效率 $\eta = 80\%$，因此，可根据下面公式计算出最小及最大直流输入电压为

$$U_{MIN} = \sqrt{(2U_{ACMIN}^2) - \frac{2P_O\left(\frac{1}{2f_{AC}} - t_C\right)}{\eta C_{IN}}} \tag{8-4}$$

$$U_{MAX} = \sqrt{2}\, U_{ACMAX} \tag{8-5}$$

式中，t_C 为桥式整流管有电容滤波时的最大导通时间（一般典型值为 3ms）；C_{IN} 为输入滤波电容（一般当输入交流电压为 $85 \sim 265V$ 时，输出 1W 的功率需要 $2 \sim 3\mu F$ 的输入滤波电容；当输入交流电压为（$220 \pm 15\%$）V 时，输出 1W 的功率需要 $1\mu F$ 的输入滤波电容[4]。

因此可得 $U_{MIN} = 211V$，$U_{MAX} = 373V$。U_{MIN} 也可以根据经验按照 U_{ACMIN} 的 $1.2 \sim 1.4$ 倍取值。

由反射电压 U_{OR} 和最小直流输入电压 U_{MIN} 估算，最大占空比 D_{MAX} 和最大导通时间 T_{ONMAX} 为

$$D_{MAX} = \frac{U_{OR}}{U_{MIN} + U_{OR}} \tag{8-6}$$

$$T_{ONMAX} = D_{MAX} T_S \tag{8-7}$$

U_{OR} 的经验值为 135V，可计算得 $D_{MAX} = 0.39$，小于 TNY277 芯片内部设定的最大占空比（$0.62 \sim 0.65$），因此，D_{MAX} 的设计值合适；TNY277 芯片内部振荡器平均频率设置在 132kHz，则其周期 $T_S = 7.58\mu s$，由 D_{MAX} 可得 $T_{ONMAX} = 2.96\mu s$。

根据第 3 章公式（3-41）可计算出一次峰值电流为

$$I_P = \frac{2P_O}{\eta U_{MIN} D_{MAX}} = 0.34A$$

有效电流 I_{RMS} 的计算公式为

$$I_{RMS} = \frac{P_O}{\eta U_{ACMIN} \cos\varphi} \tag{8-8}$$

式(8-8)中，$\cos\varphi$ 为驱动电源的功率因数，取 0.7，则 $I_{RMS} = 0.114A$。其中 I_P 小于 TNY277 芯片设定的 MOSFET 标准电流限流点（0.45A），因此设计值合适。

（2）输入整流滤波电路

根据上面的一次侧工作参数，即可计算输入整流电路的元器件参数。本设计采用四只二极管组成的整流桥，选择二极管主要考虑的参数包括最大反向工作电压 U_{RRM} 和正向额定电流 I_{DF}。整流桥在工作时，总有两只二极管在承受反向电压，故在选取二极管时，必须考虑 U_{RRM} 要大于输入电压的最大值，并留有一定余量，一般要求大于最大直流输入电压的 1.25 倍以上。正向额定电流 I_{DF} 一般要取 I_{RMS} 的 2 倍以上[5]。因此有

$$U_{RRM} \geqslant 1.25 U_{MAX} = 466V$$

$$I_F \geqslant 2 I_{RMS} = 0.228A$$

因此，VD_1 选用整流桥 2KBP06（$U_{RRM} = 600V$、$I_{DF} = 2A$）。

输出功率为 11.22W，按照上面输入滤波电容的选取原则，滤波电容可选 11.22μF，因此 C_1、C_2 均采用 10μF/450V 电解电容。

（3）变压器设计

高频变压器是反激变换电路中的重要部件，其主要作用是电压变换、功率传输、实现输入和输出之间的隔离，高频变压器性能的优劣，不仅对整个电路效率有较大的影响，而且还决定了整个反激变换电路的体积和重量，对成本影响也很大。因此，高效的高频变压器应具备直流损耗和交流损耗低、漏感小、绕组的分布电容及各绕组间的耦合电容小等条件。高频变压器设计的主要参数包括一次绕组电感量 L_P，变压器变压比 N，一、二次绕组匝数 N_P、N_S 及各绕组导线线径等。

1）磁心与骨架的选择。本设计中选用 R2KDP 锰锌铁氧体材料制成的 EE22 型铁氧体磁心。R2KDP 在 25℃时饱和磁通密度 $B_S = 510mT$，在 100℃时 $B_S = 400mT$。EE 型磁心价格低廉，磁损耗低，适应性强，因而在反激变换电路中有着广泛的应用。

高频变压器的磁心截面积 $A_e(cm^2)$ 与最大承受功率 $P_{MAX}(W)$ 的关系式为

$$A_e = 0.12\sqrt{P_{MAX}} \tag{8-9}$$

式中，$P_{MAX} = \dfrac{P_O}{\eta}$。

根据前述本设计要求，可以得到 $A_e = 0.4cm^2$。经查磁心参数对照表，选择 EE22 型磁心，其有效截面积 $A_e = 0.41cm^2$，磁路长度 $L = 3.96cm$，骨架宽度 $b = 8.43mm$。

2）一次绕组电感量 L_P 的计算。一次绕组电感量可由第 3 章公式（3-46）计算，即

$$L_P = \frac{U_{MIN} t_{ONMAX}}{I_P} = 1.8\text{mH}$$

3）确定变压器一、二次绕组匝数。由第 3 章公式（3-43）可以确定变压器一次绕组匝数 N_P 为

$$N_P = \frac{U_{MIN} t_{ONMAX}}{\Delta B A_e} = 76 \text{ 匝}$$

式中，变压器工作磁通密度 ΔB 一般取饱和磁通密度值 B_S 的一半，即 0.2T。

驱动电源的输出电压为 10.2V，假定二次绕组有 0.6V 的压降，整流二极管导通压降为 0.7V，则二次绕组输出的总电压值 $U_S = (10.2 + 0.7 + 0.6)\text{V} = 11.5\text{V}$。一、二次绕组的每匝伏数应相等，则根据第 3 章公式（3-44），一次绕组每匝伏数为 $135/76\text{V}/\text{匝} = 1.776\text{V}/\text{匝}$，得二次绕组匝数为 $11.5/1.776$ 匝 $= 6.47$ 匝 ≈ 7 匝。

4）计算变压器的气隙大小。反激式变换电路的能量存储在气隙中，磁心只起约束能量的作用。通过增加气隙不仅能够解决磁通复位的问题，而且使变压器输出更高的功率以及减小高频磁心损耗及发热问题。根据第 3 章反激式变压器的气隙计算公式（3-47），得

$$l_g = \frac{\mu_0 N_P^2 A_e}{L_P} = 0.165\text{mm}$$

气隙加在磁心的磁路中心处，一般要求 $l_g > 0.051\text{mm}$，否则需增大磁心尺寸或者增加 N_P 值。

（4）钳位电路

反激式变换器在开关管关断时，一次侧会产生由二次侧反射的电压 U_{OR}，反射电压的极性和直流输入电压 U_{IN} 相同，高频变压器漏感也会产生尖峰电压 U_P，因此开关管此时承受的最大电压为 $U_{OR} + U_{MAX} + U_P$。TNY277 芯片中集成的 MOSFET 最大承受的电压是 700V，故必须保证 $U_{OR} + U_{MAX} + U_P < 700\text{V}$。因此，必须在漏极增加钳位保护电路来吸收尖峰电压的瞬间能量，保护 TNY277 芯片不受损坏。

根据第 3 章介绍的各种钳位保护电路的特点，本设计选择结构简单、损耗低的稳压管钳位电路，图 8-7 中，VS_1 为瞬态电压抑制二极管 TVS，采用反向击穿电压为 200V 的 P6KE200，VD_2 采用反向耐压为 600V 的超快恢复二极管 MUR1560。

（5）二次侧工作参数计算

为了确定反激变换二次侧各元器件的参数，需要首先计算二次侧的主要工作参数，主要包括二次峰值电流 I_{SP}、二次电流有效值 I_{SRMS}，计算公式为

$$I_{SP} = I_P \frac{N_P}{N_S} \tag{8-10}$$

$$I_{SRMS} = I_{SP} \sqrt{\frac{1 - D_{MAX}}{3K_P}} \tag{8-11}$$

式中，K_P 为一次电流波形因子，断续导通模式可取 $K_P = 1$。

代入前面各项参数的计算结果，可得 $I_{SP} = 0.34 \times 76/7A = 3.69A$，$I_{SRMS} = 1.66A$。

（6）输出整流滤波电路

在 LED 驱动设计中，输出整流管最常见的有肖特基二极管、快恢复二极管或超快恢复二极管。它们的优点是具有良好的开关特性、较短的反向恢复时间及正向电流较大和体积较小等。在选择输出整流管时需要注意以下几点：正向压降要小，以提高效率；反向恢复时间要短；正向恢复电压要小；反向漏电流要小。

反激变换器在功率开关管关断时传递能量，因此整流管的反向耐压值要大于在开关管关断时整流管所承受最大的反向工作电压 U_{DR}。当一次侧输入电压最高时产生 U_{DR}，计算公式为

$$U_{DR} = U_O + U_{MAX}\frac{N_S}{N_P} \tag{8-12}$$

根据式（8-12），由已知参数可得 $U_{DR} = 44.6V$。考虑一定余量，可计算出输出整流管的最大反向峰值电压 U_{RRM}、额定电流 I_{DF} 为

$$U_{RRM} \geqslant 1.25U_{DR} = 55.8V$$

$$I_{DF} \geqslant 3I_O = 3.3A$$

因此，选择快速恢复管 BYV28 - 200（$U_{RRM} = 200V$、$I_{DF} = 3.5A$）。

输出滤波电容的作用主要是吸收开关频率及其高次谐波频率的电流分量以滤除其纹波电压分量，也即利用电容的低阻抗将交流电流分量的绝大部分分流到滤波电容上，使输出电流具有非常小的交流分量。

选择滤波电容主要考虑的参数包括其容值与耐压值。容值的选取主要取决于两个因素：最小电容量要求和纹波电流限制要求。最小电容量保证反激电路不会因输出滤波电容过小而导致低频自激振荡，如果采用低等效串联电阻 ESR 的电解电容，一般可以按照输出每 1A 平均电流对应 $1000\mu F$ 的容量选取；如采用聚合物电解电容或陶瓷电容，则可按照输出每 1A 平均电流对应 $400\mu F$ 的容量选取。电解电容能够承受的纹波电流相对较低，一般每 $1000\mu F$ 可承受 1A 输出平均电流产生的 0.2A 左右的纹波电流[4]。

滤波电容耐压值的计算方法为

$$U_{CO} = (1.2 \sim 1.5)U_O \tag{8-13}$$

耐压值取 1.5 倍余量，则 $U_{CO} = 15.3V$。因此 C_3 可选 $1000\mu F/16V$ 的电解电容。实际设计制作时，通常用多个相同容量的电解电容并联以减少输出电容的等效电阻，还能降低等效串联电感。C_4 选 $0.47\mu F/16V$ 的陶瓷电容，以滤除高频开关噪声。

（7）反馈控制电路设计

1）TNY277 外围电容 C_5 设计。TNY277 芯片通过 BP/M 引脚连接的电容 C_5 设定内部电流限流点，本设计中一次侧峰值电流 I_P 为 0.34A，故可根据芯片说明书选 $C_5 = 0.1\mu F/50V$，设定限流电流为 0.45A。

2）闭环控制的实现。TNY277 内部设定的 PWM 最大占空比为65%，它对于反激式变换电路的控制，是通过对集成于其内部的 MOSFET 进行 PSM 控制实现的，正常周期的 PWM 信号频率固定为 132kHz、占空比可调。占空比调节方法为，MOSFET 首先默认以最大占空比工作；同时芯片会在内部自动检测 MOSFET 瞬时电流，当该电流达到设定的电流限流点时，会立即关断 MOSFET 直到本周期结束，一般通过设计会使流过 MOSFET 的瞬时电流在达到最大占空比前上升到电流限流点，从而会在本周期提早关断 MOSFET，使占空比减小；进一步，如果在一次电流达到电流限流点之前，输出电压已超过设定电压，则通过采样反馈环节会使 EN/UV 引脚拉成低电平，从而关断一个周期使输出电压降低。

3）输出电压设定、采样、反馈电路设计。因为 TNY277 没有输出设定功能，所以需要通过外部电路实现。本设计采用可调式精密并联稳压器 TL431 实现。根据 6.4 节 TL431 的原理及公式（6-12）可知，通过 R_3、R_4 的选取，可设定额定输出电压 U_{ONOM}。因此有

$$\frac{R_3}{R_4} = \frac{U_{ONOM}}{U_{ICref}} - 1 \tag{8-14}$$

式中，U_{ICref} 为 TL431 参考端电压，$U_{ICref} = 2.5V$；U_{ONOM} 为额定输出电压，$U_{ONOM} = 10.2V$。所以可取 $R_4 = 10k\Omega$，$R_3 = 30k\Omega$。

本电源需要隔离，因此反馈控制环节采用线性光耦 PC817A。当驱动电源输出电压 U_O 大于设定值 U_{ONOM} 时，通过 R_3、R_4 分压采样得到的电压输入 TL431，通过与内部 2.5V 基准源形成误差比较器，从而使 TL431 阴极电流增大，使光耦发光二极管导通，光耦感光晶体管导通，从而使 TNY277 的 EN/UV 引脚变为低电平，MOSFET 停止一个周期。

为使光耦有效工作，R_1 和 R_2 的关系为

$$R_1 I_{DF} + U_{DF} = (I_{KA} - I_{DF}) R_2 \tag{8-15}$$

I_{DF} 和 U_{DF} 为光耦二极管的正向电流和压降，典型值为 3mA 和 1.2V。从 TL431 的技术参数可知，其阴极工作电流 I_{KA} 一般为 20mA。取 $R_1 = 300\Omega$，则 $R_2 = 124\Omega$。

8.3.2 反激变换式 AC/DC 恒流驱动电源设计

1. 设计要求

本案例要求设计一款 AC/DC 恒流型 LED 驱动电源，除输出要求恒流方式外，其他设计要求与 8.3.2 案例相同[2]。

2. 方案设计

根据 2.4.2 节 AC/DC LED 驱动电源的模块化通用框架，本案例只需在 8.3.1 节方案基础上，将输出电压采样模块改为输出电流采样模块即可。输出电流采样反馈模块电路如图 8-8 所示。TNY277 芯片主要是针对恒压控制设计的，因此电流采样反馈环节需要把采样信号和原来恒压控制芯片的反馈端口进行匹配，即电气性能

和幅频特性的匹配，使恒压控制芯片实现恒流功能。图8-8 中，电流采样电阻 R_{ISNS} 将输出电流转化为电压信号，并与电阻 R_2、R_3、TL431、比较放大器 LM358、光耦 PC817A 组成输出设定、比较及隔离反馈电路。当负载电流达到额定电流设定值时，LM358 输出有效，驱动光耦 PC817A 内的二极管导通，感光晶体管导通，从 TNY277 的 EN/UV 引脚拉出电流，使芯片控制 MOSFET 跳过一个周期。一旦输出电流降到电流设定值以下，LM358 停止驱动光耦，芯片的 EN/UV 引脚恢复正常，开关周期重新使能。

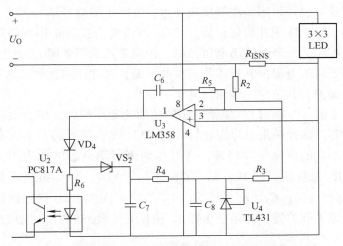

图 8-8 AC/DC 恒流型驱动电源的电流采样反馈电路

3. 参数设计

本案例的参数设计基本与8.3.1 节案例相同，主要区别在于采样反馈电路，下面简要介绍其参数设计。

恒流反馈必须有精确的电压基准源，本设计使用 TL431 作为电压基准源，将 TL431 的阴极和参考极短接，可以在阴极和阳极之间得到 2.5V 的精确参考电压。根据6.4 节 TL431 参考电压电路原理及式(6-14)，通过采样电阻 R_{ISNS} 和 R_2、R_3 的阻值选取，可以设定额定电流值 I_{ONOM}。由 $I_{ONOM} = 1.1A$，取 $R_{ISNS} = 0.22\Omega$，$R_2 = 3k\Omega$，则 $R_3 = 28k\Omega$。

其他外围元器件可选 $R_5 = 10k\Omega$，C_6 选 0.1μF/50V 电容，VD_4 选 LL4148 二极管。

8.3.3 反激变换式一次侧反馈 AC/DC 驱动电源设计

1. 设计要求

本案例要设计一款适合室内白光 LED 照明的小功率 AC/DC 恒压/恒流复合型驱动电源，输入电压为宽范围交流电，光源采用 6 颗大功率1W （3.4V/350mA）

白光 LED 串联组成。该驱动电源的主要设计参数为，输入电压范围为 85 ~ 264V（交流 50Hz），输出额定电压 21V（最大 24V），输出额定电流为 350mA，电源效率为 80%，功率因数 $\lambda > 0.75$，恒压/恒流复合输出方式，需隔离[6]。

2. 方案设计

本案例输出功率较小，且需要输入输出隔离，因此主拓扑选用反激式变换电路并采用断续导通模式（DCM）。传统的二次侧输出采样反馈常用隔离光耦与可调精密电压基准源 TL431 组成，在电源体积有严格限制的场合，二次侧隔离反馈部分很难排布，因此本设计采用一次侧反馈技术，省略了隔离光耦与相关二次侧调整电路，节约成本、减小体积并简化设计。恒压/恒流复合控制采用双闭环，内环为一次侧峰值电流控制，外环为输出电压控制。控制芯片采用美国 iWatt 公司的 iW3620 芯片，它适用于峰值电流控制模式及一次侧反馈，芯片还内置软启动功能，具有过电压、短路等保护，其芯片工作原理见 6.7.2 节。

根据 2.4.2 节 AC/DC LED 驱动电源的模块化通用框架，结合上述设计要求及主拓扑、控制芯片选择结果，可以设计出本 LED 驱动电源的基本方案，进一步将各功能模块用相应的电路模块代替，即可得到该驱动电源的原理图，如图 8-9 所示。图中，BDR 为整流桥模块；C_1、C_2、VD_4、VD_5、VD_6 组成无源 PFC 电路；L_3、C_{BB} 组成滤波电路；C_3、R_4、R_5 和 VD_1 构成一次侧 RCD 钳位保护电路，吸收漏感尖峰电压保护开关管；高频变压器 T_1 和开关管 MOSFET Q_1 组成反激式变换主

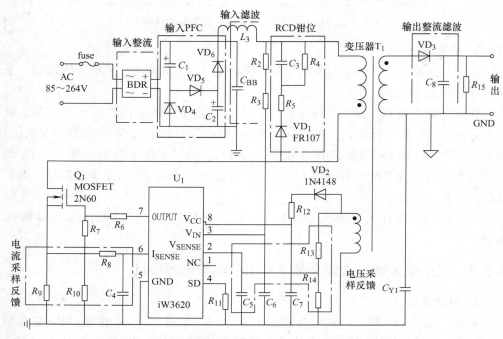

图 8-9　基于反激变换一次侧反馈的 AC/DC 驱动电源原理图

电路；VD_3 为输出整流二极管，C_8 为输出滤波电容，R_{15} 为输出负载电阻；U_1 为控制芯片 iW3620；R_9 与 R_{10} 为一次侧电流采样电阻，一次侧电压采样通过变压器辅助绕组得到，R_{13} 与 R_{14} 为电压采样电阻，VD_2 为辅助边整流二极管。为了补偿系统的幅频特性和相频特性、满足稳定裕量要求，还采用电阻 R_8 和电容 C_4 组成电流反馈校正电路，用电容 C_5 进行电压反馈校正。

该电路在控制芯片 iW3620 的管理下，可以实现恒压/恒流输出复合控制。当轻载或输出电流较小时，系统采用输出恒压控制，输出电压经过辅助边采样反馈回 V_{SENSE} 引脚，与内设基准值比较后采用 PFM 模式控制 MOSFET，实现恒压输出；当重载或输出电流较大时，系统采用输出恒流控制，输出电流经过一次侧间接采样反馈回 I_{SENSE} 引脚，与内设基准值比较后采用 PWM 模式或临界断续导通模式控制 MOSFET，实现恒流输出。iW3620 芯片还通过准谐振运行模式进一步降低开关损耗，当负载电流大于 50% 额定电流时，芯片启动谷底开关模式，始终保证 MOSFET 在漏源极电压 U_{DS} 为谐振最低点时开通，实现了软开关模式。

3. 参数设计

（1）工作参数计算

根据设计要求，输入交流电压最小值 $U_{ACMIN} = 85V$，最大值 $U_{ACMAX} = 264V$，额定值 $U_{AC} = 220V$，交流频率 $f_{AC} = 50Hz$，输出功率 $P_O = 7.35W$，效率 $\eta = 80\%$，因此根据式（8-4）、式（8-5）可得最小直流输入电压 $U_{MIN} = 80V$（取输入滤波电容 $16\mu F$），最大直流输入电压 $U_{MAX} = 373V$。

设 U_{ONOM} 为额定输出电压，U_{DF} 为输出整流二极管的正向压降，则二次绕组最大输出电压 U_S 的计算公式为

$$U_S = 110\% U_{ONOM} + U_{DF} \tag{8-16}$$

由 $U_{ONOM} = 21V$，设 $U_{DF} = 0.5V$，则 $U_S = 23.6V$。

根据前面公式（8-8）可得，一次侧输入有效电流 $I_{RMS} = 0.144A$。

（2）启动电路输入电阻

直流母线高压经过输入电阻 $R_{VIN} = R_2 + R_3$ 的降压后与芯片 V_{IN} 引脚相连，为芯片第一次启动时提供触发电压。芯片内部阻抗 Z_{in} 为 $5k\Omega$，默认的降压系数为 0.0043，则输入电阻：$R_{VIN} = Z_{IN}/0.0043 - Z_{IN} = 1.158M\Omega$，取电阻 $R_2 = R_3 = 560k\Omega$，即 $R_{VIN} = 1.12M\Omega$，适当降低 R_{VIN} 的值可以减少芯片启动时间[7]。

（3）伏秒积

本电路工作于 PWM、PFM 等多种调制模式，因此无法直接采用 8.3.1 节中固定频率的 PWM 调制模式下的变压器设计方法，此时需基于伏秒积进行设计。设变压器输入电压为 U_{IN}，导通时间为 T_{ON}，则最大伏秒积 $(U_{IN}T_{ON})_{MAX}$ 是变压器磁心达到饱和之前能承受的最大电压脉冲宽度，超过这个值，变压器磁心就会饱和，从而导致一次电流很大、二次侧输出很小甚至接近零。因此需要将变压器正常工作的伏秒积限制在一定的范围之内。

R_{VIN}值会影响芯片允许的伏秒积（$U_{\text{IN}}T_{\text{ON}}$）的上下限值[7]，即

$$(U_{\text{IN}}T_{\text{ON}})_{\lim it\,max} = 0.0043\,\frac{720}{Z_{\text{IN}}/(R_{\text{VIN}}+Z_{\text{IN}})}\text{V}\cdot\mu\text{s} \tag{8-17}$$

$$(U_{\text{IN}}T_{\text{ON}})_{\lim it\,min} = 0.0043\,\frac{135}{Z_{\text{IN}}/(R_{\text{VIN}}+Z_{\text{IN}})}\text{V}\cdot\mu\text{s} \tag{8-18}$$

根据式(8-17)与式(8-18)，当$R_{\text{VIN}}=1.12\text{M}\Omega$时，$(U_{\text{IN}}T_{\text{ON}})_{\lim it\,max}=697\text{V}\cdot\mu\text{s}$，$(U_{\text{IN}}T_{\text{ON}})_{\lim it\,min}=131\text{V}\cdot\mu\text{s}$。

反激式变压器一次侧和二次侧最大匝数比N_{MAX}，主要由PFM调制模式下变压器的最小伏秒积（$U_{\text{IN}}T_{\text{ON}}$）$_{\text{PFM}}$和变压器最小去磁时间$T_{\text{RESET}\,min}$决定[7]，即

$$N_{\text{MAX}} = \frac{(U_{\text{IN}}T_{\text{ON}})_{\text{PFM}}}{T_{\text{RESET}\,min}U_{\text{S}}} \tag{8-19}$$

设$T_{\text{RESET}\,min}=1.5\mu\text{s}$，取$(U_{\text{IN}}T_{\text{ON}})_{\text{PFM}}=(U_{\text{IN}}T_{\text{ON}})_{\lim it\,min}=131\text{V}\cdot\mu\text{s}$，$U_{\text{S}}=23.6\text{V}$，则可得$N_{\text{MAX}}=3.7$，综合考虑后选择$N=3.0$。

对于工作于谷底开关模式的反激式变换器而言，最小输入电压并带额定负载是其最恶劣情况，变压器工作的最大伏秒积（$U_{\text{IN}}T_{\text{ON}}$）$_{\text{MAX}}$就是在这种情况下设计的，此时iW3620的最小工作周期要求满足$T_{\text{Smin}}>11.1\mu\text{s}$（假设谐振周期为$2\mu\text{s}$）[7]，考虑一定余量，取$T_{\text{Smin}}=11.76\mu\text{s}$，即最大工作频率$f_{\text{Smax}}=85\text{kHz}$。于是，变压器正常工作的最大伏秒积为

$$(U_{\text{IN}}T_{\text{ON}})_{\text{MAX}} = \left[\frac{1}{T_{\text{Smin}}}\left(\frac{1}{U_{\text{MIN}}}+\frac{1}{NU_{\text{S}}}\right)\right]^{-1} \tag{8-20}$$

将各量取值代入式(8-20)，可得$(U_{\text{IN}}T_{\text{ON}})_{\text{MAX}}=442\text{V}\cdot\mu\text{s}$。该值相比芯片允许的伏秒积上限$(U_{\text{IN}}T_{\text{ON}})_{\lim it\,max}=697\text{V}\cdot\mu\text{s}$有合理的余量，以保证变压器不会饱和。

（4）变压器设计

1）一次侧电感和一次电流。变压器所需最大一次侧电感L_{PMAX}由变压器需要输出的功率决定，即

$$L_{\text{PMAX}} = \frac{(U_{\text{IN}}T_{\text{ON}})_{\text{MAX}}^2 f_{\text{Smax}}\eta_{\text{X}}}{2P_{\text{MOUT}}} \tag{8-21}$$

式中，P_{MOUT}变压器输出功率，$P_{\text{MOUT}}=U_{\text{S}}I_{\text{O}}=23.6\times0.35\text{W}=8.26\text{W}$；$\eta_{\text{X}}$为变压器的效率，设为87%，则$L_{\text{PMAX}}=0.875\text{mH}$。

变压器所需最小一次侧电感L_{PMIN}与最大一次侧峰值电流I_{PMAX}有关。I_{PMAX}由iW3620芯片引脚I_{SENSE}检测，对应的内部基准电压$U_{\text{Iref}}=1.0\text{V}$，后面计算得到的电流采样电阻$R_{\text{ISNS}}=1.85\Omega$，则最大一次侧峰值电流$I_{\text{PMAX}}=1/1.85\text{A}=0.54\text{A}$。

则由式(8-22)可得$L_{\text{PMIN}}=0.765\text{mH}$：

$$L_{\text{PMIN}} = \frac{2P_{\text{MOUT}}}{\eta_{\text{X}}f_{\text{Smax}}I_{\text{PMAX}}^2} \tag{8-22}$$

考虑一定安全裕量，取一次侧电感$L_{\text{P}}=0.8\text{mH}$。

则二次侧峰值电流

$$I_{\mathrm{SP}} = \frac{(U_{\mathrm{IN}}T_{\mathrm{ON}})_{\mathrm{MAX}}}{L_{\mathrm{P}}}N\eta_{\mathrm{X}} \tag{8-23}$$

可计算得 $I_{\mathrm{SP}} = 442 \times 3 \times 0.87/0.8\mathrm{mA} = 1.44\mathrm{A}$。

2）各绕组计算。根据工作参数选用 EE-16 铁氧体磁心，磁心窗口面积 $A_{\mathrm{w}} = 41.5\mathrm{mm}^2$，截面积 $A_{\mathrm{e}} = 19.6\mathrm{mm}^2$，饱和磁通密度 $B_{\mathrm{S}} = 0.3\mathrm{T}$。

为了防止变压器饱和失效，工作时应不超过其最大磁通密度 B_{S}。因此变压器一次侧匝数应该满足的条件为

$$N_{\mathrm{P}} \geqslant \frac{(U_{\mathrm{IN}}T_{\mathrm{ON}})_{\mathrm{MAX}}}{B_{\mathrm{S}}A_{\mathrm{e}}} \tag{8-24}$$

故 $N_{\mathrm{P}} \geqslant 442/(0.3 \times 19.6)$ 匝 ≈ 75.2 匝，一次绕组取整数 $N_{\mathrm{P}} = 78$ 匝。

反激式变压器一次绕组和二次绕组匝数比 $N = 3$，故二次绕组匝数 $N_{\mathrm{S}} = N_{\mathrm{P}}/N = 26$ 匝。

给 iW3620 芯片 $\mathrm{V_{CC}}$ 引脚供电的变压器辅助边额定电压为 12V，最大不得超过 16V，于是辅助边绕组匝数 N_{AUX} 为

$$N_{\mathrm{AUX}} = \frac{N_{\mathrm{S}}(U_{\mathrm{CC}} + U_{\mathrm{DF}})}{U_{\mathrm{S}}} \tag{8-25}$$

取辅助边整流二极管压降 U_{DF} 为 0.5V，则 $N_{\mathrm{AUX}} = 26 \times (12 + 0.5)/23.6$ 匝 ≈ 13.77 匝，取整数 14 匝。

（5）钳位电路

本电路的 RCD 钳位电路中，根据前述工作参数，选择 C_3 为 1nF/1kV 瓷片电容，$R_4 = 10\mathrm{k\Omega}$，二极管 VD_1 选用快恢复二极管 FR107（1A/700V）。电阻 R_5 可以进一步降低温升、抑制高频振铃和提高抗电磁干扰能力，阻值取 100Ω。

（6）整流滤波电路

根据输入工作参数，可得输入整流桥 BDR 的耐压值需大于 466V，正向电流需大于 $2I_{\mathrm{RMS}} = 0.288\mathrm{A}$，故选择 MB8S 整流桥（1A/800V）；输入电容 $C_{\mathrm{BB}} = 16\mathrm{\mu F}$。

设输出电压纹波为 100mV，则输出电容 C_8 选择 47μF/35V 铝电解电容；输出整流二极管 VD_3 选择 HER204（2A/300V）。

辅助绕组整流二极管 VD_2 选择快速开关二极管 1N4148（1A/100V）。

（7）负载电阻

为了避免在负载开路或空载时出现异常，需要在输出端接一个负载电阻 R_{15}。一般按照消耗额定输出功率的 5% 来设计负载电阻，即

$$R_{15} = \frac{U_{\mathrm{O}}^2}{5\%P_{\mathrm{O}}} = \frac{21^2}{5\% \times 21 \times 0.35}\Omega = 1200\Omega \tag{8-26}$$

（8）功率开关管的选择

功率开关管源漏极承受的最大电压应力和最大电流应力分别为

$$U_{DSMAX} = U_{MAX} + \frac{N_P}{N_S}U_S + \Delta U \qquad (8-27)$$

$$I_P = \frac{N_S}{N_P}I_{SP} \qquad (8-28)$$

取预留安全裕量 $\Delta U = 70V$，则 $U_{DSMAX} = (373 + 3 \times 23.6 + 70)V = 513.8V$；一次侧峰值电流 $I_P = 1.44/3A = 0.48A$。因此选择 Fairchild 公司的 2N60 功率开关管（1A/600V）。

（9）输出电压设定、采样、反馈的设计

二次侧输出电压 U_O 经过辅助边变换后经采样电阻 R_{13}、R_{14} 分压得到反馈电压 U_{SNS}，因此 R_{13}、R_{14} 与驱动电路输出电压 U_O 的关系为

$$U_{SNS} = \frac{R_{14}}{(R_{13} + R_{14})} \cdot \frac{N_{AUX}}{N_S}(U_O + U_{DF}) \qquad (8-29)$$

通过 R_{13}、R_{14} 的阻值设计可以将输出恒压值设定为额定电压 21V，此时反馈电压 U_{SNS} 应等于芯片内部的基准电压 $U_{Vref} = 1.538V$，取 $U_{DF} = 0.5V$，则可计算得 $R_{14}/(R_{13} + R_{14}) = 1.538 \times 26/(14 \times 21.5) = 0.13$。取 $R_{13} = 20k\Omega$，则 $R_{14} = 3k\Omega$。为了补偿系统的幅频特性和相频特性，在电压采样电路中还增加了电容 $C_5 = 4.7\mu F$，与 R_{13} 和 R_{14} 一起组成电压反馈校正网络。

（10）输出电流设定、采样、反馈的设计

一次侧输出电流采样电阻 R_{ISNS} 与驱动电路输出电流 I_O 的关系为

$$I_O = \frac{1}{2}NI_P\frac{T_{RESET}}{T_S}\eta_X \qquad (8-30)$$

式中，T_{RESET} 和 T_S 分别为变压器去磁时间和开关管的工作周期；I_P 为一次侧峰值电流。

当一次侧流过最大 I_P 时，经采样电阻 R_{ISNS} 转成的电压 U_{ISNS} 应等于芯片内部的基准电压 U_{Iref}（本芯片为 1.0V），因此有

$$I_{PMAX} = \frac{U_{Iref}}{R_{ISNS}} \qquad (8-31)$$

可见，R_{ISNS} 可以通过下式取值以设定输出额定电流：

$$R_{ISNS} = \frac{N\eta_X}{2I_{ONOM}} \cdot \frac{U_{Iref}T_{RESET}}{T_S} \qquad (8-32)$$

iW3620 取 $T_{RESET}/T_S = 0.5$，代入其他值可得 $R_{ISNS} = 3 \times 0.87 \times 1 \times 0.5/0.7\Omega \approx 1.86\Omega$，实际选择 $R_9 = R_{10} = 3.7\Omega$，为了提高电流调节精度，R_{ISNS} 应该选用误差为 $\pm 1\%$ 的高精度电阻。

为了补偿系统的幅频特性和相频特性，在电流采样电路中还增加了电阻 R_8 和电容 C_4 组成积分电路，与 R_9 和 R_{10} 一起组成电流反馈校正网络，$R_8 = 1.8k\Omega$，$C_4 = 68pF$。

8.4　半桥 LLC 谐振型 AC/DC 驱动电源设计

8.4.1　设计要求

本案例要求设计一款适用于户外路灯的大功率 AC/DC 型 LED 驱动电源，光源采用 120 颗 1W 大功率白光 LED 构成 LED 阵列，每颗 LED 额定电流为 350mA，U_F 典型值为 3.4V。输入电压为宽范围交流 90 ~ 265V，频率 50Hz，输出功率 200W，效率 η 为 87% 以上，功率因数 PF 为 0.95 以上，恒流输出方式，需隔离[8]。

8.4.2　方案设计

1. 总体方案设计

本案例的功率等级较大，综合性能要求较高，如果采用常规的单路大功率恒流驱动电路，则输出电压、电流较大，相应电路较复杂，元器件要求较高，工作可靠性差。因此本案例总体方案设计为集散式分级结构，如图 8-10 所示，其中前级为单路大功率 AC/DC 恒压电路，并集中解决隔离、PFC、EMI 等问题；后级为多路非隔离 DC/DC 恒流驱动电路，每路只负责 DC/DC 转换及恒流控制，功率等级也较小，可灵活组配。为此，将光源设计为 4 路独立驱动，每路为 15 串 2 并阵列，因此每路 LED 需要的额定供电电压为 51V，输出电流为 0.7A。

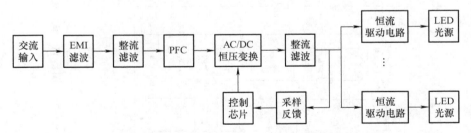

图 8-10　基于集散式分级结构的大功率 AC/DC 驱动电源方案

2. 前级 AC/DC 恒压电路

根据总体方案，可进一步确定前级 AC/DC 恒压电路的设计参数为，输入交流电压最小值 $U_{ACMIN} = 90V$，最大值 $U_{ACMAX} = 265V$，额定值 $U_{AC} = 220V$，交流频率 $f_{AC} = 50Hz$，输出直流电压 $U_O = 56V$，输出功率 $P_O = 200W$。

半桥拓扑结构具有输出功率大、结构简单、高效率及输入输出隔离等特点，同时考虑采用谐振电路以实现软开关技术，减少电路的开关损耗，提高转换效率，所以主电路拓扑选取半桥 LLC 谐振电路结构。

前级 AC/DC 恒压电路原理如图 8-11 所示。输入宽电压范围市电经 EMI 模块、整流桥、输入滤波模块后，进入 PFC 模块。PFC 模块采用有源功率因数校正以满

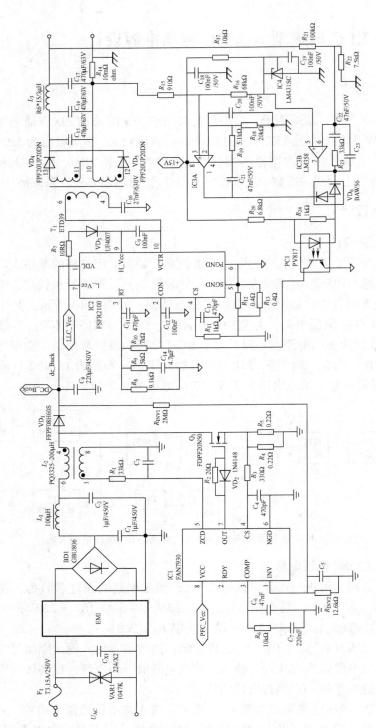

图 8-11　前级 AC/DC 半桥 LLC 恒压电路原理图

足功率因数 0.95 的要求，并为 LLC 变换器提供 400V 稳压。模块主电路为由 MOS 管 Q_1、二极管 VD_1、电感 L_2 组成的 Boost 电路，并由 PFC 控制芯片 IC1 及其外围电路控制。PFC 控制芯片选用飞兆半导体的 FAN7930，该模块工作在临界导通模式（CRM），整合了所有 PFC 需要的功能，还提供了一个 PFC 就绪信号控制 LLC 模块的 Vcc，确保 LLC 控制器在足够的 Vin 条件下工作。

　　PFC 模块后接 LLC 谐振变换器模块，主要完成输入 400V 恒压到输出直流 56V 恒压的转换。该模块主要由 LLC 控制芯片 IC2 内部集成的 2 个半桥 MOSFET、谐振电容 C_{10}、变压器 T1（含谐振电感）、输出二极管 VD_4、VD_5、输出滤波电容 C_{15}、C_{16}、C_{17} 组成半桥 LLC 谐振器，并由 IC2 及其外围电路控制。恒压控制芯片 IC2 采用飞兆半导体的 LLC 控制器 FSFR2100，它是为高效率半桥谐振变换器设计的高度集成的驱动芯片，内部集成了两个具有快速恢复二极管的功率 MOSFET 以组成半桥电路，芯片 VDL 引脚、VCTR 引脚分别在内部接高侧 MOSFET 的漏极、源极，VCTR 引脚、电源地 PGND 引脚分别内部接低侧 MOSFET 的漏极、源极，FSFR2100 以 50% 的占空比互补驱动高侧和低侧 MOSFET，两个 MOSFET 之间的切换引入 350ns 的固定死区时间，防止两个 MOSFET 同时导通。芯片还有精确的电流控制振荡器、频率限制电路，可以实现软启动，并内置保护功能。MOSFET 的快速恢复体二极管提高了异常操作下的可靠性，同时减少了反向恢复的影响。使用零电压开关（ZVS）技术，显著降低了开关损耗，同时降低了开关噪声，减小了 EMI 滤波器的体积。

　　LLC 谐振器的恒压控制原理为，LLC 谐振器在其最大、最小开关频率范围内，其电压增益与工作开关频率近似成反比，因此该模块将输出电压、电流采样，并经比较器 IC3 与基准值进行比较，然后通过光耦隔离后反馈回控制芯片 IC2，根据偏差值调节开关频率，从而调节电压增益，使输出电压恒定。

　　本方案中各芯片的供电电压由辅助电源提供，辅助电源电路输入端为 DC-Buck。

3. 后级 DC/DC 恒流驱动电路

　　根据总体方案可进一步确定后级 DC/DC 恒流电路的设计参数为，输入直流电压 $U_{IN}=56V$，考虑 LED 负载与负载电流采样电阻串联，因此额定输出电压为 LED 负载电压加采样电阻典型电压 0.2V，故 $U_O=51.2V$，输出电流 $I_O=0.7A$。

　　后级采用 4 路小功率非隔离恒流电路，每路主拓扑采用 Buck 电路，控制芯片采用美国国家半导体公司的 LM3404/HV（芯片工作原理可参见 6.7.4 节），内置 MOSFET，该 MOSFET 在 PWM 脉宽调制信号控制下进行高频通断，电路根据采样电阻检测到的输出电流调节 PWM 占空比，使 LED 阵列的输出电流恒定为 700mA。后级 DC/DC 恒流驱动电路如图 8-12 所示。图中输入电容 C_{IN}、芯片内部接在 VIN 引脚与 SW 引脚之间的 MOSFET、电感 L_1、续流二极管 VD_1 组成 Buck 电路，C_{OUT} 为输出滤波电容，电阻 R_{ISNS} 用于 LED 电流采样，R_{ON} 用于设置 Buck 开关频率，C_B 和 C_F 分别为芯片的自举电容和线性变换器滤波电容。

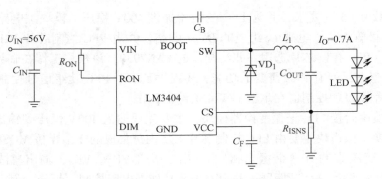

图 8-12　后级 DC/DC 恒流驱动电路

8.4.3　前级 AC/DC 恒压电路参数设计

1. LLC 谐振变换器

（1）基本工作参数设计

LLC 谐振变换器的输入端由 PFC 模块供给额定 400V 直流电压，设其输入直流电压范围为 320 ~ 420V，则有 $U_{\text{INNOM}} = 400\text{V}$，$U_{\text{INMIN}} = 320\text{V}$，$U_{\text{INMAX}} = 420\text{V}$。额定输出电压 $U_O = 56\text{V}$，额定输出功率 $P_O = 200\text{W}$，选择谐振频率 $f_r = 100\text{kHz}$。则可据此参数由 3.6.4 节公式进行 LLC 谐振变换器的细化设计。

首先计算变压器的理论匝数比：二次侧整流二极管的导通压降取 0.7V，则根据第 3 章公式(3-62) 可算得 $N = U_{\text{INNOM}} / [2(U_O + U_{\text{DF}})] = 400 / [2(56 + 0.7)] = 3.5$。

然后根据第 3 章的式(3-65)、式(3-66) 可确定 LLC 谐振网络的最大、最小电压增益值：$M_{\text{MIN}} = 2N(U_O + U_{\text{DF}}) / U_{\text{INMAX}} = 0.945$，$M_{\text{MAX}} = 2N[U_O + U_{\text{DF}}] / U_{\text{INMIN}} = 1.24$。

由式(3-53) 可得反射到一次侧的 AC 等效负载电阻 $R_{\text{AC}} = 8R_O N^2 / \pi^2 = 155.9\Omega$。

本设计中，取谐振电路的电感比 $K = 6$，则由式(3-69) 可得电路的最大品质因数 $Q_{\text{MAX}} = 0.4$，在电路设计中，一般留有 5% ~ 10% 的裕量，所以取 $Q = 0.95Q_{\text{MAX}} = 0.38$。

由式(3-67)、式(3-68)，根据谐振电路最大、最小电压增益可以求得最大、最小的工作频率，即

$$f_{\text{MIN}} = \frac{f_r}{\sqrt{1 + K\left(1 - \dfrac{1}{M_{\text{MAX}}^2}\right)}} = \frac{100}{\sqrt{1 + 6\left(1 - \dfrac{1}{1.24^2}\right)}}\text{kHz} = 57\text{kHz}$$

$$f_{\text{MAX}} = \frac{f_r}{\sqrt{1 + K\left(1 - \dfrac{1}{M_{\text{MIN}}}\right)}} = \frac{100}{\sqrt{1 + 6\left(1 - \dfrac{1}{0.945}\right)}}\text{kHz} = 124\text{kHz}$$

由式(3-74) ~ 式(3-76)，可计算谐振电感、电容：$L_r = QR_{\text{AC}} / (2\pi f_r) = 94.3\mu\text{H}$，

$L_m = KL_r = 565.8\mu H$；$C_r = 1/(2\pi f_r R_{AC} Q) = 26.9nF$。因此，谐振电容 C_{10} 选择 630V/ 27nF 的薄膜电容。

由于变压器存在漏感，实际匝数比与理论匝数比存在一定的差别，实际匝数比为

$$N_{REAL} = N\sqrt{\frac{L_r + L_m}{L_m}} = N\sqrt{\frac{K + 1}{K}} = 3.5 \times \sqrt{\frac{6 + 1}{6}} \approx 3.8 \qquad (8-33)$$

（2）变压器设计

首先选取磁心材料，然后根据磁心材料特性、变压器形状、传输功率、开关频率等确定磁心大小，查相关资料得到其有效面积 A_e。本设计输出功率为 200W，开关频率为 100kHz，最终选取 ETD39 的磁心，它的有效截面积（A_e）为 125mm^2，采用 TDK 的 PC44 材质。

根据已知条件，可以计算出变压器一次侧的最小匝数为

$$N_{PMIN} = \frac{N_{REAL}(U_O + U_{DF})}{2f_{MIN}M_{MIN}\Delta B A_e} \qquad (8-34)$$

式中，ΔB 为变压器的工作磁通密度，单位为特斯拉（T），在计算时一般取值 $0.3 \sim 0.4T$，本设计中取 $\Delta B = 0.4T$。带入已知数据得到 $N_{PMIN} = 40$ 匝。

选择合适的二次侧匝数 N_S，需要满足：$N_P = N_{REAL}N_S > N_{PMIN}$，则选择二次侧匝数为 11 匝，一次侧匝数 N_P 取 42 匝。

（3）二次侧整流滤波设计

设计变压器时，采用的是中心抽头绕组，那么每只整流二极管需要承受的反向电压为输出电压的两倍：$U_{DR} = 2(U_O + U_{DF}) = 2(56 + 0.7)V = 113.4V$。

通过二极管的电流有效值为

$$I_{DRMS} = \frac{\sqrt{2}}{2}I_O = 2.5A \qquad (8-35)$$

最终整流网络选用 200V/10A 的肖特基二极管，留有一定裕量以避免冲击电压造成元器件损坏。

输出滤波电容选取 3 个耐压值为 63V 的 470μF 的电解电容 C_{15}、C_{16}、C_{17} 并联，以减小输出电容的等效串联电阻。

（4）LLC 谐振变换控制芯片及其外围电路设计

LLC 谐振变换器控制芯片 FSFR2100 的基本信息见芯片手册[9]。下面根据 LLC 谐振变换工作参数及芯片原理设计芯片外围电路参数。

1）最大、最小频率设置。前面计算出的谐振变换器最大、最小工作频率 f_{MAX}、f_{MIN} 要通过芯片 RT 引脚的外围电路设置，如图 8-11 所示，主要包括光耦晶体管与电阻 R_8 和 R_{10}。FSFR2100 芯片通过接在 RT 引脚与地之间的电阻 R_8 设定最小开关频率为

$$f_{MIN} = \frac{5.2}{R_8(k\Omega)} \times 100 \quad (kHz) \qquad (8-36)$$

芯片通过接在 RT 引脚与地之间的电阻 R_{10} 和光耦晶体管设定最大开关频率，当光耦晶体管达到饱和电压 0.2V 时，可以得到最大开关频率为

$$f_{\text{MAX}} = \left(\frac{5.2}{R_8(\text{k}\Omega)} + \frac{4.68}{R10(\text{k}\Omega)} \right) \times 100 \ (\text{kHz}) \tag{8-37}$$

根据前面设计的最大、最小频率值，通过式（8-36）和式（8-37）可以计算出 $R_8 = 9.1\text{k}\Omega$，$R_{10} = 7\text{k}\Omega$。

其中光耦晶体管由输出电压、输出电流采样反馈值经光耦二极管控制，当光耦晶体管完全断开时，芯片工作在只由 R_8 决定的最小频率；光耦晶体管开通并达到饱和时，芯片工作在最大频率；光耦晶体管正常导通时，芯片工作在最大最小频率之间，具体频率值由其导通电流控制。

2）软启动电路设置。在图 8-11 中 RT 引脚上还接了 R_9 和 C_{14} 用来构成 RC 串联网络，以建立软启动电路，从而防止启动时冲击电流过大、输出电压过冲，这样就需启动时逐渐增加电压增益。根据第 3 章图 3-32 可知，LLC 谐振变换器在电压增益 M 峰值点右侧，M 值与工作频率成近似反比例，因此启动时可以让开关频率从软启动的初始频率逐渐降低，直到建立输出电压。FSFR2100 还设有 3ms 的内部软启动时间，能够再给外部软启动电路的初始频率增加 40kHz。因此软启动的实际初始频率为

$$f_{\text{ISS}} = \left(\frac{5.2}{R_8(\text{k}\Omega)} + \frac{5.2}{R_9(\text{k}\Omega)} \right) \times 100 + 40 \ (\text{kHz}) \tag{8-38}$$

一般情况下，设置软启动的初始频率为谐振频率 f_r 的 2～3 倍。取 $f_{\text{ISS}} = 200\text{kHz}$，则计算可得 $R_9 = 5\text{k}\Omega$。软启动时间 T_{SS} 取决于 RC 时间常数，即 $T_{\text{SS}} = R_9 C_{14}$，这里 C_{14} 可以取 4.7μF。

3）变压器一次电流检测引脚配置。芯片通过电流采样电阻 R_{ISNS} 检测低侧 MOSFET 漏极电流，并反馈回 CS 引脚，实现一次侧过电流保护，如图 8-11 所示，FSFR 2100 采用负电压形式，过电流保护（OCP）等级设定为 3A，而其阈值电压内部设定为 -0.6V，则检测电阻 R_{ISNS} 可以取 0.2Ω，本设计采用两个 0.4Ω 的电阻 R_{12}、R_{13} 并联作为电流采样电阻。为了消除检测信号里的开关噪声，通常需要添加 RC 低通滤波器，其 RC 时间常数可以设置为谐振周期的 1/100～1/20，因此取 1kΩ 电阻 R_{11} 和 470pF 电容 C_{13}。

2. 有源 PFC 模块电路设计

采用 Boost 有源 PFC 校正电路，基本原理见 5.3.2 节。PFC 控制芯片为 FAN7930，PFC 模块电路如图 8-11 所示，该电路额定输出功率为 200W，进行功率因数校正的同时为后端 LLC 谐振变换器提供相对稳定的直流电压 $U_{\text{OPFC}} = 400\text{V}$。

（1）PFC 升压电感设计

在 90～265V 的宽输入范围下，设 PFC 模块输出功率 $P_O = 200\text{W}$，效率 $\eta_{\text{PFC}} = 0.9$。传送相同功率，输入电压最小时需要的输入电流最大，因此升压电感的最大电流值

可在最小输入电压处取得。则升压电感的峰值电流为

$$I_{LPK} = \frac{4P_O}{\eta_{PFC}\sqrt{2}\,U_{ACMIN}} = \frac{4 \times 200}{0.9 \times \sqrt{2} \times 90}A \approx 6.984A \tag{8-39}$$

于是可以得到开关周期内的等效输入电流的最大值为[8]

$$I_{INMAX} = \frac{I_{LPK}}{2} = 3.492A \tag{8-40}$$

输入电流的有效值 $I_{INRMS} = 0.707I_{INMAX} \approx 2.469A$。

在设计升压电感时，需要考虑两个因素，即 PFC 模块的输出功率和 Boost 电路的最小开关频率 f_{SMIN}。f_{SMIN} 需大于最大音频噪声 20kHz，取值较小可以减小开关损耗，但会增加电感的尺寸；取值较大则会增加损耗，降低效率。综合考虑，一般取值 30～60kHz。本设计取 $f_{SMIN} = 50kHz$。则升压电感值为

$$L_2 = \frac{\eta_{PFC}(\sqrt{2}\,U_{AC})^2}{4f_{SMIN}P_O\left(1 + \frac{\sqrt{2}\,U_{AC}}{U_{OPFC} - \sqrt{2}\,U_{AC}}\right)} \tag{8-41}$$

在最高和最低 AC 输入电压下分别由式（8-41）计算电感值，取其最小值，可得 $L_2 = 199.4\mu H$，取 $200\mu H$。

根据升压电感的最大电感电流及其电感值，可以计算出其最小匝数，即

$$N_L \geqslant \frac{I_{LPK}L_2}{A_e\Delta B} \tag{8-42}$$

式中，A_e 为磁心的横截面积；ΔB 为磁心的最大磁通变化量。

设计中选用 PQ3225 磁心，磁心的横截面积 A_e 为 $161mm^2$，ΔB 取 0.3T，则计算可得 $N_L \geqslant 28.8$，升压电感的匝数取 29。

为了触发芯片 FAN7930 的 ZCD 引脚阈值电压 1.5V，开启零电流检测，需升压电感的辅助绕组为其提供足够能量。则辅助绕组最小匝数为

$$N_{AUX} \geqslant \frac{1.5N_L}{U_{OPFC} - \sqrt{2}\,U_{ACMAX}} = 1.72 \text{ 匝} \tag{8-43}$$

一般在此基础上增加 2～3 匝，以保证工作的稳定性，因此取辅助绕组为 4 匝。

（2）输出电容设计

根据要求的输出电压纹波，输出电容值的计算公式为

$$C_{OUT} \geqslant \frac{I_{OPFC}}{2\pi f_{AC}U_{RPFC}} \tag{8-44}$$

式中，U_{RPFC} 为输出电压纹波的峰-峰值，本设计取输出电压的 2%。

PFC 模块输出功率 $P_O = 200W$，输出电压 $U_{OPFC} = 400V$，因此 $I_{OPFC} = 0.5A$，可计算出 $C_{OUT} \geqslant 199\mu F$。因此输出滤波电容 C_8 选取耐压值为 450V 的 $220\mu F$ 电容。

（3）MOSFET 和升压二极管的选取

本电路额定输出电压为 400V，考虑一定余量，升压二极管选取 Fairchild 公司的 FFPF08H60S，耐压值为 600V，额定电流为 8A；MOSFET 选取 Fairchild 公司耐压值为 500V 的 FDPF20N50。

（4）电流检测电阻的选取

芯片 FAN7930 通过 CS 引脚的外围电路进行过电流保护，电流检测电阻 R_{ISNS} 将 MOSFET 的漏极电流转化成电压反馈回 CS 引脚，当该电压高于芯片设定的限值 $U_{CS\_LIM} = 0.8V$ 时，就会触发过电流保护。升压电感的峰值电流 I_{LPK} 一般留 10% 的裕量，因此可以计算出电流检测电阻值：$R_{ISNS} = U_{CS\_LIM} / (1.1 I_{LPK}) = 0.104\Omega$，采用两个 0.22Ω 的电阻 R_4、R_5 并联用作电流检测电阻。

（5）电压检测电阻的选取

芯片 FAN7930 通过 INV 引脚的外围电路进行过电压保护，电阻 R_{INV1}、R_{INV2} 将输出电压 U_{OPFC} 经过分压反馈回 INV 引脚，该电压与芯片内部误差放大器的参考电压 U_{REF}（为 2.5V）比较，触发过电压保护，因此可以通过下式计算电压检测电阻值，即

$$\frac{R_{INV2}}{R_{INV1} + R_{INV2}} = \frac{U_{REF}}{U_{OPFC}} \tag{8-45}$$

计算可得 $R_{INV1}/R_{INV2} = 159$，选取 R_{INV1} 为 2MΩ，R_{INV2} 为 12.6kΩ。

8.4.4　后级 DC/DC Buck 恒流电路参数设计

市电经过前级 AC/DC 大功率隔离恒压电路转换为 56V 的直流电压，以此作为输入 U_{IN}，后级多路非隔离 DC/DC Buck 恒流电路输出恒定电流驱动各路 LED 负载，每路输出电压 $U_O = 51.2V$，输出电流 $I_O = 0.7A$。控制芯片为 LM3404HV。恒流电路的设计主要包括电阻 R_{ON}、电感 L_1、输入电容 C_{IN}、输出电容 C_{OUT}、续流二极管 VD_1 及采样电阻 R_{ISNS}。

1. R_{ON} 的确定

选择电路开关频率需要综合考虑电路效率、体积和成本，同时由于电磁干扰的影响，在许多应用场合需要限制过高的开关频率。LM3404HV 控制的 Buck 变换器应工作于连续导通模式，以使电感电流在整个周期内都保持为正向。在稳定连续模式下，变换器可维持一个恒定的开关频率 f_S，该频率可由电阻 R_{ON} 设置为 10kHz ~ 1MHz，设置公式为[10]

$$f_S = \frac{U_O}{1.34 \times 10^{-10} \times R_{ON}} \tag{8-46}$$

选取开关频率为 170kHz，则由式（8-46）可得 $R_{ON} = 2.25M\Omega$。实际取 2.3MΩ，则实际开关频率 $f_S = 166kHz$，周期 $T_S = 6\mu s$。

根据公式（6-22），可计算出导通时间 $T_{ON} = 1.34 \times 10^{-10} \times R_{ON}/U_{IN} = 5.5\mu s$。

2. 输出电感设计

由于输出电容能够过滤输出纹波电流，因此电感上的纹波电流可以比 LED 中的纹波电流设定得更大，大多情况下 Buck 电路中电感纹波电流 Δi_L 可以取输出电流的 40%，故 $\Delta i_L = 0.4 \times 0.7\text{A} = 0.28\text{A}$。

电感纹波电流确定后，可由公式（6-23）确定电感值 $L_1 = T_{ON}(U_{IN} - U_O)/\Delta i_L = 94.3\mu\text{H}$。选取最接近的标准电感 $100\mu\text{H}$。分别取电感标准值及 ±20% 的上限值（$120\mu\text{H}$）、下限值（$80\mu\text{H}$），可以根据式（8-47）~式（8-49）计算出实际的标准、最小、最大电感纹波电流，即

$$\Delta i_{LNOM} = \frac{U_{IN} - U_O}{L_{1NOM}}T_{ON} = \frac{(56 - 51.2) \times 5.5 \times 10^{-6}}{100 \times 10^{-6}}\text{A} = 0.264\text{A} \qquad (8\text{-}47)$$

$$\Delta i_{LMIN} = \frac{U_{IN} - U_O}{L_{1MAX}}T_{ON} = \frac{(56 - 51.2) \times 5.5 \times 10^{-6}}{120 \times 10^{-6}}\text{A} = 0.22\text{A} \qquad (8\text{-}48)$$

$$\Delta i_{LMAX} = \frac{U_{IN} - U_O}{L_{1MIN}}T_{ON} = \frac{(56 - 51.2) \times 5.5 \times 10^{-6}}{80 \times 10^{-6}}\text{A} = 0.33\text{A} \qquad (8\text{-}49)$$

电感的平均电流 I_L 即为输出电流 I_O，故其峰值电流的估计值为

$$I_{LPK} = I_L + 0.5\Delta i_{LMAX} = (0.7 + 0.5 \times 0.33)\text{A} = 0.865\text{A} \qquad (8\text{-}50)$$

3. 输出滤波电容设计

本案例无需调光，所以 Buck 电路可以使用输出滤波电容以减小输出电感的尺寸和成本，并减少 LED 电流纹波。在图 8-12 中，输出电容 C_{OUT} 与 LED 负载并联后与电感 L_1 串联，因此电感上的纹波电流 Δi_L 按照 LED 负载等效电阻 R_{LED} 与输出电容等效阻抗 Z_C 进行分配，因此有

$$Z_C = \frac{\Delta i_O}{\Delta i_L - \Delta i_O}R_{LED} \qquad (8\text{-}51)$$

计算 Z_C 时假设电感的纹波电流曲线近似为正弦曲线，并设 LED 负载的电流纹波限值 $\Delta i_O = 100\text{mA}$。LED 动态阻值在 350mA 时为 1.8Ω，故 15 串 2 并的动态阻值 $R_{LED} = 13.5\Omega$，电容阻抗应满足最坏情况下最大电感纹波电流 $\Delta i_{LMAX} = 0.33\text{A}$，代入式（8-51）可得 $Z_C = 5.87\ \Omega$。

在开关频率为 166kHz 的情况下，C_{OUT} 取值为

$$C_{OUT} = \frac{1}{2\pi Z_C f_S} = \frac{1}{2\pi \times 5.87 \times 166 \times 10^3}\text{F} = 0.163\mu\text{F} \qquad (8\text{-}52)$$

选取 $180\text{nF}/100\text{V}$ 陶瓷电容。

4. 输入电容设计

输入电容与 LM3404HV 的 VIN 引脚连接，当功率 MOSFET 处于开通状态时，输入电容为后续电路提供电流（近似等于 I_O）。当功率 MOSFET 处于关闭状态时，输入电压为其充电。最小输入电容 C_{INMIN} 的计算公式为

$$C_{\text{INMIN}} = \frac{I_O T_{\text{ON}}}{\Delta U_{\text{INMAX}}} \qquad (8\text{-}53)$$

式中，ΔU_{INMAX} 为输入电压纹波。

设 ΔU_{INMAX} 为输入电压的 2%，则可计算出 $C_{\text{INMIN}} = 3.44 \mu\text{F}$。考虑一定安全裕量，选取 $4.7 \mu\text{F}/100\text{V}$ 的陶瓷电容。

5. 电流采样电阻的选取

由于芯片 CS 引脚内部基准电压为 0.2V，则最小电感电流为

$$I_{\text{LMIN}} = \frac{0.2}{R_{\text{ISNS}}} - \frac{U_O t_{\text{SNS}}}{L_1} \qquad (8\text{-}54)$$

式中，t_{SNS} 为芯片内部 CS 比较器的传输延迟时间，大约为 220ns[10]。

则平均电感电流 I_L 等于 I_{LMIN} 与电感纹波电流 Δi_L 一半的和，也即负载平均电流 I_O。因此，可以通过采样电阻 R_{ISNS} 的阻值选取来设定输出额定电流 I_O，即

$$R_{\text{ISNS}} = \frac{0.2 L_1}{I_O L_1 + U_O t_{\text{SNS}} - \dfrac{U_{\text{IN}} - U_O}{2} T_{\text{ON}}} \qquad (8\text{-}55)$$

代入已知数据可以计算出 $R_{\text{ISNS}} = 0.294\Omega$，于是取电阻值 $R_{\text{ISNS}} = 0.29\Omega$，当确定 R_{ISNS} 后，重新计算 LED 平均电流，以保证输出负载电流的误差在 $\pm 5\%$ 之内，即

$$I_O = \left(\frac{0.2}{0.29} - \frac{51.2 \times 220 \times 10^{-9}}{100 \times 10^{-6}} + \frac{0.264}{2} \right) \text{A} \approx 0.709\text{A}$$

与标准值 700mA 相比，误差为 1.3%，符合要求。

6. 续流二极管的选取

LM3404HV 是一个异步 Buck 变换器，在 MOSFET 关断时，需要续流二极管 VD_1 去维持电感电流。VD_1 的平均电流 I_D 为

$$I_D = (1 - D) I_O \qquad (8\text{-}56)$$

$D = 51.2/56 = 0.914$，代入式（8-56）可得 $I_D = 0.06\text{A}$。

56V 输入电压下需要续流二极管耐压值为 80V。考虑一定电流余量和功耗，选择 1A/80V 的肖特基二极管。

参 考 文 献

[1] 王世松. 独立光伏发电 LED 照明系统研究 [D]. 上海：上海大学，2011.

[2] 宋适. 大功率 LED 照明高效驱动技术研究 [D]. 上海：上海大学，2010.

[3] ANG S，OLIVA A. 开关功率变换器——开关电源的原理、仿真和设计（原书第 3 版）[M]. 张懋，张卫平，徐德鸿，译. 北京：机械工业出版社，2014.

[4] 陈永真，陈之勃. 反激式开关电源设计、制作、调试 [M]. 北京：机械工业出版社，2014.

［5］沙占友，王力，马洪涛，等 . LED 照明驱动电源优化设计［M］. 北京：中国电力出版社，2011.

［6］郑祺 . 室内白光 LED 照明驱动技术研究［D］. 上海：上海大学，2011.

［7］iWatt Inc. iW3620 Digital PWM Current‐Mode Controller For AC/DC LED Driver［EB/OL］. ［2018‐05‐23］. https：//www. dialog‐semiconductor. com/products/lighting/ssl/iw3620.

［8］刘晓石 . 基于 LLC 的高效率 LED 路灯驱动电源［D］. 上海：上海大学，2014.

［9］Fairchild Semiconductor Corporation. FSFR‐Series/FSFR2100 Fairchild Power Switch for Half‐Bridge Resonant Converters［EB/OL］. ［2018‐05‐23］. http：//www. onsemi. com/PowerSolutions/product. do？ id = FSFR2100US.

［10］Texas Instruments. LM3404XX 1‐A Constant Current Buck Regulator for Driving High Power LEDs［EB/OL］. ［2018‐05‐23］. http：//www. ti. com/product/LM3404HV/datasheet.

第9章

LED驱动电源的去电解电容设计

9.1 去电解电容的基本思想与原理

LED 光源理论寿命可达 80 ~ 100kh，然而实际照明系统的寿命远比 LED 本体寿命短。美国下一代照明光源及 LED 照明系统可靠性产业联盟进行了一项实际调查，显示 LED 照明产品的实际寿命低于 60kh，结果如图 9-1a 所示，并对一批户外 LED 照明设备进行了长达 7 年以上、总计 2.12 亿 h 照明时长的统计记录，揭示了 LED 照明产品失效因素的分布，如图 9-1b 所示，可见 LED 驱动电源即功率主电路是影响 LED 照明产品失效的最主要因素，占比达到 73%[1]。

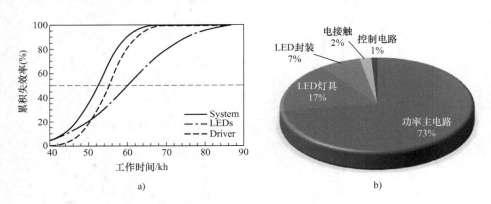

图 9-1 LED 照明产品可靠性分析

a）LED 照明产品累积失效率 b）LED 照明产品失效原因分析

LED 驱动电源通常会选用容量较大的电解电容来匹配瞬时输入功率和输出功率的不平衡，而电解电容在额定温度 105℃ 下的使用寿命一般为 10kh 左右，远低于 LED 芯片的寿命，所以电解电容是影响 LED 照明光源整体寿命的主要元件。因此，LED 驱动电源的去电解电容技术成为业界热点关注的方向。

9.1.1 去电解电容的基本思想

为便于阐明 AC/DC LED 驱动电源瞬时输入功率、输出功率和储能电容的关系，下面以单级拓扑驱动电源为例进行分析。其分析思路和方法同样适用于两级拓扑和多级拓扑的 LED 驱动电源。如图9-2 所示电源框图，其 PFC 变换器可以是隔离型的 Flyback、Forward、半桥电路和全桥电路，也可以是非隔离型的 Buck、Boost、Buck - Boost、SEPIC、Cuk 和 Zeta 电路等，图中 C_b 为储能电容。

图9-2 单级拓扑 AC/DC LED 驱动电源框图

假设输入功率因数为 1，输入电压 u_{in}、输入电流 i_{in} 可表示为

$$u_{in}(t) = U_m \sin\omega t \tag{9-1}$$

$$i_{in}(t) = I_m \sin\omega t \tag{9-2}$$

式中，U_m 为输入交流电压幅值；I_m 为输入交流电流幅值；ω 为输入交流电压角频率，$\omega = 2\pi/T_L$（T_L 为输入交流电压周期）。

由式(9-1) 和式(9-2) 可得瞬时输入功率表达式为

$$p_{in}(t) = u_{in}(t)i_{in}(t) = \frac{1}{2}U_m I_m - \frac{1}{2}U_m I_m \cos 2\omega t \tag{9-3}$$

假设该单级 LED 驱动电源效率 $\eta = 100\%$，输出功率为额定功率，即 $p_o = P_o$，则平均输入功率 P_{in_ave} 等于输出功率，即

$$P_{in\_ave} = \frac{1}{2}U_m I_m = P_o \tag{9-4}$$

瞬时输入功率可以表示为

$$p_{in}(t) = P_o - P_o \cos 2\omega t \tag{9-5}$$

图 9-3 所示为当 $p_o = P_o$，$PF = 1$ 时，输入电压 u_{in}、输入电流 i_{in}、瞬时输入功率、输出功率和储能电容电压的理想波形。其中 ΔU_c 是储能电容 C_b 的纹波电压，$\Delta U_c = U_{c\_max} - U_{c\_min}$，$U_{c\_max}$ 和 U_{c_min} 分别是 C_b 电压的最大值和最小值。从图中可以看出瞬时输入功率和输出功率之间存在一个大小为 $P_o \cos 2\omega t$ 的脉动功率（阴影部分所示），通常驱动电源采用电解电容来平衡该脉动功率。

如图 9-3 所示，在 $[T_L/8, 3T_L/8]$

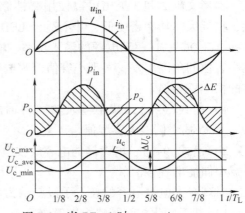

图9-3 当 $PF = 1$ 时，u_{in}、i_{in}、p_{in}、p_o 和储能电容电压 u_c 的波形

时段内，$p_{in} > p_o$，储能电容 C_b 充电，其电压从 U_{c_min} 上升至 U_{c_max}；在 $[3T_L/8,\ 5T_L/8]$ 时段内，$p_{in} < p_o$，储能电容 C_b 放电，其电压从 U_{c_max} 下降至 U_{c_min}。可以计算出在 $[T_L/8,\ 3T_L/8]$ 时段内 C_b 充入的能量 ΔE 为

$$\Delta E = \int_{t_s}^{t_e} (p_{in} - p_o)\,dt$$

$$= \int_{T_L/8}^{3T_L/8} \left(-\frac{1}{2} U_m I_m \cos 2\omega t \right) dt = \frac{\frac{1}{2} U_m I_m}{\omega} = \frac{P_o}{\omega} \qquad (9\text{-}6)$$

式中，t_s 为储能电容充电开始时刻；t_e 为储能电容充电结束时刻。

同时，ΔE 也可以表示为

$$\Delta E = \frac{1}{2} C_b \left(U_{c\_max}^2 - U_{c\_min}^2 \right) = C_b U_{c\_ave} \Delta U_c \qquad (9\text{-}7)$$

式中，U_{c_ave} 为储能电容的平均电压；ΔU_c 为储能电容的纹波电压。

由式（9-6）和式（9-7）可得储能电容容值为

$$C_b = \frac{\int_{t_s}^{t_e} (p_{in} - p_o)\,dt}{\Delta U_c U_{c\_ave}} = \frac{\Delta E}{\Delta U_c U_{c\_ave}} \qquad (9\text{-}8)$$

也可以表示为

$$C_b = \frac{2P_o}{\omega \left(U_{c\_max}^2 - U_{c\_min}^2 \right)} = \frac{P_o}{\omega \Delta U_c U_{c\_ave}} \qquad (9\text{-}9)$$

由式（9-9）可知，为了减小输出纹波电压 ΔU_c，在 P_o、U_{c_ave}、ω 保持不变的情况下需采用较大容值的储能电容。基于成本因素考虑，大容值储能电容通常会选用电解电容，而如前述电解电容使用寿命一般远低于 LED 芯片寿命，已成为影响 LED 照明光源整体寿命的主要元件。

参考文献 2 和 3 提出可以使用感性储能元件替代储能电容，但感性元件体积大、损耗大、功率密度低，并不适合 LED 驱动电源的发展趋势。通过上述对单级拓扑 AC/DC LED 驱动电源的输入功率、输出功率和储能电容关系的分析，可以从减小容值的角度出发，实现小容值薄膜电容替换电解电容。因此，概括去除电解电容的根本思想如下：

1）由式（9-8），减小输入功率与输出功率在半个工频周期中的功率脉动差 ΔE，可以减小储能电容容值。

2）由式（9-9），增大储能电容纹波电压 ΔU_c，或增大电容的平均电压 U_{c_ave} 可以减小储能电容容值。

对现有去电解电容的技术手段归纳为两类：

1）基于优化控制策略去电解电容。

2）基于优化拓扑结构去电解电容。

9.1.2　基于优化控制策略去电解电容

当 $PF=1$，$p_o=P_o$ 时，输入功率 p_{in}、输出功率 p_o 与 ΔE 的初始关系如图9-4a 所示，其中 ΔE 为输入功率与输出功率在半个工频周期中的功率脉动差。

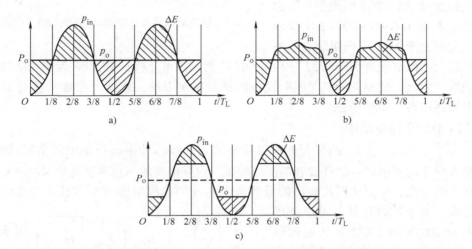

图9-4　输入功率 p_{in}、输出功率 p_o 波形与 ΔE 示意图
a) p_{in} 与 p_o 初始关系　b) 减小 p_{in} 脉动　c) p_o 脉动同步 p_{in}

由式（9-8）知，通过减小功率脉动差 ΔE 的大小可以减小储能电容容值；又由式（9-6）知，可以通过减小 $(p_{in}-p_o)$ 的值减小 ΔE。因此，减小 ΔE 值的方式有两种：

1）如图9-4b 所示，若输出功率 $p_o=P_o$ 恒定不变，减小输入功率 p_{in} 的脉动大小可以减小 $(p_{in}-p_o)$，进而减小 ΔE。

2）如图9-4c 所示，若输入功率 p_{in} 保持两倍工频脉动形式不变，控制输出功率 p_o 的大小使其尽量同步于输入功率脉动可以减小 $(p_{in}-p_o)$，进而减小 ΔE。

因此，基于优化控制策略去电解电容的基本思路是，通过优化控制策略减小 $(p_{in}-p_o)$ 的值，进而实现减小 ΔE，最终摆脱对电解电容的依赖。

基于上述基本思路，结合不同场合对功率等级、照明性能指标以及 LED 驱动电源输入功率因数等方面的要求，可以采用不同的控制策略去电解电容。

1. 谐波电流注入法

为减小 $(p_{in}-p_o)$，可以通过减小输入功率 p_{in} 的脉动实现。基于这种思路，可以采用谐波电流注入法减小输入功率的脉动，实现去电解电容的目的。

图9-5 所示为恒流输出两级 AC/DC LED 驱动电源框图，由前级功率因数校正电路和后级 DC/DC 恒流调节器组成。与传统控制方式不同的是，为了减小输入功率脉动进而减小 ΔE，谐波电流注入法通过优化功率因数校正电路的控制策略，在

输入电流中注入一定量谐波电流，从而实现减小电容容值。

若需要进一步减小电容容值就需要提高注入谐波的幅值，而注入谐波幅值越大，功率因数 PF 就越小[4]。标准 IEC1000 – 3 – 2 中要求输入功率大于 25W 的照明设备，注

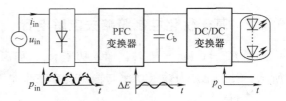

图 9-5　恒流输出两级 AC/DC LED 驱动电源框图

入的最大三次谐波应小于 $0.3I^* PF$，其中 I^* 为基波电流标幺值，PF 为驱动电源功率因数。所以，受相关标准对照明设备的严苛规定限制，此类无电解电容 LED 驱动电源适用在小功率场合。

2. 脉动电流驱动法

为减小 $(p_{in} - p_o)$，可以控制输出功率使其在输入功率的峰值处多消耗能量，在输入功率的谷值处少消耗或者不消耗能量。这样使得输出功率脉动尽量同步于输入功率的变化，从而使用长寿命的低容值电容（如薄膜电容等）取代短寿命的电解电容。基于这种思路，可以使用频率为 100Hz 的 PWM 方波电流驱动 LED 芯片，使得输出功率同步于输入功率的变化，从而摆脱了驱动电源对电解电容的依赖。图 9-6 所示为 PWM 方波电流驱动 LED 驱动电源框图。

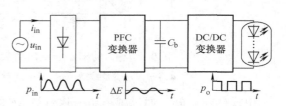

图 9-6　PWM 方波电流驱动 LED 驱动电源框图

在实现方法上，方波电流驱动 LED 的电路由前级功率因数校正电路和后级 DC/DC 方波电流输出电路组成。这种级联形式的两级 AC/DC LED 驱动电源整机效率较低，并且当对 LED 进行深度 PWM 调光时，储能电容的纹波峰值电压将增高，纹波谷值电压降低。如果前级的 PFC 电路采用传统的 Boost 电路，当 Boost 电路的输出电压（储能电容上的电压）小于输入电压时，将会影响其正常工作，进而影响功率因数。

更值得注意的是，与恒流驱动 LED 不同，低频 PWM 方波电流驱动 LED，需要全面考虑其对 LED 发光品质、可靠性、寿命的影响[5-6]。同时也需要根据 LED 光—电—热理论，考虑低频 PWM 方波电流对 LED 光学性能（包括发光波长、发光强度、色温、发光效率、闪烁、散热等）和热性能（包括结温、热阻等）的影响，建立完善的低频 PWM 方波电流驱动 LED 的综合性能评价体系。

3. 动态负载调节法

同样是为了在输入功率峰值处多消耗能量，在输入功率谷值处少消耗或者不消耗能量，可以通过动态调节负载功率大小实现。大功率 LED 负载一般由多串并联组成，因此可以动态调节 LED 负载功率去电解电容。根据输入功率的变化动态调

节 LED 负载功率使其同步于输入功率的变化，可以减小（$p_{in} - p_o$）的值进而减小 ΔE。这种方法不仅可以去电解电容，而且还可以在恒流驱动每一串 LED 的情况下实现功率因数校正。其实现方式如图9-7 所示。

为方便地对 LED 负载进行动态功率调节，可以将 LED 负载分成多个模组，通过控制与每个模组相连的 DC/DC 恒流调节器的通与断即可控制输出功率大小。当输入功率增大，工作的 LED 模组就增加，输入电流也增大。

与传统 Boost PFC 电路工作在断续导通状态下实现功率因数校正不同，通过动态调节负载功率大小来去电解电容、实现功率因数校正，是一种充分利用 LED 模组特性的方法。但是此方案为了达到较高的功率因数，必须增加 LED 模组和 DC/DC 恒流调节器的数量，严重依赖 LED 模组数量，成本过高，所以相对适合应用在大功率场合。

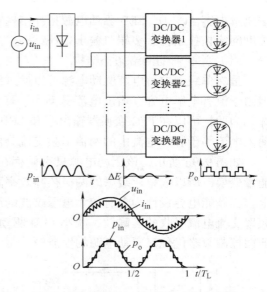

图 9-7 动态调整 LED 负载功率去电解电容 LED 驱动电源框图

9.1.3 基于优化拓扑结构去电解电容

图 9-8a 所示为传统的级联式两级 AC/DC LED 驱动电源功率流动框图。输入功率经过 PFC 变换器后将能量储存在直流母线电容中，再经过 DC/DC 变换器到达 LED 负载。

为了彻底摆脱对电解电容的依赖，依据式（9-9）的原理，可以将优化拓扑结构中储能电容 C_b 电压设计为较大的纹波，从而减小储能电容容值。因此，去电解电容 LED 驱动电源拓扑结构设计的关键是要根据不同的 PFC 变换器选择合适的辅助网络进行有机整合，即通过 PFC 变换器和辅助网络的组合与变形衍生出去电解电容 LED 驱动电源的不同电路拓扑。近年来提出的

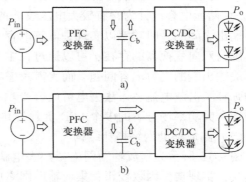

图 9-8 LED 驱动电源功率流动框图

a）传统功率流动方式 b）优化拓扑结构的功率流动方式

去电解电容 AC/DC LED 驱动电源拓扑结构有三类：并联辅助网络拓扑结构、集成辅助网络拓扑结构、多端口输出拓扑结构。

（1）并联辅助网络拓扑结构

虽然单级无电解电容驱动电源可以通过控制 LED 的平均电流来控制其光通量，但由于没有电解电容，输出电流脉动大、峰值电流大，容易造成频闪和 LED 的损坏。为此，可以在 PFC 变换器输出端和 LED 负载之间并联一个双向变换器，使其输入电流等于脉动电流中的两倍工频交流分量，实现 LED 恒流驱动。

如图 9-9a 所示，该驱动电源只有储存在双向变换器的小部分功率经过了两次能量变换，所以效率比级联的两极拓扑效率高；为了减小双向变换器输出侧的储能电容，储能电容设计为含有较大电压纹波的形式。为了提高双向变换器对两倍输入频率交流电流吸收的准确性，减小 LED 驱动电流脉动，可以采用基于电流基准的前馈控制策略优化该驱动电源的性能。

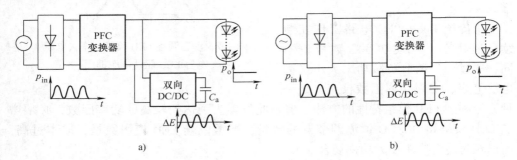

图 9-9　并联辅助网络拓扑去电解电容
a）后级并联　b）前级并联

同理，如图 9-9b 所示，也可以在整流桥输出端和主 DC/DC 变换电路输入端之间并入双向变换器。双向变换器作用如下：

1）对输入端的电流波形进行补偿，以实现高功率因数。

2）储能电容设计为含有较大电压纹波的形式，适时地吸收和释放功率，平衡输入输出之间的瞬时功率以实现去电解电容。

因为双向变换器的存在，可以通过在主 DC/DC 变换电路的输入电流中注入谐波解决输出端的电解电容问题，而无需考虑功率因数的问题。该方案利用优化拓扑结构弥补了谐波电流注入法去电解电容受功率因数限制的缺陷，并且提高了效率，特别适合大功率场合下的多个 LED 负载公共适配驱动电源。

（2）集成辅助网络拓扑结构

图 9-10 所示为集成辅助网络拓扑去电解电容，PFC 变换器工作在电流断续导通模式，实现功率因数校正；集成辅助网络中的储能电容设计为大电压纹波形式，当输入功率 p_{in} 高于输出功率 p_o 时，多余的能量将存储于储能电容中；当输入功率 p_{in} 低于输出功率 p_o 时，不足的能量将由储能电容提供。通过调节 DC/DC 辅助网络

的工作模式可以为 LED 提供恒定工作电流。该驱动电源由于储能电容的电压纹波较大，需要的储能电容很小，可以采用其他类型的长寿命电容替代电解电容。

（3）多端口输出拓扑结构

如图 9-11 所示，通过组合两个变换器可以实现去电解电容的目的，其中，PFC 变换器输出电容较小，故输出电压纹波较大，若该电压纹波未经消除将会引发频闪问题，甚至损坏 LED 芯片。为了减小 PFC 变换器输出纹波对 LED 的影响，该方案通过控制 DC/DC 变换器的输出电压对 PFC 变换器的输出电压纹波进行反相补偿。该方案通过两个 DC/DC 变换器的组合优化，利用输出电压纹波反相补偿的方法消除了电解电容。

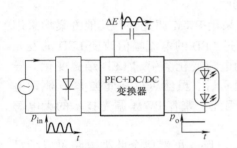

图 9-10　集成辅助网络拓扑去电解电容

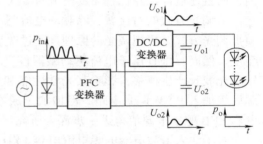

图 9-11　多端口输出拓扑去电解电容

9.1.4　去电解电容技术分析与讨论

结合前述各种去电解电容技术的特点，表 9-1 从是否影响 PF、电路拓扑、驱动方式、调光方式和适用场合方面对各种技术进行了对比。

表 9-1　各种去电解电容技术的比较

消除电解电容技术		是否影响 PF	电路拓扑	驱动方式	调光方式	适用场合
基于优化控制策略	谐波电流注入法[7-11]	是	PFC 级联 DC/DC	恒流	模拟调光	小功率
	脉动电流驱动法[12-15]	是	PFC 级联 DC/DC	低频方波	PWM 调光	中等功率
	动态负载调节法[16]	是	多个 DC/DC 并联	恒流	模拟调光	大功率
基于优化拓扑结构	并联辅助网络[17-21]	否	PFC 并联辅助网络	恒流	模拟调光	中、大功率
	集成辅助网络[22]	否	PFC 集成辅助网络	恒流	模拟调光	中、小功率
	多端口输出[23-24]	否	PFC 并联 DC/DC 网络	恒流	模拟调光	中、大功率

从基于优化控制策略和优化拓扑结构去电解电容的对比可看出：前者影响功率因数，后者不影响功率因数；前者电路拓扑是 PFC 变换器级联 DC/DC 变换器，效率较低。因此，从功率因数和效率方面考虑，基于优化拓扑结构去电解电容值得深入研究。

从驱动方式的对比可看出，脉动电流驱动法采用低频 PWM 电流驱动 LED，而不是恒流驱动。然而，为达到去电解电容的目的，低频 PWM 驱动电流的峰值需要高于 LED 额定电流，该电流峰值会影响 LED 寿命；并且低频 PWM 驱动电流影响 LED 的光效、发光品质和散热等性能。为了改善此方案，建议基于原方案的基本原理，采用高频 PWM 电流驱动 LED；或者结合优化拓扑结构的思路，采用高频三角波电流、高频 PWM 电流驱动 LED。后者不仅可以控制驱动电流在额定电流范围内，而且还可以消除低频驱动电流对 LED 的影响。

从调光方式的对比看，除脉动电流驱动法采用 PWM 调光外，其他方案均采用模拟调光方式。模拟调光的原理是通过改变流过 LED 的电流幅值改变 LED 的发光亮度。然而，LED 属于电流驱动型器件，驱动电流变化会引起 LED 结温变化，导致发光波长产生偏移，影响其光学性能和照明质量。虽然可以在此类 LED 驱动电源后级加入 PWM 调光电路，但增加了成本。因此，兼容 PWM 调光技术的无电解电容 LED 驱动电源值得进一步深入研究。

对于注入谐波电流的无电解电容 LED 驱动电路，虽然单个此类电路可以满足相关标准对照明设备谐波抑制的规定，但是在实际应用中，数量众多的此类 LED 驱动电源将会给电网带来谐波污染，影响电能质量和电网的稳定性。此时可以在多个 LED 驱动电源的总线和电网之间上加入谐波抑制装置，但会增加成本。

虽然现有的一些 LED 驱动电源方案可以去电解电容，但是缺少一个基于系统性能、电路性能、发光品质、人眼视觉性能等方面的多层次无电解电容 LED 驱动电源综合评价体系。若能建立此评价体系，可以据此为不同场合提供优选驱动方案，同时考虑驱动电流、驱动方式、调光方式等因素对 LED 发光品质、光学性能、人眼视觉舒适性的影响，这将最大程度地发挥 LED 照明的优势。

9.2 基于三端口变换器的无电解电容驱动电路拓扑

9.2.1 三端口变换器拓扑构造方法

1. 三端口变换器功率流

用于去电解电容的三端口变换器拓扑基本结构如图 9-12 所示，包括主电源输入、储能电容和 LED 负载三个端口，其中，主电源输入功率 p_{in}、LED 负载功率 p_o 是单向功率流，储能电容功率 p_c 是双向功率流（定义充电功率为正，放电功率为负）。

根据 p_{in} 与 p_o 的大小关系分为 $p_{in} > p_o$ 和 $p_{in} < p_o$ 两种功率条件。当 $p_{in} > p_o$ 时，主电源输入功率向 LED 负载供电，多余的能量储存到 C_a 中，如图 9-13a 所示；当

$p_{in} < p_o$ 时，主电源输入功率所提供的能量无法满足负载需求，不足的能量由 C_a 提供，如图 9-13b 所示。因此，一个完整的三端口变换器内部应该包含三条功率流：从 p_{in} 到 p_o，从 p_{in} 到 p_c，从 p_c 到 p_o，如图 9-13c 所示。储能电容端口的 C_a 通过吸收和释放能量平衡 p_{in} 和 p_o 之间的脉动功率；将 C_a 的工作电压设计为直流电压叠加大纹波电压的形式以减小电容容值，进而用容值较小的高压 CBB 电容或陶瓷电容替代电解电容。

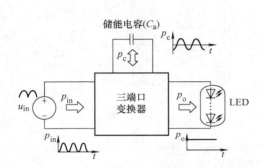

图 9-12　三端口变换器拓扑基本结构

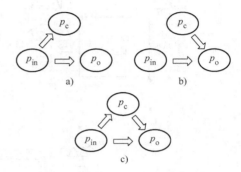

图 9-13　三端口变换器功率流向

a) $p_{in} > p_o$ 时　b) $p_{in} < p_o$ 时　c) 完整功率流向

2. 三端口变换器拓扑构造原理

电力电子变换器可以实现从输入到输出两个端口之间的能量传输，即两个端口之间的功率流动。基本的 DC/DC 变换器（Buck、Boost、Buck-Boost、Zeta、Cuk、Sepic）只有一条功率传输路径和一个控制变量（一个开关管），只能实现两个端口之间的单向功率传输。三端口拓扑有三条功率流路径，能够实现三个端口之间的功率传输。其中每一条功率流路径都可以实现两个端口之间的功率传输，这与基本 DC/DC 变换器的功能是相同的，因此，基本 DC/DC 变换器是构造三端口变换器的拓扑单元。所以，在基本 DC/DC 变换器的基础上构造无电解电容的三端口变换器拓扑可以从下面两点考虑：

1）增加功率传输路径，构造从主电源输入到 LED 负载、主电源输入到储能电容和储能电容到 LED 负载共三条功率传输路径。

2）增加功率流控制变量，使得三个端口之间的功率流是受控制的，满足 $p_{in} > p_o$ 和 $p_{in} < p_o$ 时的功率控制要求，以平衡输入输出功率之间的脉动功率。

首先，增加 p_{in} 到 p_c 功率传输路径，构造两输出变换器。传统 DC/DC 变换器中输入功率端只有从 p_{in} 到 p_o 一条功率传输路径，由于中间不含储能元件，输入功率的脉动将导致输出 LED 负载功率的脉动，如图 9-14a 所示。从图 9-13 所示三端口功率流分析中得知，三端口拓扑中输入功率端具有两输出端，除了 p_{in} 到 p_o 功率传输路径，还具有 p_{in} 到 p_c 的功率传输路径。为此，可以将传统 DC/DC 变换器的输出端分裂，并引入开关管 S 作为控制变量控制两个输出端的功率流向，形成两输出端

DC/DC 变换器，如图 9-14b 所示。开关管开通时 p_{in} 流向 p_o，开关管关断时 p_{in} 流向 p_c。所以，由于 p_{in} 到 p_c 功率传输路径和开关管 S 的存在，当 $p_{in} > p_o$ 时，主电源输入功率为 LED 负载提供能量，多余的能量都储存到 C_a 中，从而使得在 $p_{in} > p_o$ 时输出功率 p_o 恒定。

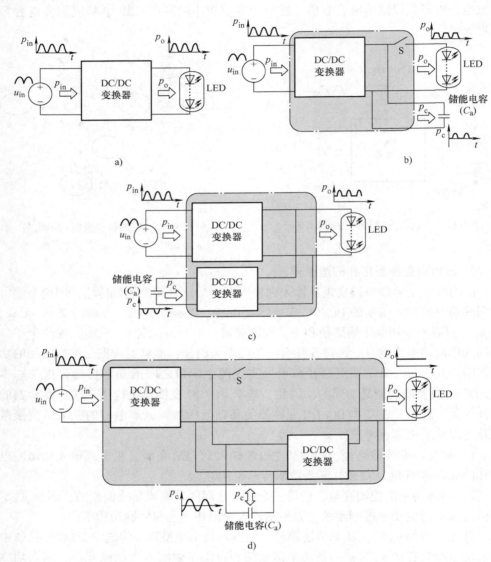

图 9-14　三端口拓扑构造过程

a）传统 DC/DC 变换器　b）两输出变换器　c）两输入变换器　d）组合式三端口变换器

　　然后，增加 p_c 到 p_o 功率传输路径，构造两输入变换器。传统 DC/DC 功率变换器能够实现一个端口到另一个端口的单向功率传输，因此可将储能电容 C_a 与 LED

负载用 DC/DC 变换器连接起来，构造 p_c 到 p_o 功率传输路径，形成两输入变换器，如图 9-14c 所示。当 $p_{in} < p_o$ 时，由于主电源输入功率不足，储能电容则可以通过该路径提供功率，从而使得在 $p_{in} < p_o$ 时输出功率 p_o 恒定。

最后，将两输出变换器和两输入变换器合并构成组合式三端口变换器，由于储能电容的存在，无论在 $p_{in} > p_o$ 时还是在 $p_{in} < p_o$ 时，输出功率 p_o 都恒定，如图 9-14d 所示。在 LED 驱动电路中，为了获得较高的输入功率因数，组合式三端口变换器中的主 DC/DC 变换器需实现 PFC 功能。第三端口的储能电容通过充放电功率传输路径平衡 p_{in} 和 p_o 之间的脉动功率，从而实现恒功率输出。在满足 PFC 功能和恒功率输出条件下，根据 DC/DC 变换器的特点以及储能电容充放电功率传输路径的特点可以对组合式三端口变换器进行优化整合，形成如图 9-12 所示的具有较高集成度和功率密度的基本结构。

9.2.2 基于反激的三端口变换器拓扑

1. 拓扑实例

反激式（Flyback）变换器具有输入输出隔离、容易实现输入功率因数校正功能等特点，在 LED 驱动电源方面得到广泛应用。所以本节以构造基于 Flyback 的三端口变换器拓扑为例，对拓扑的构造原理进行实例说明。

首先，增加 p_{in} 到 p_c 功率传输路径，构造双输出 Flyback 变换器。增加二次侧输出绕组可以将单端输出 Flyback 变换器分裂为双端输出，并增加开关管 S_2 控制两个输出端的功率流向，形成双端输出 Flyback 变换器，如图 9-15b 所示；然后，将储

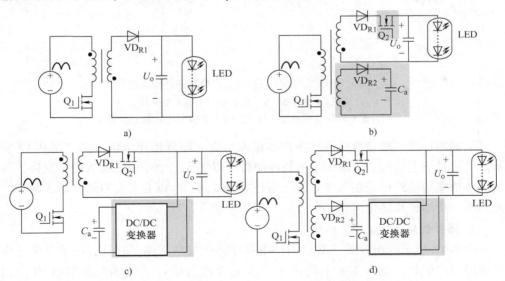

图 9-15 组合式三端口 Flyback 变换器拓扑构造过程

a）Flyback 变换器 b）双端输出 Flyback 变换器

c）双端输入 Flyback 变换器 d）组合式三端口 Flyback 变换器拓扑

能电容 C_a 与 LED 负载用 DC/DC 变换器连接起来实现双端输入，如图 9-15c 所示；其组合式三端口变换器拓扑如图 9-15d 所示。

同理，为了在构造双输出 Flyback 变换器过程中不增加输出绕组，可以在一次侧增加一个输出端实现双端输出，如图 9-16b 所示；将储能电容 C_a 与 LED 负载用 DC/DC 变换器连接起来实现双端输入，如图 9-16c 所示；其组合式三端口 Flyback 变换器拓扑如图 9-16d 所示。应当注意，为了实现输入输出端隔离，构造 p_c 到 p_o 功率传输路径所用 DC/DC 变换器需要实现输入输出隔离。

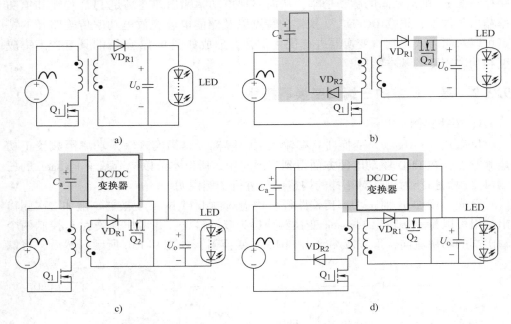

图 9-16　组合式三端口 Flyback 变换器拓扑构造过程

a）Flyback 变换器　b）双端输出 Flyback 变换器

c）双端输入 Flyback 变换器　d）组合式三端口 Flyback 变换器拓扑

依据组合式三端口变换器拓扑构造原理衍生的部分拓扑结构实例如图 9-17 所示。虽然基于上述构造原理衍生的拓扑结构可以实现三个端口之间的功率变换，但是有些功率传输路径是相互独立的，拓扑集成度低，所以有必要对组合形成的初步拓扑进一步集成和优化。

2. 拓扑优化

图 9-17 所示的组合式三端口拓扑中存在多个并联结构，并且有些子电路结构是相同的。例如，图 9-17a 中的两个二次侧输出绕组与二次侧二极管（VD_{R1} 和 VD_{R2}）是两个相同的子电路，图 9-17d 中两个 Flyback 二次侧输出子电路结构相近且结构并联，一次侧输入的子电路结构也是相近并且结构并联的。这些并联结构和

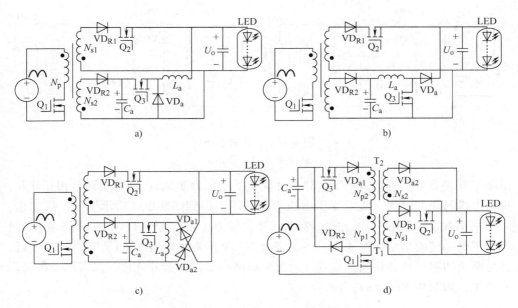

图 9-17　部分组合式三端口拓扑

a）拓扑 1　b）拓扑 2　c）拓扑 3　d）拓扑 4

相同的子电路结构增加了拓扑的复杂性，若对相同的一些子电路集成实现共用，则可以优化拓扑结构，提高拓扑的集成度。下面以图 9-17a 和图 9-17d 中的原始拓扑为例阐述拓扑优化的过程。

在图 9-18a 所示的原始拓扑中，二次绕组 N_{s1} 与二次侧二极管 VD_{R1} 组成的子电路结构与二次绕组 N_{s2} 与二次侧二极管 VD_{R2} 组成的子电路结构是相同的，且通过磁耦合形成一种并联的关系，可将两个子电路合并优化得到图 9-18b 所示拓扑。同理，对图 9-17b 和图 9-17c 所示拓扑优化后得到图 9-19a、图 9-19b 所示拓扑。

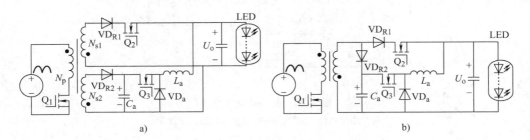

图 9-18　拓扑优化实例 1

a）原始拓扑　b）优化后

对于图 9-20a 所示的原始拓扑，第一步，二次绕组 N_{s2}、二次侧二极管 VD_{a2} 组成的子电路与二次绕组 N_{s1}、二次侧二极管 VD_{R1} 组成的子电路结构是相同的，且输

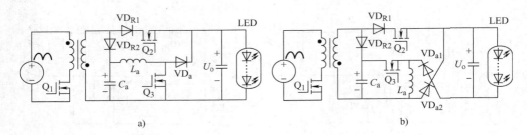

图 9-19　优化后拓扑

a）拓扑 1　b）拓扑 2

出端是并联关系，可将两个子电路合并优化；变压器 T_1 和 T_2 结构相同且相互并联，也可以进行合并优化，实现变压器磁心的共用，得到图 9-20b 所示拓扑。第二步，对于图 9-20b 所示拓扑，储能电容 C_a、开关管 Q_3、二极管 VD_{a1} 和一次绕组 N_{p2} 组成的子电路结构与主电源输入、一次绕组 N_{p1} 和开关管 Q_3 组成的子电路结构相近，并且两个功率回路是相互独立的，因此可以将两个回路合并优化，以实现一次绕组的共用，如图 9-20c 所示。

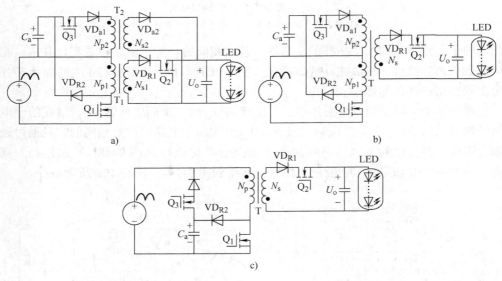

图 9-20　拓扑优化实例 2

a）原始拓扑　b）第一步优化　c）第二步优化

　　对比优化前后的拓扑可见，优化后的拓扑仅增加了较少的元器件，实现了三端口拓扑所需的功率传输路径，提高了集成度，每一条功率传输路径上含有可控开关管，可以满足三个端口之间的功率控制。值得注意的是，一些优化后拓扑的工作原理与原始拓扑相比有一定变化。在如图 9-20a 所示的原始拓扑中，主电源输入功率传递到储能电容 C_a 的实现过程是开关管 Q_2 关断后，励磁电感通过一次绕组 N_{p1}

和二极管 VD_{R2} 形成续流状态实现的；在如图 9-20c 所示的优化后拓扑中，这一过程是开关管 Q_2 关断后，主电源输入与励磁电感、二极管 VD_{R2} 串联形成升压电路实现的。其工作原理的不同也将导致主电路的控制策略发生变化，因此在选择拓扑时需要综合考虑拓扑的主电路结构与控制策略。

9.3　基于双反激集成拓扑的驱动电路工作原理

本节以图 9-17b 所示拓扑为基础，采用反激电路替代第三端口的 Boost 电路，得到如图 9-21a 所示的基于双反激电路的原始拓扑，以下进行主电路拓扑的集成推演和工作原理分析。

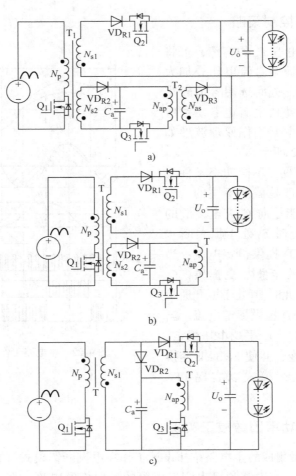

图 9-21　双反激集成主电路拓扑推演

a）原始拓扑　b）优化第一步　c）优化第二步

9.3.1 主电路拓扑推演

图 9-21a 所示为原始拓扑。变压器 T_1 和 T_2 结构相同且相互独立，合并优化后实现变压器磁心的共用；二次绕组 N_{as} 和二次侧二极管 VD_{R3} 组成的子电路与二次绕组 N_{S1} 和二次侧二极管 VD_{R1} 组成的子电路结构相同，且在 C_a 提供能量时（$p_{in} < p_o$）开关管 Q_2 是恒开通的，因此两个子电路结构相同且为并联关系，合并优化后得到图 9-21b 所示拓扑。图 9-21b 二次绕组 N_{s1} 和二次侧二极管 VD_{R1} 组成的子电路与二次绕组 N_{s2} 和二次侧二极管 VD_{R2} 组成的子电路结构是相同的，且通过磁耦合形成一种并联的关系，合并优化后得到图 9-21c 所示拓扑，下文称为双反激集成电路（Integrated Dual Flyback Circuit，IDFC）。

9.3.2 主电路控制策略

为减小储能电容 C_a 的容值，可将 C_a 的工作电压设计为直流电压叠加大纹波电压的形式，进而选用容值较小的高压薄膜电容替代电解电容。对应的主电路拓扑及主要工作原理波形如图 9-21c、图 9-22 所示。

由图 9-22 可见，不同功率条件下主电路的工作原理是截然不同的。当 $p_{in} > p_o$ 时，多余能量向 C_a 充电，C_a 的电压 u_{Ca} 上升，此时 S_3 处于恒关断状态，控制 S_2 为 LED 提供恒定电流；当 $p_{in} < p_o$ 时，不足的能量由 C_a 提供，C_a 的电压 u_{ca} 下降，此时 Q_2 处于恒开通状态，控制 Q_3 为 LED 提供恒定电流。当主电路工作稳定时，C_a 平均电压恒定，Q_1 占空比基本不变，并使 Flyback 变换器工作在电流断续模式以实现 PFC 功能。

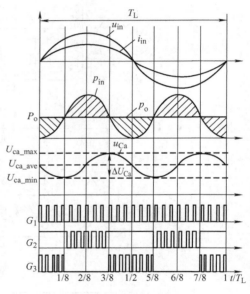

图 9-22　主电路工作原理波形

9.3.3 主电路功率因数校正实现

将基于双反激集成的主电路拓扑设计工作在电流断续模式（Discontinuous Current Mode，DCM），有效避免输出侧二极管的反向恢复电流；在半个工频周期内，若开关管的占空比保持恒定，则可以自动实现 PFC，具体推导过程如下。

为方便描述，AC/DC LED 驱动电源交流输入电压如式(9-1)，复写为

$$u_{in}(t) = U_m \sin\omega t \tag{9-10}$$

式中，U_m 为电压幅值；ω 为角频率。

经过整流桥整流之后电压表达式为

$$u_g(t) = U_m |\sin\omega t| \tag{9-11}$$

令一次电流 i_p 的峰值为 $i_{p,pk}$，当开关开通时，i_p 数值上升直到开关管关断，其值达到的数值为峰值 $i_{p,pk}$，函数表达式为

$$i_{p,pk} = \frac{U_m |\sin\omega t| D}{L_p f_s} \tag{9-12}$$

式中，D 为一次侧开关管占空比；L_p 为变压器一次侧电感值；f_s 为开关频率。

令同一个周期内一次电流平均值为 $i_{p,ave}$，则其表达式为

$$i_{p,ave} = \frac{1}{2} i_{p,pk} D = \frac{U_m |\sin\omega t| D^2}{2 L_p f_s} \tag{9-13}$$

由式 (9-13) 可知，若主电路工作参数确定，且占空比 D 在半个工频周期内保持不变，则输入电流平均值正比于输入电压，两者为同频同相的正弦半波。因此，工作于 DCM 的 Flyback 变换器可以自动实现 PFC。

9.3.4　主电路工作原理分析

1. $p_{in} > p_o$ 时工作原理分析

图 9-23 所示为 $p_{in} > p_o$ 时主要工作波形，该功率条件下电路共有 4 种开关模态，对应等效电路如图 9-24 所示。

（1）开关模态 I $[t_0，t_1]$

等效电路如图 9-24a 所示。t_0 时刻，开关管 Q_1、Q_2 开通，Q_3 在 $p_{in} > p_o$ 时处于恒关断状态。由于反向阻断二极管 VD_{R1} 的存在，此阶段 Q_2 为无效开通。假设输入电压 u_{in} 在一个开关周期内保持不变，则励磁电流 i_m 从零开始线性上升，即

$$i_m(t) = \frac{|u_{in}(t)|}{L_p}(t - t_0) \tag{9-14}$$

式中，L_p 为绕组 N_p 的励磁电感；i_m 为折算到绕组 N_p 的励磁电流。

t_1 时刻，开关管 Q_1 关断，该时刻 i_m 的大小为

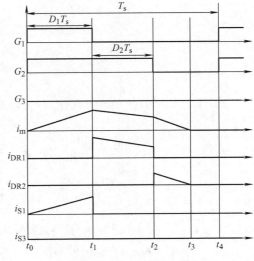

图 9-23　$p_{in} > p_o$ 时主要工作波形

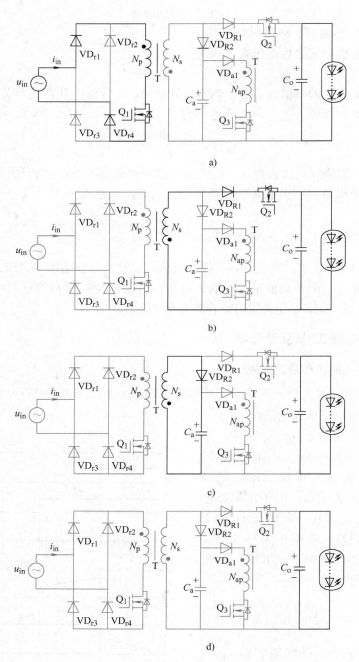

图 9-24 $p_{in} > p_o$ 时各开关模态的等效电路

a) $[t_0, t_1]$ b) $[t_1, t_2]$ c) $[t_2, t_3]$ d) $[t_3, t_4]$

$$I_{\mathrm{m}}(t_1) = \frac{|u_{\mathrm{in}}(t)|}{L_{\mathrm{p}}}(t_1 - t_0) = \frac{|u_{\mathrm{in}}(t)|}{L_{\mathrm{p}}}D_1 T_{\mathrm{s}} \tag{9-15}$$

式中，D_1 为 Q_1 的占空比；T_{s} 为 Q_1、Q_2、Q_3 的开关周期。

（2）开关模态 II $[t_1, t_2]$

等效电路如图 9-24b 所示。t_1 时刻，开关管 Q_1 关断，Q_2 仍然导通。储存在变压器的能量通过 $\mathrm{VD_{R1}}$ 向后级变换器释放。当输出功率达到所需的能量后，关断 Q_2。t_2 时刻变压器二次电流为

$$I_{\mathrm{DR1}}(t_2) = \frac{|u_{\mathrm{in}}(t)|N_{\mathrm{p}}}{L_{\mathrm{p}}N_{\mathrm{s}}}D_1 T_{\mathrm{s}} - \frac{U_{\mathrm{o}}N_{\mathrm{p}}^2}{L_{\mathrm{p}}N_{\mathrm{s}}^2}D_2 T_{\mathrm{s}} \tag{9-16}$$

式中，D_2 为开关管 Q_2 的有效占空比；U_{o} 为滤波电容 C_{o} 上的电压。

在此开关模态，为了保证变压器能量向 LED 负载释放，而不是通过二极管 $\mathrm{VD_{R2}}$ 给储能电容 C_{a} 充电，C_{a} 的电压必须满足以下条件，即

$$u_{\mathrm{Ca}}(t) > U_{\mathrm{o}} \tag{9-17}$$

（3）开关模态 III $[t_2, t_3]$

等效电路如图 9-24c 所示。Q_2 关断后，变压器剩余的能量通过二极管 $\mathrm{VD_{R2}}$ 给储能电容 C_{a} 充电，i_{m} 继续线性下降。假设 C_{a} 电压 u_{Ca} 在一个开关周期内保持不变，$[t_2, t_3]$ 期间有

$$i_{\mathrm{m}}(t) = \frac{i_{\mathrm{DR1}}(t_2)N_{\mathrm{s}}}{N_{\mathrm{p}}} - \frac{u_{\mathrm{Ca}}(t)N_{\mathrm{p}}}{N_{\mathrm{s}}L_{\mathrm{p}}}(t - t_2) \tag{9-18}$$

在 t_3 时刻，i_{m} 下降到零，i_{DR2} 也下降到零，由式（9-18）得 t_2 到 t_3 的时间间隔为

$$\Delta T_1 = t_3 - t_2 = \frac{N_{\mathrm{s}}}{u_{\mathrm{Ca}}(t)N_{\mathrm{p}}}\left(|u_{\mathrm{in}}(t)|D_1 T_{\mathrm{s}} - \frac{U_{\mathrm{o}}N_{\mathrm{p}}}{N_{\mathrm{s}}}D_2 T_{\mathrm{s}}\right) \tag{9-19}$$

（4）开关模态 IV $[t_3, t_4]$

等效电路如图 9-24d 所示。在此开关模态中，励磁电流 i_{m} 为零，所有开关管处于关断状态，变压器完全磁复位。

反激式变换器设计为工作在电流断续或临界连续导通模式，因此 $p_{\mathrm{in}} > p_{\mathrm{o}}$ 时应满足条件为

$$T_{p_{\mathrm{in}} > p_{\mathrm{o}}} = D_1 T_{\mathrm{s}} + D_2 T_{\mathrm{s}} + \Delta T_1 \leqslant T_{\mathrm{s}} \tag{9-20}$$

综合上述分析可知，Q_1 与 Q_2 同时开通实现 Q_2 零电压零电流开通，Q_3 无开关动作，减小开关损耗；开关周期内输入功率 p_{in} 多余能量被储能电容 C_{a} 吸收。

2. $p_{\mathrm{in}} < p_{\mathrm{o}}$ 时工作原理分析

图 9-25 所示为 $p_{\mathrm{in}} < p_{\mathrm{o}}$ 时的主要工作波形，该功率条件下电路共有 4 种开关模态，对应的等效电路如图 9-26 所示。

（1）开关模态 I $[t_0, t_1]$

等效电路和图 9-24a 类似。t_0 时刻，开关管 Q_1 开通，虽然在 $p_{\mathrm{in}} < p_{\mathrm{o}}$ 时 Q_2 恒开

通，但是二次侧二极管 VD_{R1} 在 Q_1 导通期间因承受反压而不导通。励磁电流 i_m 从零开始线性上升。

（2）开关模态 II $[t_1,\ t_2]$

等效电路如图 9-26a 所示。t_1 时刻，开关管 Q_1 关断的同时，开关管 Q_3 导通。开关管 Q_3 导通后，储能电容 C_a 释放能量，励磁电流 i_m 继续线性增加，即

$$i_m(t) = \frac{|u_{in}(t)|}{L_p}D_1T_s + \frac{u_{Ca}(t)N_p^2}{L_pN_{ap}^2}(t-t_1) \tag{9-21}$$

（3）开关模态 III $[t_2,\ t_3]$

等效电路如图 9-26b 所示。t_2 时刻，开关管 Q_3 关断，储存在变压器的能量通过 VD_{R1} 向后级变换器释放。根据式(9-21)，t_2 时刻 i_m 为

$$I_m(t_2) = \frac{|u_{in}(t_2)|}{L_p}D_1T_s + \frac{u_{Ca}(t_2)N_p^2}{L_pN_{ap}^2}D_3T_s \tag{9-22}$$

式中，D_3 为开关管 Q_3 的占空比。

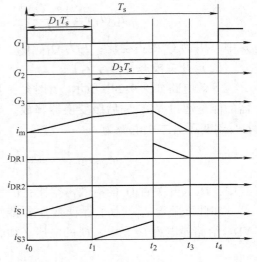

图 9-25　$p_{in} < p_o$ 时主要工作波形

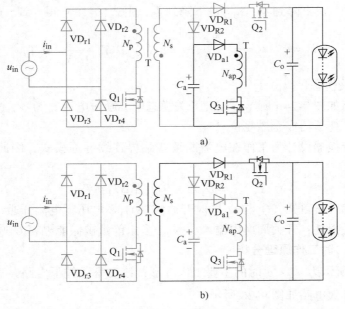

图 9-26　$p_{in} < p_o$ 时各开关模态的等效电路

a) $[t_1,\ t_2]$　　b) $[t_2,\ t_3]$

i_m是折算到N_p的励磁电流，则折算到二次侧N_s的二次绕组电流可表示为

$$i_s(t) = i_{DR1}(t) = I_m(t_2)\frac{N_p}{N_s} - \frac{u_o(t)}{L_p N_s^2 / N_p^2}(t - t_2) \tag{9-23}$$

t_3时刻，i_{DR1}下降为零，励磁电流i_m也下降为零，由式（9-23）得t_2和t_3时间间隔为

$$\Delta T_2 = t_3 - t_2 = \frac{I_m(t_2)L_p N_s}{U_o N_p} \tag{9-24}$$

（4）开关模态 IV $[t_3, t_4]$

等效电路和图 9-24d 类似。在此开关模态中，变压器绕组均没有电流流过，Q_1、Q_3处于关断状态，变压器完全磁复位。

反激式变换器设计为工作在电流断续模式或临界连续导通模式，因此$p_{in} < p_o$时需要满足的条件是

$$T_{p_{in} < p_o} = D_1 T_s + D_3 T_s + \Delta T_2 \leqslant T_s \tag{9-25}$$

综合上述分析可见：在$p_{in} < p_o$时，开关管Q_1占空比恒定，Q_2处于恒开通状态，控制Q_3为输出功率提供所需的能量；Q_2无开关动作，减小了开关损耗；一个开关周期内输入功率p_{in}不足的能量由C_a补充。

9.4　基于双反激集成拓扑的 LED 驱动电源设计

本节以基于双反激集成电路的 LED 驱动电源拓扑为例，介绍主电路设计与控制方案。设计指标见表 9-2，要求在宽范围输入电压条件下实现驱动电路的恒流输出，同时输入功率因数不低于 0.96。根据设计指标的要求，所采用的主电路拓扑如图 9-27 所示，增加了反激电路中常用的 RCD 吸收钳位电路。

表 9-2　实例样机设计指标

参　数	取　值
输入电压 u_{in}	110～220V$_{(有效值)}$/50Hz
额定输出电压 U_o	45V
额定输出电流 I_o	300mA
额定输出功率 P_o	13.5W
输入功率因数 PF	≥0.96

9.4.1　主电路参数设计思路

AC/DC LED 驱动电源交流输入电压如式（9-10）。若$PF = 1$，且输出功率恒定，

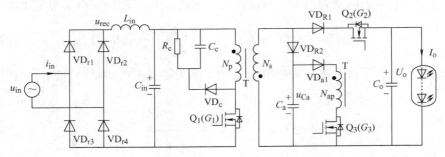

图 9-27　IDFC 主电路拓扑

那么储能电容的电容值和电压表达式为[7]

$$C_a = \frac{2P_o}{\omega(U_{Ca\_max}^2 - U_{Ca\_min}^2)} = \frac{P_o}{\omega U_{Ca\_ave} \Delta U_{Ca}} \quad (9\text{-}26)$$

$$u_{Ca}(t) = \sqrt{U_{Ca\_min}^2 + \frac{P_o}{\omega C_a}(1 - \sin2\omega t)} \quad (9\text{-}27)$$

式中，U_{Ca_max}、U_{Ca_min} 分别为 u_{Ca} 的峰值和谷值；U_{Ca_ave} 为 u_{Ca} 的电压平均值；$\Delta U_{Ca} = U_{Ca\_max} - U_{Ca\_min}$。

为了保证输出电流恒定，在不同功率条件下，一个开关周期内流过负载的平均电流 I_o 都必须相等，因此：

当 $p_{in} > p_o$ 时，根据式(9-15)、式(9-16) 和图 9-23 有

$$I_o = \frac{\frac{1}{2}\left[I_m(t_1)\frac{N_p}{N_s} + I_{DR1}(t_2)\right]D_2 T_s}{T_s} \quad (9\text{-}28)$$

当 $p_{in} < p_o$ 时，根据式(9-22)、式(9-24) 和图 9-25 有

$$I_o = \frac{\frac{1}{2}I_m(t_2)\frac{N_p}{N_s}\Delta T_2}{T_s} \quad (9\text{-}29)$$

对于工作在 DCM 的具有 PFC 功能的 Flyback 变换器有

$$I_o = \frac{U_m^2 D_1^2}{4L_p U_o f_s} \quad (9\text{-}30)$$

式中，f_s 为开关频率，$f_s = 1/T_s$。

为实现 PFC 功能，Flyback 变换器工作在电流断续模式，故当 $p_{in} > p_o$ 时和 $p_{in} < p_o$ 时分别应满足一定的边界条件如下。

（1）当 $p_{in} > p_o$ 时，需要满足公式(9-20) 的条件。

根据式(9-30) 有

$$D_1 T_s = \frac{2\sqrt{P_o L_p T_s}}{U_m} \quad (9\text{-}31)$$

将式(9-31) 代入式(9-15)、式(9-16) 得

$$I_{\mathrm{m}}(t_1) = 2\,|\sin\omega t\,|\frac{\sqrt{P_{\mathrm{o}}L_{\mathrm{p}}T_{\mathrm{s}}}}{L_{\mathrm{p}}} \tag{9-32}$$

$$I_{\mathrm{DR1}}(t_2) = \frac{2\,|\sin\omega t\,|N_{\mathrm{p}}\,\sqrt{P_{\mathrm{o}}L_{\mathrm{p}}T_{\mathrm{s}}}}{L_{\mathrm{p}}N_{\mathrm{s}}} - \frac{U_{\mathrm{o}}N_{\mathrm{p}}^2}{L_{\mathrm{p}}N_{\mathrm{s}}^2}D_2T_{\mathrm{s}} \tag{9-33}$$

将式(9-30)、式(9-31)、式(9-32)、式(9-33) 代入式(9-28) 解方程可得

$$D_2T_{\mathrm{s}} = \frac{N_{\mathrm{s}}\,\sqrt{P_{\mathrm{o}}L_{\mathrm{p}}T_{\mathrm{s}}}\,(2\,|\sin\omega t\,| - \sqrt{-2\cos2\omega t}\,)}{U_{\mathrm{o}}N_{\mathrm{p}}} \tag{9-34}$$

对式(9-34) 求导得

$$\frac{\mathrm{d}(D_2T_{\mathrm{s}})}{\mathrm{d}t} = \frac{2\omega N_{\mathrm{s}}\,\sqrt{P_{\mathrm{o}}L_{\mathrm{m}}T_{\mathrm{s}}}}{U_{\mathrm{o}}N_{\mathrm{p}}}F_1(t) \tag{9-35}$$

式中，$F_1(t) = \cos\omega t - (\sin2\omega t)/\sqrt{-2\cos2\omega t}$。

其中 $\pi/4 \leqslant \omega t \leqslant 3\pi/4$，故 $F_1(t) < 0$，故 D_2T_{s} 为单调减函数。

将式(9-31)、式(9-34)代入式(9-19)得

$$\Delta T_1 = \frac{\sqrt{-2P_{\mathrm{o}}L_{\mathrm{p}}T_{\mathrm{s}}\cos2\omega t}}{u_{\mathrm{Ca}}(t)} \tag{9-36}$$

对式(9-36) 求导得

$$\frac{\mathrm{d}(\Delta T_1)}{\mathrm{d}t} = \frac{1}{\sqrt{F_2(t)\,[u_{\mathrm{Ca}}(t)]^3}}\left(\frac{2P_{\mathrm{o}}\,[F_2(t)]^{1.5}\,(-\cos2\omega t)}{C_{\mathrm{a}}} + 4\omega P_{\mathrm{o}}L_{\mathrm{m}}T_{\mathrm{s}}\,[u_{\mathrm{Ca}}(t)]^{1.5}\sin2\omega t\right) \tag{9-37}$$

式中，$F_2(t) = \sqrt{-2P_{\mathrm{o}}L_{\mathrm{p}}T_{\mathrm{s}}\cos2\omega t}$。

当 $\pi/4 \leqslant \omega t \leqslant \pi/2\,(p_{\mathrm{in}} > p_{\mathrm{o}})$，$-\cos2\omega t$ 和 $\sin2\omega t$ 均大于零，所以式(9-37) 大于零，ΔT_1 的函数递增，最大值为

$$(\Delta T_1)_{\mathrm{max}} = (\Delta T_1)\,|_{\omega t = \frac{\pi}{2}} = \frac{\sqrt{2P_{\mathrm{o}}L_{\mathrm{p}}T_{\mathrm{s}}}}{\sqrt{U_{\mathrm{Ca\_min}}^2 + \dfrac{P_{\mathrm{o}}}{\omega C_{\mathrm{a}}}}} \tag{9-38}$$

当 $\pi/2 \leqslant \omega t \leqslant 3\pi/4\,(p_{\mathrm{in}} > p_{\mathrm{o}})$，$u_{\mathrm{Ca}}(t)$ 和 $-\cos2\omega t$ 均是递减的，由式(9-36)，可知 ΔT_1 在 $\omega t = \pi/2$ 处取得最大值。

由式(9-20)、式(9-31) 和式(9-38) 得出，当 $p_{\mathrm{in}} > p_{\mathrm{o}}$ 时需要满足的边界条件为

$$F_3 = \sqrt{P_{\mathrm{o}}L_{\mathrm{p}}T_{\mathrm{s}}}\left(\frac{2}{U_{\mathrm{m\_min}}} + \frac{\sqrt{2}N_{\mathrm{s}}}{U_{\mathrm{o}}N_{\mathrm{p}}} + \frac{\sqrt{2}}{\sqrt{U_{\mathrm{Ca\_min}}^2 + \dfrac{P_{\mathrm{o}}}{\omega C_{\mathrm{a}}}}}\right) - T_{\mathrm{s}} \leqslant 0 \tag{9-39}$$

(2) 当 $p_{\mathrm{in}} < p_{\mathrm{o}}$ 时，需要满足公式(9-25) 条件。

根据式（9-22）~式（9-24）和式（9-29）有

$$\Delta T_2 = \frac{N_s}{N_p U_o} \sqrt{2 P_o L_p T_s} \tag{9-40}$$

$$D_3 T_s = \left(1 - \sqrt{2} \mid \sin\omega t \mid\right) \frac{N_{ap}^2 \sqrt{2 P_o L_p T_s}}{u_{Ca}(t) N_p^2} \tag{9-41}$$

当 $3\pi/4 \leqslant \omega t \leqslant \pi (p_{in} < p_o)$，$u_{Ca}(t)$ 和 $\sin\omega t$ 均是递减的，所以根据式（9-41），ΔT_2 在 $\omega t = \pi$ 处取得最大值，且最大值为

$$(D_3 T_s)_{max} = \frac{N_{ap}^2 \sqrt{2 P_o L_p T_s}}{N_p^2 \sqrt{U_{Ca\_min}^2 + \dfrac{P_0}{\omega C_a}}} \tag{9-42}$$

对式（9-41）在 $\pi \leqslant \omega t \leqslant 5\pi/4 (p_{in} < p_o)$ 求导得

$$\frac{d(D_3 T_s)}{dt} = \frac{N_{ap}^2 \sqrt{2 P_o L_1 T_s}}{N_p^2} \frac{\sqrt{2}\,\omega U_{Ca\_min}^2 \cos\omega t + P_o F_4(t)/C_a}{\left[u_{Ca}(t)\right]^{1.5}} \tag{9-43}$$

式中，$F_4(t) = \cos 2\omega t + \sqrt{2}(\cos\omega t - \sin\omega t)$。

当 $\pi \leqslant \omega t \leqslant 5\pi/4 (p_{in} < p_o)$，$F_4(t)$ 和 $\cos\omega t$ 都是负值，因此式（9-41）在该区间为单调递减且最大值同式（9-42）。

由式（9-25）、式（9-31）、式（9-40）和式（9-42）得出，当 $p_{in} < p_o$ 时需要满足的边界条件为

$$F_5 = \sqrt{P_o L_p T_s} \left(\frac{2}{U_{m\_min}} + \frac{\sqrt{2} N_s}{U_o N_p} + \frac{\sqrt{2} N_{ap}^2}{N_p^2 \sqrt{U_{Ca\_min}^2 + \dfrac{P_o}{\omega C_a}}} \right) - T_s \leqslant 0 \tag{9-44}$$

为了保证 LED 驱动电路稳定工作，在不同的输入功率条件下主电路参数均需满足式（9-39）、式（9-44）的边界条件。因此，可以看出需要确定的主电路参数有，L_p、C_a、U_{Ca_min} 和 $N_p : N_s : N_{ap}$。下面以设计实例对主电路参数设计进行说明，电路参数为，$U_o = 45V$，$P_o = 13.5W$，$T_s = 10\mu s$，$U_{m\_min} = 127V$。

图 9-28 所示为式（9-39）在不同 U_{Ca_min} 条件下以 L_p 和 C_a 为函数变量的曲面图形，为了保证电路在 $p_{in} > p_o$ 时工作在 DCM，L_p 和 C_a 参数必须使 $F_3 \leqslant 0$。从图中看出，当 C_a 和 F_3 一定时，L_p 随 U_{Ca_min} 变小而变小。L_p 越小导致原二次侧器件所承受的电流应力越大；U_{Ca_min} 越小 U_{Ca_max} 就越大，从而导致一、二次侧器件所承受的电压应力越大。同理，为了保证电路在 $p_{in} < p_o$ 时工作在 DCM，所选的 L_p 也必须使式（9-44）中 $F_5 \leqslant 0$。因此，在工程设计上应结合上述计算式的约束条件和实际器件选型的限制，采用验算的方法可先确定 L_p 和 U_{Ca_min}，继而结合式（9-27）与电压纹波设计范围进行 C_a 和 U_{Ca_max} 的计算优化。

例如选择的参数为，$C_a = 3.3\mu F$，$L_p = 85\mu H$，$U_{Ca\_min} = 120V$，对应的时间 $T_{pin > po}$ 和 $T_{pin < po}$ 均小于 T_s，说明所选择的参数保证了主电路在不同功率条件下都

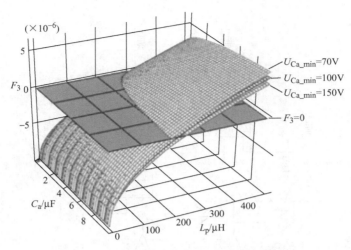

图 9-28　F_3 在不同 U_{Ca_min} 条件下的曲面图形

工作在 DCM 模式。将所确定的 C_a 和 U_{Ca_min} 代入式（9-26）可得 U_{Ca_max} 和 U_{Ca_ave}，进而确定器件应力。

9.4.2　控制电路设计方案

在传统 Flyback 变换器的控制中，一次侧开关管 Q_1 是由输出电流反馈控制的，并将 Flyback 变换器设计为 DCM 模式实现 PFC 功能。上面所提出的拓扑方案，一次侧开关管 Q_1 由储能电容 C_a 的平均电压反馈控制，控制电路原理如图 9-29 所示，C_a 的电压信号经过光耦采样得到，光耦输出经过 RC 低频滤波电路（$R = 5.1\text{k}\Omega$，$C = 2.2\mu\text{F}$）将 100Hz 电压纹波滤除后得到 C_a 的平均电压信号，该信号进入 C_a 平均电压控制 PI 调节器（$0.82 + 10/s$），PI 调节器输出与锯齿波比较即可得到 Q_1 的开关信号 G_1。在一个工频周期内 C_a 的平均电压稳定，所以开关管 Q_1 占空比基本不变，Flyback 变换器工作在 DCM 模式以实现 PFC 功能。

输出电流 I_o 由开关管 Q_2 和 Q_3 控制，I_o 信号由 1Ω 电阻采样得到，经放大后进入输出电流控制 PI 调节器（$9.1 + 10^6/s$），PI 调节器输出与锯齿波比较得到开关信号 PWM_a（100kHz）。根据 9.3 节对电路工作原理的分析，为保证开关管 Q_3 在开关管 Q_1 关断的同时，立即有效开通，将电压 U_1 和 U_2 叠加放大后的输出信号与锯齿波比较得到开关信号 PWM_b（100kHz）。

整流输出电压 u_{rec} 经电阻采样后进入 p_{in}、p_o 大小判断功能模块，该模块的输出信号 PWM_c（100Hz）和 PWM_a 进行逻辑或运算得到 Q_2 开关信号 G_2，和 PWM_b 进行逻辑与运算得到 Q_3 的控制信号 G_3。从而实现，当 $p_{\text{in}} > p_o$ 时，Q_3 处于恒关断状态，Q_2 控制输出电流；当 $p_{\text{in}} < p_o$ 时，Q_2 处于恒开通状态，Q_3 控制输出电流。

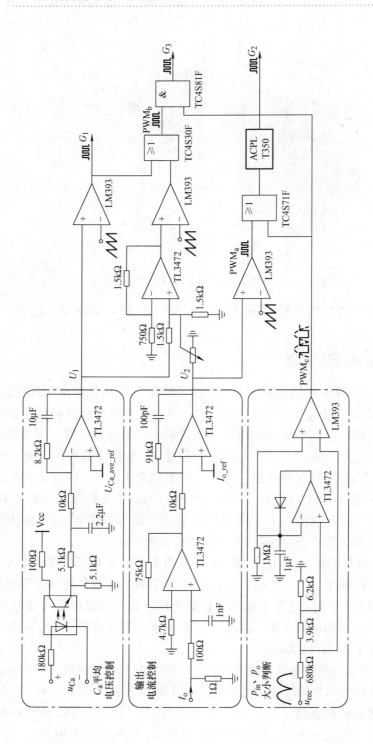

图 9-29　控制电路原理

9.4.3　仿真结果与分析

将工作在交流 110V$_{(有效值)}$最低电压条件下的电路做仿真研究。结合表 9-3 仿真电路主要参数，利用 PSIM 仿真软件验证了基于双反激集成拓扑（IDFC）的工作原理，其中主电路参数均满足式(9-39) 和式(9-44) 的条件。

表 9-3　仿真电路主要参数

参　　数	取　　值
输入电压 u_{in}	110V$_{(有效值)}$/50Hz
三绕组变压器变比	$N_p : N_s : N_{ap} = 1 : 1 : 1.7$
励磁电感 L_m	85μH
开关频率 f_s	100kHz
储能电容 C_a	3.3μF
额定输出电压 U_o	45V
额定输出电流 I_o	300mA

图 9-30 所示为输入电压 u_{in}，输入电流 i_{in}，储能电容 C_a 电压 u_{Ca} 和输出电压 U_o 的仿真波形。从仿真波形可看出，输出电压恒定，储能电容电压为脉动电压形式，其平均值为 190V、纹波 80V、脉动频率 100Hz，通过 C_a 的储存能量和释放能量平衡 p_{in} 和 p_o 之间的脉动功率，仿真结果与理论分析一致。

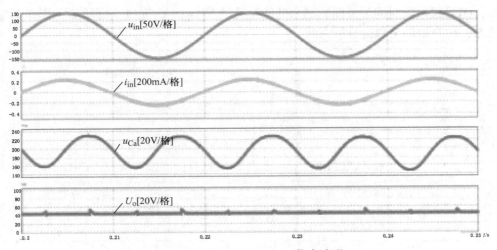

图 9-30　u_{in}，i_{in}，u_{Ca} 和 U_o 仿真波形

图 9-31 所示为储能电容 C_a 的电压 u_{Ca}，开关管 Q_2 驱动波形 G_2，开关管 Q_3 驱动波形 G_3 和输出电压 U_o 的仿真波形。从仿真波形可看出：当 $p_{in} > p_o$ 时，Q_3 处于恒关断状态，对 C_a 充电，u_{Ca} 上升，此时控制 Q_2 为 LED 提供恒定功率；当 $p_{in} < p_o$ 时，

Q_2处于恒开通状态，C_a释放能量，u_{Ca}下降，此时控制Q_3为LED提供恒定功率，仿真结果与理论分析一致。

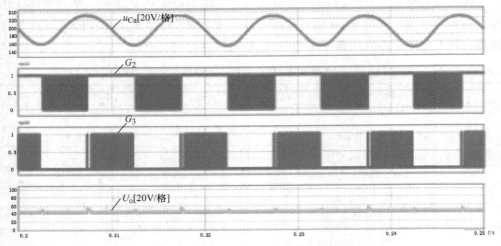

图9-31　u_{Ca}、G_2、G_3和U_o仿真波形

图9-32所示为$p_{in} > p_o$时开关管Q_1、Q_2的驱动波形G_1、G_2，二极管VD_{R1}和二极管VD_{R2}的电流波形i_{DR1}、i_{DR2}。从仿真波形可看出：当$p_{in} > p_o$时，Q_1、Q_2同时开通，Q_1开通则反激式变压器储存能量，二次侧二极管VD_{R1}承受反压而不导通，故i_{DR1}为零；当Q_1关断时，Q_2仍然导通，此时变压器的能量通过VD_{R1}向负载释放；Q_2导通一段时间后关断，剩余的能量通过VD_{R2}向C_a充电，变压器工作在断续状态，仿真结果与理论分析一致。

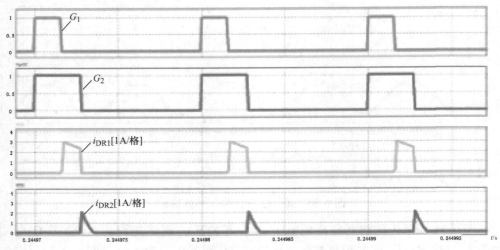

图9-32　$p_{in} > p_o$时G_1、G_2、i_{DR1}和i_{DR2}仿真波形

图 9-33 所示为 $p_{in} < p_o$ 时开关管 Q_1、Q_3 的驱动波形 G_1、G_3，开关管 Q_3 和二极管 VD_{R1} 的电流波形 i_{S3}、i_{DR1}。从波形可看出：开关管 Q_3 在开关管 Q_1 关断后开通，储能电容 C_a 释放能量；开关管 Q_3 关断后，储存在反激式变压器的能量通过二极管 VD_{R1} 向后级变换器释放，仿真结果与理论分析一致。

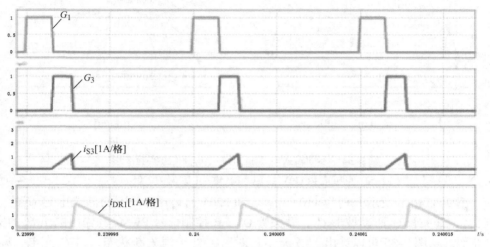

图 9-33　$p_{in} < p_o$ 时 G_1、G_3、i_{S3} 和 i_{DR1} 仿真波形

9.4.4　实验结果与分析

为了进一步验证该方案的正确性和可行性，制作搭建了一台 13.5W 的原理样机，主电路参数与仿真参数一致，见表 9-3。所选用的主要元器件参数型号见表 9-4。

表 9-4　主要元器件参数型号

元 器 件	参 数 型 号
整流桥 $VD_{r1} \sim VD_{r4}$	GBL406(600V/3A)
开关管 Q_1	FQPF8N60C(600V/7.5A)
开关管 Q_2	IRF840B(500V/8A)
开关管 Q_3	FQP9N90C(900V/8A)
二极管 VD_{R1}、VD_{a1}	US3D(200V/3A)
二极管 VD_{R2}	US3J(600V/3A)
储能电容 C_a	3.3μF(400V/CBB)
滤波电容 C_o	1.5μF(63V/CBB)

图 9-34 所示分别为 110V$_{(有效值)}$ 和 220V$_{(有效值)}$ 情况下交流输入电压 u_{in}，输入电流 i_{in}，C_a 的电压 u_{Ca} 和输出电压 U_o 的实验波形。从图 9-34 可以看出输出电压恒定，储能电容电压为脉动电压形式，其平均值为 170V、纹波 100V、脉动频率

100Hz，通过 C_a 的储存能量和释放能量平衡 p_{in} 和 p_o 之间的脉动功率，实验结果与理论分析一致。

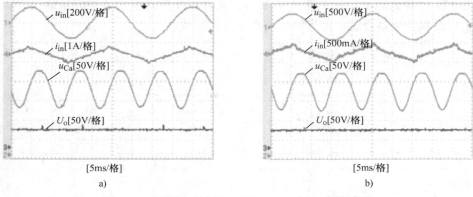

[5ms/格]   a)   [5ms/格]   b)

图 9-34   不同输入电压 u_{in} 下 i_{in}、u_{Ca} 和 U_o 实验波形

a）输入电压 u_{in} 为 110V $_{(有效值)}$ b）输入电压 u_{in} 为 220V $_{(有效值)}$

图 9-35a，b 所示分别为 110V $_{(有效值)}$ 和 220V $_{(有效值)}$ 情况下的储能电容 C_a 的电压 u_{Ca}，开关管 Q_2 驱动波形 G_2，开关管 Q_3 工频控制信号 PWM$_c$ 和输出电压 U_o 的实验波形。从图 9-35 可以看出：当 $p_{in} > p_o$ 时，Q_3 处于恒关断状态，对 C_a 充电，u_{Ca} 上升，此时控制 Q_2 为 LED 提供恒定功率；当 $p_{in} < p_o$ 时，Q_2 处于恒开通状态，C_a 释放能量，u_{Ca} 下降，此时 PWM$_c$ 为高，通过控制 Q_3 为 LED 提供恒定功率，实验结果与理论分析一致。

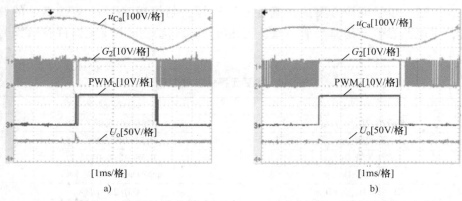

[1ms/格]   a)   [1ms/格]   b)

图 9-35   不同输入电压 u_{in} 下 u_{Ca}、G_2、PWM$_c$ 和 U_o 实验波形

a）输入电压 u_{in} 为 110V $_{(有效值)}$ b）输入电压 u_{in} 为 220V $_{(有效值)}$

图 9-36 所示为 $p_{in} > p_o$ 时 Q_1、Q_2 的驱动波形 G_1、G_2 和二极管 VD$_{R1}$、VD$_{R2}$ 的电流波形 i_{DR1}、i_{DR2}。从实验波形可看出：当 $p_{in} > p_o$ 时，Q_1、Q_2 同时开通，Q_1 开通反激变压器储存能量，但是由于二次侧二极管和 VD$_{R1}$ 在 Q_1 导通期间承受反压而不导通，故 i_{DR1} 为零；当 Q_1 关断时，Q_2 仍然导通，此时反激变压器的能量通过 Q_2 向负

载释放；Q_2 导通一段时间后关断，反激变压器剩余的能量通过 VD_{R2} 向 C_a 充电，反激变压器工作在断续状态，实验结果与理论分析一致。

图 9-37 所示为 $p_{in} < p_o$ 时 Q_1、Q_3 的驱动波形 G_1、G_3 和开关管 Q_3、二极管 VD_{R1} 的电流波形 i_{S3}、i_{DR1}。从实验波形可看出：开关管 Q_3 在开关管 Q_1 关断后开通，储能电容 C_a 释放能量；开关管 Q_3 关断后，储存在反激变压器的能量通过二极管 VD_{R1} 向后级变换器释放，实验结果与理论分析一致。

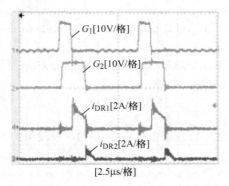 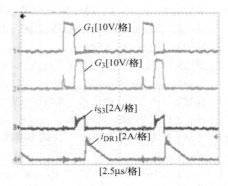

图 9-36　$p_{in} > p_o$ 时 G_1、G_2、i_{DR1} 和 i_{DR2} 实验波形　　图 9-37　$p_{in} < p_o$ 时 G_1、G_3、i_{S3} 和 i_{DR1} 实验波形

参 考 文 献

[1] LIGHTING S. Led Luminaire Lifetime：Recommendations for Testing and Reporting.［EB/OL］.［2018 - 05 - 23］. http：// apps1. eere. energy. gov/buildings/publications/pdfs/ssl/led_luminaire - lifetime - guide_june2011. pdf.

[2] HUI S Y R, LI S, TAO X, et al. Proceedings of IEEE Applied Power Electronics Conference （APEC）, 2010［C］.［S. l. s. n.］, 2010.

[3] WANG R, WANG F, BURGOS R, et al. A High Power Density Single - Phase PWM Rectifier With Active Ripple Energy Storage［J］. IEEE Transactions on Power Electronics, 2011, 26（5）：1430 - 1443.

[4] LAMAR D G, SEBASTIA'N J, ARIAS M, et al. Proceedings of Applied Power Electronics Conference and Exposition （APEC）, Twenty - Fifth Annual IEEE, 2010［C］.［S. l. s. n.］, 2010.

[5] Loo K H, LAIY Y M, TANY S C, et al. On the color stability of phosphor - converted white LEDs under DC, PWM, and bi - level drive［J］. IEEE Transactions on China Electro technical Society, 2009, 24 （11）：108 - 113.

[6] SIMONE B, GIORGIO S, MATTEO M, et al. Performance Degradation of High Brightness Light Emitting Diodes Under DC and Pulsed Bias［J］. IEEE Transactions on device and materials reliability, 2008, 8（2）：312 - 322.

[7] GU L, RUAN X, XU M, et al. Means of eliminating electrolytic capacitor in AC/DC power supplies for LED lightings［J］. Transactions on Power Electronics, 2009, 24（5）：1399 - 1408.

[8] DIEGO G. L, JAVIER S, MANUEL A. On the Limit of the Output Capacitor Reduction in Power – Factor Correctors by Distorting the Line Input Current [J]. IEEE Transactions on Power Electronics, 2012, 27(3): 1168 – 1176.

[9] 姚凯, 阮新波, 冒小晶, 等. 减小 DCM Boost PFC 变换器储能电容的方法 [J]. 电工技术学报, 2012, 27(1): 172 – 181.

[10] 顾琳琳, 阮新波, 姚凯, 等. 采用谐波电流注入法减小储能电容容值 [J]. 电工技术学报, 2010, 25(5): 142 – 148.

[11] WANG B, RUAN X, YAO K, et al. A method of reducing the peak – to – average ratio of LED current for electrolytic capacitor – less AC – DC drivers [J]. IEEE Transactions on Power Electronics, 2010, 25(3): 592 – 601.

[12] ZHANG F H, NI J J, YU Y J. High Power Factor AC – DC LED Driver With Film Capacitor [J]. Transactions on Power Electronics, 2013, 28(10): 4831 – 4840.

[13] 倪建军, 张方华, 俞忆洁. 无电解电容的高功率因数 AC – DC LED 驱动器 [J]. 电工技术学报, 2012, 27(12): 79 – 86.

[14] 张洁, 张方华, 倪建军. 一种减小储能电容容值的 LED 驱动器 [J]. 电源学报, 2013, 2: 36 – 45.

[15] NI J J, ZHANG F H, YU Y J, et al. Proceedings of International Conference on Power Engineering, Energy and Electrical Drives (POWERENG), 2011 [C]. [S. l. s. n.], 2011.

[16] PABLO Z, CRISTINA F et al. Proceedings of IEEE Applied Power Electronics Conference, 2011 [C]. [S. l. s. n.], 2011.

[17] WANG S, RUAN X B, YAO K, et al. A Flicker – Free Electrolytic Capacitor – Less AC – DC LED Driver [J]. IEEE Transactions on Power Electron, 2012, 27(11): 4540 – 4549.

[18] 王舒, 阮新波, 姚凯, 等. 无电解电容无频闪的 LED 驱动电源 [J]. 电工技术学报, 2012, 7(4): 173 – 178.

[19] LEE K W, HSIEH Y H, LIANG T J et al. Proceedings of Applied Power Electronics Conference and Exposition (APEC), 2013 [C]. [S. l. s. n.], 2013.

[20] 杨洋, 阮新波, 叶志红. 无电解电容 AC/DC LED 驱动电源中减小输出电流脉动的前馈控制策略 [J]. 中国电机工程学报, 2013, 33(21): 18 – 25.

[21] 文教普, 秦海鸿, 聂新. 一种无电解电容的高功率因数 LED 驱动电源: 201310057275.4 [P] [2018 – 05 – 10].

[22] CHEN W, HUI S Y R. Elimination of an electrolytic capacitor in AC/DC light – emitting diode (LED) driver with high input power factor and constant output current [J]. Power Electronics, IEEE Transactions on, 2012, 27(3): 1598 – 1607.

[23] CAMPONOGARA D, FERREIRA G F, CAMPOS A, et al. Off – line LED driver for street lighting with an optimized cascade structure [J]. IEEE Transactions on Industry Applications, 2013, 49(6): 2437 – 2443.

[24] FANG P, LIU Y F et al. Proceedings of Applied Power Electronics Conference and Exposition (APEC), Twenty – Ninth Annual IEEE., 2014 [C]. [S. l. s. n.], 2014.

第10章

LED驱动电源的效率优化设计

10.1 反激式 LED 驱动电路的损耗分析

LED 电源的高效驱动是整个照明系统节能的要求，是保证其低温升、长寿命、高可靠性的基础，已越来越受到人们的关注。LED 芯片温度的升高将导致 PN 结性能变化与电光转换效率的衰减，严重时甚至失效；而高效率意味着在同等条件下损耗能量更少，有效降低了 LED 芯片的工作温度，达到延缓光衰、延长寿命的作用。因此，提高驱动电源效率可以更好地实现 LED 在节能和环保上的优势。本节将以反激式 LED 驱动电路为对象，分析其电路损耗。

典型的反激电路如图 10-1 所示，电感 L_1、L_2，电容 C_1、C_2 组成了 EMI 滤波电路；$VD_1 \sim VD_4$ 以及电容 C_3 构成了整流滤波电路；R、C、VD 构成 RCD 钳位电路；T_1 为高频变压器；Q_1 为开关管；VD_6 为二次侧输出整流二极管，C_5 为输出滤波电容；电阻 $R_4 \sim R_8$，电容 C_6，可控精密稳压源 Z_1 以及光耦 U_1 共同构成了变换器的反馈回路。U_2 为控制芯片。

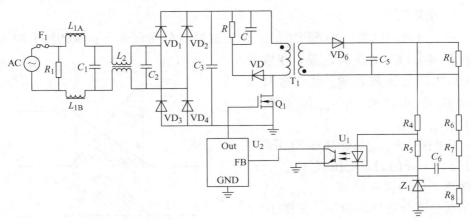

图 10-1 典型的反激电路原理图

10.1.1 开关管的损耗

在反激式 LED 驱动电路中，主开关管的损耗是最重要的部分，主要包括导通损耗、截止损耗、开通损耗、关断损耗、驱动损耗和输出损耗六部分。

1. 导通损耗

开关管的导通损耗 P_{on} 是指在 MOSFET 完全开启后，漏源电流 $I_{DS(on)}(t)$ 在 MOSFET 导通电阻 $R_{DS(on)}$ 上产生的压降所造成的损耗。在电路拓扑结构一定的情况下，要计算 MOSFET 的导通损耗首先要得到 $I_{DS(on)}(t)$ 函数表达式并计算出其电流有效值 $I_{DS(on)rms}$，再通过如下电阻损耗公式计算导通损耗，即

$$P_{on} = I_{DS(on)rms}^2 R_{DS(on)} k \tag{10-1}$$

式中，k 为导通电阻的温度系数。

$R_{DS(on)}$ 会随导通电流 $I_{DS(on)}(t)$ 的值和器件结点温度不同而有所不同，在计算时可以通过 MOSFET 的规格书查找尽量靠近预计工作条件下温度系数 k 的值。

2. 截止损耗

开关管的截止损耗 P_{off} 是指在 MOSFET 完全截止后，在漏源电压 $U_{DS(off)}$ 应力下所产生的漏源电流 I_{DSS} 造成的损耗。先计算出 MOSFET 截止时所承受的漏源电压 $U_{DS(off)}$，再查找 MOSFET 器件规格书提供的漏源电流 I_{DSS}，通过下式即可得到 MOSFET 的截止损耗 P_{off} 为

$$P_{off} = U_{DS(off)} I_{DSS} (1 - D_{on}) \tag{10-2}$$

式中，D_{on} 为占空比。

一般情况下，I_{DSS} 会随 $U_{DS(off)}$ 变化，规格书中提供的漏源电流 I_{DSS} 的值是在漏源击穿电压 $U_{(BR)DSS}$ 条件下的参数。在计算时，如果得到的漏源电压 $U_{DS(off)}$ 很大并且接近漏源击穿电压 $U_{(BR)DSS}$，则漏源电流 I_{DSS} 的值可以直接使用此值，如果计算得到的漏源电压很小，这项损耗可以忽略。

3. 开通损耗

对于反激式电源，MOSFET 的开关过程可以分为两部分：MOSFET 的开启过程和 MOSFET 的关断过程。相应的 MOSFET 的开关损耗 P_{sw} 也由这两部分组成开通损耗 P_{off-on} 和关断损耗 P_{on-off}。

开通损耗 P_{off-on} 是指 MOSFET 开启过程中逐渐下降的漏源电压 $U_{DS(off-on)}(t)$ 与逐渐上升的漏源电流 $I_{DS(off-on)}(t)$ 交叉重叠部分造成的损耗，如图 10-2 所示。

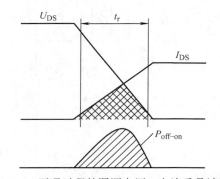

图 10-2 开通过程的漏源电压、电流重叠波形

要计算 MOSFET 开通损耗 $P_{\text{off-on}}$，需计算或预计开启时刻前的漏源电压 $U_{\text{DS(off-on)}}(t_{\text{on}})$、开启完成后的漏源电流 $I_{\text{DS(off-on)}}(t)$（即漏源极的峰值电流 I_{p}），以及 $U_{\text{DS(off-on)}}(t)$ 与 $I_{\text{DS(off-on)}}(t)$ 的重叠时间 t_{r}。在 MOSFET 的规格书中，重叠时间 t_{r} 为开通时间，是指漏源电压从 90% 下降到 10% 的时间，该时间可以在 MOSFET 的规格书中找到。得到以上参数后即可求得开通损耗 $P_{\text{off-on}}$ 为

$$P_{\text{off-on}} = \frac{1}{6} U_{\text{DS(off-on)}}(t_{\text{on}}) I_{\text{p}} t_{\text{r}} f_{\text{s}} \tag{10-3}$$

式中，f_{s} 为电源的工作频率。

4. 关断损耗

关断损耗 $P_{\text{on-off}}$ 是指在 MOSFET 关断过程中逐渐上升的漏源电压 $U_{\text{DS(on-off)}}(t)$ 与逐渐下降的漏源电流 $I_{\text{DSDK(on-off)}}(t)$ 的交叉重叠部分造成的损耗，其重叠波形类似图 10-2 中重叠波形。

此部分损耗的计算方法与开启过程损耗相似。首先要得到关断完成之后的漏源电压 $U_{\text{DS(on-off)}}(t_{\text{off}})$、关断时刻前的漏源电流 I_{p} 以及 $U_{\text{DS(on-off)}}(t)$ 与 $I_{\text{DSDK(on-off)}}(t)$ 重叠交叉时间 t_{f}。在 MOSFET 的规格书中，时间 t_{f} 为关断时间，是指漏源电压从 10% 上升到 90% 的时间，该时间可以在 MOSFET 的规格书中找到。通过以上参数就可以求得 MOSFET 的关断损耗 $P_{\text{on-off}}$ 为

$$P_{\text{on-off}} = \frac{1}{6} U_{\text{DS(on-off)}}(t_{\text{off}}) I_{\text{p}} t_{\text{f}} f_{\text{s}} \tag{10-4}$$

5. 驱动损耗

MOSFET 是电压型驱动器件，驱动的过程就是栅极电压建立的过程，通过对栅源及栅漏之间的电容充电来实现。驱动损耗 P_{gs} 是指 MOSFET 栅极接受驱动电压进行驱动所产生的损耗。该部分损耗在确定驱动电压 U_{gs} 后，计算公式为

$$P_{\text{gs}} = U_{\text{gs}} Q_{\text{g}} f_{\text{s}} \tag{10-5}$$

式中，Q_{g} 为总驱动电量；U_{gs} 为驱动电压；f_{s} 为电源的工作频率。

6. 输出损耗

输出损耗是指 MOSFET 的输出电容 C_{oss} 截止期间储蓄的电能，导通期间在漏源极上释放时的损耗。MOSFET 的感生电容被大多数制造厂商分成输入电容、输出电容以及反向传输电容，上述三个电容值均可在 MOSFET 的规格书中找到。MOSFET 的输出损耗 P_{ds} 计算公式为

$$P_{\text{ds}} = \frac{1}{2} U_{\text{DS(off-on)}}(t_{\text{on}})^2 C_{\text{oss}} f_{\text{s}} \tag{10-6}$$

式中，$U_{\text{DS(off-on)}}(t_{\text{on}})$ 为 MOSFET 开启时刻前的漏源电压；C_{oss} 为输出电容；f_{s} 为电源的工作频率。

综上所述，可以得到 MOSFET 上的总损耗 P_{mosfet} 为

$$P_{\text{mosfet}} = P_{\text{on}} + P_{\text{off}} + P_{\text{off-on}} + P_{\text{on-off}} + P_{\text{gs}} + P_{\text{ds}} \tag{10-7}$$

通过上面的计算可以知道，在输出电压电流以及电源占空比一定的情况下，开关频率 f_s 越大，则 MOSFET 造成的损耗越大。

10.1.2 变压器的损耗

变压器的损耗主要包括铁损 P_{Fe} 和铜损 P_{Cu} 两部分，对驱动电路的稳定工作和整机效率有重要影响。

1. 铁损

铁损即磁心损耗，主要包括磁滞损耗 P_h、涡流损耗 P_e 和剩余损耗 P_r。

（1）磁滞损耗 P_h

由于变压器铁心存在磁矫顽力，当励磁电流产生的磁场对变压器铁心进行磁化结束以后，磁通密度不能跟随着磁场强度下降到零，也就是说励磁电流或磁场强度从最大值下降到零，但是磁通密度却没有跟随磁场强度下降到零，而是停留在了剩余磁通密度 B_r 位置上。所以在交流磁场反复对变压器铁心进行磁化的过程中，总是需要一部分的磁场能量来克服磁矫顽力和消除剩余磁通，这部分能量对于变压器铁心来说并没有起到增强磁通密度的作用，是一种损耗；另外因为磁感应强度的变化总是落后于磁场强度，所以把这种损耗称为磁滞损耗。

变压器铁心的磁化曲线如图 10-3 所示，图中直线 $d-O-a$ 是变压器铁心的理想磁化曲线，虚线 $a-b-c-d-e-f-a$ 是实际的磁滞回路曲线，它与理想的磁化曲线 $d-O-a$（实线）相比，多走的弯路要损耗电磁能量，这种损耗就是磁滞损耗。在封闭曲线 $a-b-c-d-e-f-a$ 任意取一小块面积 ΔA，其值可以任意小，以保证在此面积中变压器铁心的磁导率可以看成常数。与 ΔA 面积对应的磁通密度增量为 ΔB，磁场强度增量为 ΔH，时间增量为 Δt。因此有

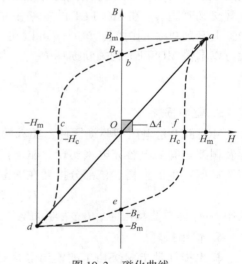

图 10-3 磁化曲线

$$\Delta A = \Delta B \Delta H = \frac{\Delta B^2}{\mu} = E i_\mu \Delta t \tag{10-8}$$

式中，μ 为磁导率；Δt 为时间增量；E 为单位长度导线产生的感应电动势；i_μ 为励磁电流。

在实际电路中，磁场强度是由励磁电流通过变压器一次线圈产生的，所谓的励磁电流，就是让变压器铁心进行充磁和消磁的电流。由公式（10-8）可以看出，虚

线 $a-b-c-d-e-f-a$ 所围区域的面积对应的就是磁滞损耗的能量，所以磁滞损耗能量的大小与磁滞回线的面积成正比。

输入交流脉冲在一个周期内，变压器铁心中的磁通密度正好沿着磁滞回线走一圈，因此对公式（10-8）进行积分，即可求得变压器铁心在一个周期内的磁滞损耗，即

$$W_{\mathrm{h}} = kA = k\int_0^T \Delta H \Delta B \mathrm{d}t = kEI_{\mu}T = k\frac{EI_{\mu}}{f_{\mathrm{s}}} \tag{10-9}$$

式中，W_{h} 为一个周期内变压器铁心的磁滞损耗；I_{μ} 为励磁电流的平均值；T 为输入交流电压的周期；f_{s} 为电源的工作频率；k 为比例系数，它是一个与选用单位制和变压器铁心面积、体积以及一次线圈匝数等参数相关的常量。

把公式（10-9）两端乘以频率，即可得到磁滞损耗的功率表达式，即

$$P_{\mathrm{h}} = f_{\mathrm{s}}W_{\mathrm{h}} = kEI_{\mu} \tag{10-10}$$

磁滞损耗可进一步用 Steinmetz 方程式表示为

$$P_{\mathrm{h}} = k_{\mathrm{h}}f_{\mathrm{s}}B_{\mathrm{m}}V \tag{10-11}$$

式中，k_{h} 为磁滞损耗系数；V 为磁心体积。

由式（10-11）可以看出，频率越高磁滞损耗越大；磁感应摆幅越大，磁滞回线包围面积越大，损耗越大。

（2）涡流损耗 P_{e}

涡流损耗 P_{e} 的产生，是在磁心线圈中加上交流电压时，线圈中流过励磁电流，磁势产生的全部磁通 Φ 在磁心中通过，如果磁心是一个导体，磁心本身截面周围也将链合全部磁通 Φ 而构成单匝的二次线圈。当交流励磁电压为 u_1 时，根据电磁感应定律有

$$u_1 = N_1\frac{\mathrm{d}\Phi}{\mathrm{d}t} \tag{10-12}$$

式中，N_1 为磁心线圈的匝数。

每一匝的感应电动势，即磁心截面最大周边等效一匝感应电动势为

$$\frac{u_1}{N_1} = \frac{\mathrm{d}\Phi}{\mathrm{d}t} \tag{10-13}$$

因为磁心材料的电阻率不会无限大，绕着磁心周边有一定的电阻值，感应电压产生涡流 i_{e} 流过这个电阻 R，引起 i_{e}^2R 的涡流损耗。由上面分析可以看出，涡流损耗与磁心磁通变化率成正比，涡流 i_{e} 则与每匝伏特和占空比有关，而与工作频率无直接关系，但频率提高可以使磁通变化率提高从而影响涡流损耗，或者因频率提高而减少匝数从而影响涡流损耗[1]。涡流一方面产生磁心损耗，另一方面产生的涡流所建立磁通阻止磁心中主磁通变化，使得磁通趋向磁心表面，导致磁心有效截面积减少，这种现象就是趋肤效应。

实际应用中涡流损耗可用 Steinmetz 方程式表示为

$$P_e = k_e (f_s B_m)^2 V \tag{10-14}$$

式中，k_e 为涡流损耗系数。

（3）剩余损耗 P_r

剩余损耗 P_r 是由于磁化弛豫效应或磁性滞后效应引起的损耗。所谓弛豫，是指在磁化或反磁化的过程中，磁化状态并不是随磁化强度的变化而立即变化到它的最终状态，而是需要一个过程，这个时间效应就是引起剩余损耗的原因[2]。

实际应用中剩余损耗可用 Steinmetz 方程式表示为

$$P_r = k_r (f_s B_m)^{1.5} V \tag{10-15}$$

式中，k_r 为剩余损耗系数。

综上分析可见，在交变磁场中，磁心单位体积能量损耗既取决于磁介质本身的电阻率、结构形状等因素，又取决于交变磁场的频率和磁感应强度摆幅 ΔB_m。在低频时，铁损（即磁心损耗）几乎完全是磁滞损耗；开关电源其工作频率一般在 10kHz 以上，此时涡流损耗和剩余损耗已超过磁滞损耗。总的磁心损耗可以表示为[1]

$$P_{Fe} = \eta f_s^\alpha B_m^\beta V \tag{10-16}$$

式中，η 为损耗系数；f_s 为电源工作频率；B_m 为磁心磁感应强度幅值；α 和 β 分别为大于 1 的频率损耗指数和磁感应损耗指数。

2. 铜损

变压器铜损的一般计算公式为

$$P_{Cu} = I_{rms}^2 R_{dc} \tag{10-17}$$

式中，R_{dc} 为绕组导线的直流电阻；I_{rms} 为绕组电流的有效值。

由于交流输入时的趋肤效应和邻近效应，绕组铜损往往比上述公式的计算值大很多，此时变压器绕组的铜损应包括直流损耗与交流损耗。

（1）直流损耗

直流损耗主要指因为绕制变压器的导线具有直流阻抗，当通过工作电流直流分量 I_{dc} 时引起的功率损耗。对于高频变压器来说，其绕组的直流阻抗 R_{dc} 的计算公式为

$$R_{dc} = \rho(T) \frac{l}{A_{Cu}} \tag{10-18}$$

式中，l 为线圈总长度；A_{Cu} 为铜导线截面积；$\rho(T)$ 为温度为 T（℃）时的导线电阻率（$\Omega \cdot m^2/m$），关系式为

$$\rho(T) = 1.59 \times 10^{-8} + 6.77 \times 10^{-11} T \tag{10-19}$$

（2）交流损耗

交流损耗指工作电流的交流分量在绕组交流电阻 R_{ac} 上引起的功率损耗，交流损耗影响因素较多，包括绕组的趋肤效应和邻近效应引起的损耗，以及谐波引起的损耗，一般邻近效应比趋肤效应引起更严重的交流损耗。这些影响因素导致等效交

流电阻 R_{ac} 的理论计算非常复杂，因此应用时一般采用 Dowell 方法。

当流过高频电流时，由于趋肤效应导致电流从导体表层流过，此表层的厚度为穿透深度或趋肤深度 Δ。穿透深度与工作温度、导体电阻率、导体磁导率以及频率等因素有关，工作频率越高，导线的穿透深度就越低，可表示为

$$\Delta = \frac{1}{\sqrt{\pi f_s \mu \gamma}} \tag{10-20}$$

式中，γ 为导线的电导率；μ 为导线的磁导率。

进一步定义 Q 为等效铜层厚度，表示为

$$Q = \frac{0.866d}{\Delta}\sqrt{\frac{N_1 d}{w}} = 0.866d\sqrt{\frac{\pi N_1 f_s \mu \gamma d}{w}} \tag{10-21}$$

式中，d 为导线直径；N_1 为每层匝数；w 为绕组层宽度。

Dowell 提出了基于正弦激励的变压器一维模型铜损计算方法，并根据分析得到如图 10-4 所示的 Dowell 曲线，它描述了交直流阻抗比 F_R（$F_R = R_{ac}/R_{dc}$）与等效铜层厚度 Q、层数 p 的关系[3]。图 10-4 中，根据式（10-21）求得 Q 后，结合线圈绕组层数 p，即可求得纵坐标 $F_R = R_{ac}/R_{dc}$，进一步根据直流电阻 R_{dc} 可求得交流电阻

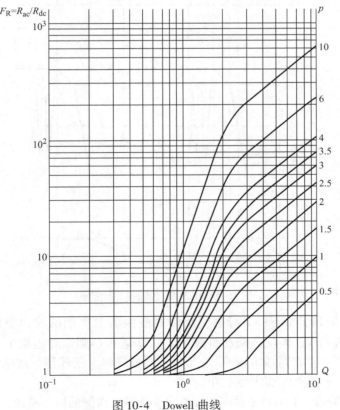

图 10-4　Dowell 曲线

R_{ac}。则变压器的铜损 P_{Cu} 为

$$P_{Cu} = I_{dc}^2 R_{dc} + I_{ac}^2 R_{ac} \tag{10-22}$$

将公式（10-16）和公式（10-22）相加得到变压器总损耗为

$$P_{tran} = P_{Fe} + P_{Cu} \tag{10-23}$$

通过以上分析，可以看出在一定的绝缘等级和应用环境条件下，选取较高的 B_m 会使磁心损耗增加，但线圈匝数会减少，导线电阻减少，变压器铜损会下降；反之，铜损增加，而磁心损耗减少。

10.1.3　钳位电路的损耗

在反激式变换器中，开关管由导通变成截止时，在一次绕组上会产生很高的尖峰电压及感应电压，因此一般需采用漏极钳位电路来吸收尖峰电压。钳位电路有多种形式，本节针对常用的 RCD 电路进行损耗分析，电路如图 10-1 所示。RCD 钳位电路的工作波形如图 10-5 所示。

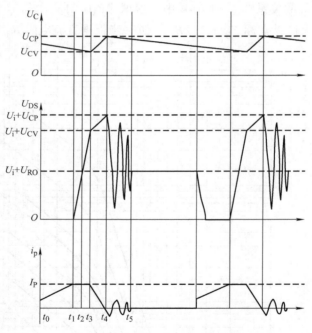

图 10-5　RCD 钳位电路工作波形

在 $t_0 \sim t_1$ 阶段，MOSFET 导通，反激式变换器二次侧的输出整流二极管以及 RCD 中的二极管 VD 因反向偏置而截止，钳位电容 C 则通过电阻 R 进行能量的释放，所以钳位电容 C 两端电压 U_C 会下降；与此同时，变压器一次电流 i_P 会因为输入电压对一次电感充电而线性上升。

在 $t_1 \sim t_2$ 阶段，MOSFET 关断，反激式变换器二次侧的输出整流二极管还没有导

通，流过变压器一次侧的电流会给 MOSFET 漏源寄生电容进行充电，此时 MOSFET 漏源电压会 U_{DS} 快速上升，到 t_2 时刻 U_{DS} 上升到 $U_i + U_{RO}$（分别为输入电压和反射电压）。在这个阶段钳位电容 C 会继续通过电阻 R 释放能量。

在 $t_2 \sim t_3$ 阶段，反激式变换器二次侧的输出整流二极管开始导通，变压器一次侧的能量传递到二次侧，此时，变压器一次侧可以等效为反射电压 U_{RO} 及漏感 L_{pleak} 对 MOSFET 漏源寄生电容继续充电，到 t_3 时刻，MOSFET 漏源电压 U_{DS} 上升到 $U_i + U_{CV}$。此时钳位电容 C 继续通过电阻 R 进行能量的释放。

在 $t_3 \sim t_4$ 阶段，当 MOSFET 漏源电压 U_{DS} 上升到 $U_i + U_{CV}$ 时，RCD 电路中的二极管 VD 开始导通，反射电压及漏感 L_{pleak} 对钳位电容 C 进行充电，MOSFET 漏源电压 U_{DS} 缓慢上升，到 t_4 时刻，变压器一次电流下降到零，二极管 VD 关断，此时 MOSFET 漏源电压 U_{DS} 上升到最大值 $U_i + U_{CP}$。

在 $t_4 \sim t_5$ 阶段，二极管 VD 已经关断，由于 MOSFET 漏源电压 $U_{DS} = U_i + U_{CP} > U_i$，将会有反向电压加在变压器的一次侧两端，此时 MOSFET 漏源寄生电容会和变压器一次侧的励磁电感 L_m 以及漏感 L_{pleak} 发生谐振。在谐振期间，MOSFET 漏源电压 U_{DS} 下降，储存于漏源寄生电容中的能量一部分将转移到二次侧，另一部分将返回输入电源。谐振结束时，漏源电压 U_{DS} 会稳定在 $U_i + U_{RO}$。在这一阶段，由于二极管 VD 已经关断，所以钳位电容 C 会通过电阻 R 放电。

通过以上分析可知在 MOSFET 的整个开关周期中，RCD 钳位电路的能量损耗主要是电阻 R 上的损耗，该损耗可以分为两个部分：一部分是漏感储能产生的损耗 P_{leak}；另一部分是反射电压的回馈能量产生的损耗 P_{RO}[4]。RCD 钳位电路所产生的总损耗可以通过式（10-24）~式（10-26）计算得到：

$$P_{leak} = \frac{1}{2} L_{pleak} I_p^2 f_s \tag{10-24}$$

$$P_{RO} = \frac{U_{RO} I_p^2 L_{pleak} U_C}{2 \left(U_C - U_{RO} \right)^2} f_s \tag{10-25}$$

$$P = P_{leak} + P_{RO} \tag{10-26}$$

10.1.4　输出整流器的损耗

输出级损耗主要有输出整流器、输出电感和输出滤波电容器产生的损耗。其中输出整流器的损耗最大。

输出整流器的损耗主要是导通损耗。以一个导通二极管为例，两端正向压降为 U_{DR}，流过其电流 I_{DR}，则该二极管的损耗为

$$P_{DR} = U_{DR} I_{DR} \tag{10-27}$$

通常超快恢复二极管的正向电压降为 1.2~1.5V，肖特基整流二极管的正向电压降为 0.6~0.7V（耐压为 80~150V 的器件）、0.4~0.6V（耐压为 40~60V 的器件）、0.3V（耐压为 30V 以下的器件）。为了降低输出整流器的导通损耗，通常采

用全波输出整流电路形式，其优点是输出回路仅有一个二极管的导通压降，而桥式整流电路结构为两个二极管的导通压降。

10.2 基于双反激集成驱动电路的功率损耗计算

本节以9.4节设计的双反激集成驱动电路案例为对象，对主电路功率器件进行损耗计算，电路如图9-27所示。通过各部分损耗的比较分析，确定驱动电路损耗重点，为参数优化设计、整机效率提升提供设计依据。

10.2.1 开关管损耗分析与计算

1. 导通损耗

导通损耗是指 MOSFET 完全开启后，漏源电流在其导通电阻上产生压降所造成的损耗。经过对图9-27样机电路的实际测量，电路工作频率 $f_s = 100\text{kHz}$，流经变压器绕组 N_p 峰值电流 $I_p = 2\text{A}$，占空比 $D_1 = 0.15$，进而可得，$I_{DS(on)rms} = 0.447\text{A}$。开关管 Q_1 采用的型号为 FQPF8N60C，该开关管漏源导通电阻 $R_{DS(on)} = 1.2\Omega$ （50℃），求得开关管导通损耗为

$$P_{on} = I_{DS(on)rms}^2 R_{DS(on)} = 0.447^2 \times 1.2\text{W} \approx 0.240\text{W}$$

2. 截止损耗

截止损耗是指 MOSFET 完全截止后，在漏源电压应力下产生漏源电流所造成的损耗。实测得到开关管截止时所承受的漏源电压 $U_{DS(off)} = 360\text{V}$，根据规格书提供的参数，可知此时 $I_{DSS} = 10\mu\text{A}$，故开关管截止损耗为

$$P_{off} = U_{DS(off)} I_{DSS} (1 - D_1) = 360 \times 10 \times 10^{-6} \times (1 - 0.15)\text{W} = 0.00306\text{W}$$

3. 开通损耗

开通损耗是指 MOSFET 开启过程中逐渐下降的漏源电压与逐渐上升的漏源电流交叉重叠所造成的损耗，如图10-2所示。

当开关管 Q_1 从关断状态转向开通状态时，实测此时漏源极电压 $U_{DS(off-on)} = 195\text{V}$，流经变压器绕组 N_p 峰值电流 $I_p = 2\text{A}$，上升时间 $t_r = 60\text{ns}$，得其开通损耗为

$$P_{off-on} = \frac{1}{6} U_{DS(off-on)} I_p t_r f_s = \frac{1}{6} \times 195 \times 2 \times 60 \times 10^{-9} \times 10^5 \text{W} = 0.390\text{W}$$

4. 关断损耗

关断损耗是指 MOSFET 关断过程中逐渐上升的漏源电压与逐渐下降的漏源电流交叉重叠所造成的损耗。实测此阶段开关管 Q_1 承受的漏源极电压 $U_{DS(on-off)} = 360\text{V}$，下降时间 $t_f = 65\text{ns}$，得其关断损耗为

$$P_{on-off} = \frac{1}{6} U_{DS(on-off)} I_p t_f f_s = \frac{1}{6} \times 360 \times 2 \times 65 \times 10^{-9} \times 10^5 \text{W} = 0.780\text{W}$$

5. 驱动损耗

驱动损耗是指 MOSFET 栅极接受驱动电路的驱动所产生的损耗。设计采用的

驱动电压 $U_{gs} = 15\,V$，查阅开关管 FQPF8N60C 规格书可知其总驱电量 $Q_g = 28\,nC$，得其驱动损耗为

$$P_{gs} = U_{gs}Q_gf_s = 15 \times 28 \times 10^{-9} \times 10^5\,W = 0.042\,W$$

6. 输出损耗

输出损耗是指 MOSFET 输出电容在开关管截止期间存储的能量，导通期间在漏源极释放所形成的损耗。查阅 MOSFET 开关管 FQPF8N60C 的输出电容 $C_{oss} = 105\,pF$，其输出损耗为

$$P_{ds} = \frac{1}{2}U_{DS(off-on)}^2 C_{oss}f_s = \frac{1}{2} \times 195^2 \times 105 \times 10^{-12} \times 10^5\,W \approx 0.200\,W$$

综上所述，开关管 Q_1 总损耗为

$$P_{Q1} = (0.240 + 0.00306 + 0.39 + 0.780 + 0.042 + 0.200)\,W \approx 1.655\,W$$

开关管 Q_2、Q_3 损耗分析计算过程与开关管 Q_1 类似，在此不再赘述。唯一不同是开关管 Q_2 从关断状态转向开通状态时，由于实现了零电流零电压开通，故不存在开通损耗。

开关管 Q_2 总损耗为

$$P_{Q2} = 1.081\,W + 0.0019\,W + 0.638\,W + 0.0615\,W + 0.0725\,W = 1.855\,W$$

开关管 Q_3 总损耗为：

$$P_{Q3} = 0.058\,W + 0.00252\,W + 0.552\,W + 0.420\,W + 0.0675\,W + 0.463\,W = 1.563\,W$$

根据9.3节电路工作原理的分析，输入功率 p_{in} 与输出功率 p_o 的关系分为 $p_{in} > p_o$ 和 $p_{in} < p_o$ 两种功率条件，并使得在一个工频周期内只有两个开关管动作。其中开关管 Q_2 和开关管 Q_3 轮流导通，分别按 60% 和 40% 的工频周期工作，故开关管 Q_1、Q_2、Q_3 总损耗为

$$P_{总} = 1.655\,W + 1.563 \times 0.4\,W + 1.855 \times 0.6\,W = 3.393\,W$$

10.2.2 变压器损耗分析与计算

1. 铜损

此处铜损即为变压器绕组的损耗，按一般计算式（10-17）计算。将交流 110V（有效值）条件下的工作参数结合前面设计分析，计算流过变压器绕组 N_p 的峰值电流 $I_{Np,pk\_max} = 3.7\,A$，有效值 $I_{Np,rms\_max} = 1.2\,A$，可得绕组 N_p 导线面积 A_{Np} 为

$$A_{Np} = \frac{I_{Np,rms}}{J} = \frac{1.2}{4}\,mm^2 = 0.3\,mm^2 \tag{10-28}$$

式中，J 为电流密度，单位为 A/mm^2。

选用的 26 号导线裸线面积 $A_w = 0.00128\,cm^2$，可得绕组 N_p 需要导线股数 S_{Np} 为

$$S_{Np} = \frac{A_{Np}}{A_w} = \frac{0.3}{0.128}\,股 = 2.3\,股 \approx 2\,股 \tag{10-29}$$

导线单位阻值为

$$r_{\mathrm{Np}} = \frac{r}{S_{\mathrm{Np}}} = \frac{1345}{2}\mu\Omega/\mathrm{cm} = 673\mu\Omega/\mathrm{cm} \qquad (10\text{-}30)$$

一次绕组 N_{p} 的直流电阻阻值为

$$R_{\mathrm{Np}} = (MLT)N_{\mathrm{Np}}r_{\mathrm{Np}} \times 10^{-6} = (D + E + 2C)N_{\mathrm{Np}}r_{\mathrm{Np}} \times 10^{-6}$$
$$= 3.92 \times 29 \times 673 \times 10^{-6}\Omega \approx 0.077\Omega \qquad (10\text{-}31)$$

式中，MLT 为磁心 EF25 的平均匝长；D、E 和 C 为磁心边长参数。

因此，绕组 N_{p} 铜损为

$$P_{\mathrm{Np\text{-}Cu}} = I_{\mathrm{Np,rms}}^2 R_{\mathrm{Np}} = 1.2^2 \times 0.077\mathrm{W} \approx 0.11\mathrm{W}$$

变压器绕组 N_{s}、绕组 N_{ap} 铜损的计算过程与绕组 N_{p} 相仿，结果分别为

$$P_{\mathrm{Ns\text{-}Cu}} = 0.11\mathrm{W}$$
$$P_{\mathrm{Nap\text{-}Cu}} = 0.149\mathrm{W}$$

2. 铁损

铁损中磁滞损耗、涡流损耗和剩余损耗的计算分析可参见 10.1 节。此外，为简化计算，也可通过查阅对应磁心损耗曲线进行合理估算，示例如下。图 10-6 所示为 PC40 材质 EF25 磁心在多种开关频率下的磁心损耗曲线（100℃）[5]。

从磁心损耗曲线可看出：在相同工作温度条件下，磁心的功率损耗密度随着工作频率的升高而持续增加，为使磁心损耗控制在合理范围内，工作频率确定为 100kHz；最大工作磁通密度 $B_{\mathrm{m}} = 0.2\mathrm{T}$，此条件下对应磁心损耗 $P_{\mathrm{cv}} = 410\mathrm{kW/m^3}$。由磁心参数可计算有效体积 $V_{\mathrm{e}} = 2990\mathrm{mm^3}$，因此，磁心损耗为

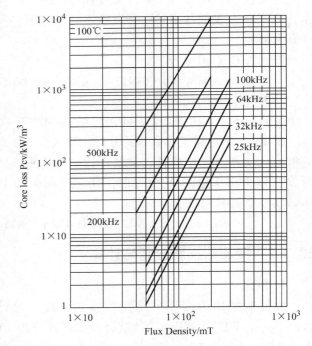

图 10-6 EF25 磁心损耗曲线[5]

$$P_{\mathrm{Fe}} = P_{\mathrm{cv}}V_{\mathrm{e}} = 410 \times 2990 \times 10^{-6}\mathrm{W} \approx 1.23\mathrm{W} \qquad (10\text{-}32)$$

式中，P_{cv} 为给定工作频率、工作磁通下单位体积磁心损耗；V_{e} 为磁心有效体积，一般厂商的磁心材料资料上均有提供。

综上所述，变压器总损耗为

$$P_{\text{总}} = P_{\mathrm{Cu}} + P_{\mathrm{Fe}} = (0.11 + 0.11 + 0.149 + 1.23)\mathrm{W} = 1.599\mathrm{W} \qquad (10\text{-}33)$$

变压器综合效率为:

$$\eta = \frac{P_o}{P_o + P_总} = \frac{13.5}{13.5 + 1.599} \approx 89.4\% \tag{10-34}$$

10.2.3　钳位电路损耗分析与计算

以开关管 Q_1 钳位电路为例进行损耗的分析与计算。

经过测量,钳位电容电压 $U_C = 210V$,反射电压 $U_{RO} = 45V$,变压器漏感 $L_{lk} = 6\mu H$,流经变压器绕组 N_p 的峰值电流 $I_p = 2A$,根据以上的实测参数可求出 RCD 钳位电路的总损耗。其中变压器漏感储能所产生的损耗为

$$P_{leak} = \frac{1}{2} L_{pleak} I_p^2 f_s = \frac{1}{2} \times 6 \times 10^{-6} \times 2^2 \times 10^5 W = 1.2W$$

反射电压 U_{RO} 回馈能量产生的损耗 P_{RO} 为[4]

$$P_{RO} = \frac{U_{RO} I_p^2 L_{pleak} U_C}{2(U_C - U_{RO})^2} f_s = \frac{45 \times 2^2 \times 6 \times 10^{-6} \times 210 \times 10^5}{2 \times (210 - 45)^2} W \approx 0.417W$$

综上所述,此钳位电路产生的总损耗为

$$P_{D-S_1} = P_{leak} + P_{RO} = (1.2 + 0.417)W = 1.617W$$

开关管 Q_3 钳位电路的损耗计算方法与 S_1 类似,此处不再赘述,得其损耗为

$$P_{D-S_3} = P_{leak} + P_{RO} = (1.080 + 0.337)W = 1.417W$$

因此,钳位电路总损耗约为 3.03W。

10.2.4　输出整流二极管损耗分析与计算

输出整流二极管的损耗主要指导通损耗。二极管 VD_{R1} 采用型号为 US3D 的快恢复二极管,其反向耐电压值 $U_{RRM} = 200V$,最大正向平均电流 $I_{AV} = 3A$,反向恢复时间 $t_{rr} = 50ns$。在电路正常工作时,测得二极管两端正向电压 $U_{DR1} = 0.45V$,流过其电流 $I_{DR1} = 0.949A$。因此,输出整流二极管 VD_{R1} 的损耗为

$$P_{DR1} = U_{DR1} I_{DR1} = 0.45 \times 0.949W \approx 0.427W$$

二极管 VD_{R2}、二极管 VD_{a1} 采用的型号分别为 US3G 和 US3J 快恢复二极管,损耗的分析与计算过程与二极管 VD_{R1} 类似,求得 $P_{DR2} = 0.114W$,$P_{Da1} = 0.0504W$,总损耗约为 0.591W。

10.2.5　各部分损耗比较

通过实测其关键工作参数,对开关管、变压器、钳位电路和二极管等功率器件进行了损耗分析与计算。各部分损耗分布情况如图 10-7 所示,其中辅助电源损耗是指给控制电路、驱动电路、运放电路等各功能电路供电所消耗的功率。其他损耗主要包括桥式整流电路、薄膜电容器等部件造成的损耗,损耗占比不大。

从图 10-7 中可以看出,开关管损耗在总损耗中占比最大,高达 1/3 左右,主

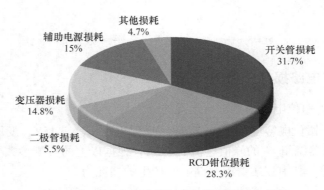

图 10-7　电路各部分损耗占总损耗比例分布图

要原因是工作频率 $f_s = 100\,\text{kHz}$ 较高，满足驱动电路高功率密度、小体积要求的同时，引起了较高的开通及关断损耗；RCD 钳位电路通过吸收谐振尖峰、提高开关管可靠性的同时，本应消耗在开关管的损耗转移至钳位电阻，导致损耗占比较大；变压器损耗与辅助电源损耗比例相当，降低难度较大。

10.3　驱动电路优化设计与测试分析

10.4 节对 9.4 节案例主电路功率器件各部分损耗进行了分析，下面将在此基础上对该电路进行优化，以获得更高的效率。具体将从工作参数、电路结构及功率器件三个角度进行优化。

10.3.1　变压器工作参数优化设计

变压器损耗主要包括铜损和铁损，在总损耗中所占比例不高，但降低难度极大。一方面可依据变压器散热条件，选择恰当铜损和铁损比例；另一方面，选择恰当的磁通密度和工作频率，对降低变压器损耗也有一定帮助。

反激式变换器中的变压器本质上是储能电感，具有较大的气隙，故漏感能量较大，最终被 RCD 钳位电路所消耗。因此，在满足主电路正常工作所需电感量的前提下，为了降低漏感对驱动电源效率的影响，可以减小漏感量，或者降低漏感占励磁电感的比例，或采取有效的措施循环利用漏感能量，具体方法如下[5]。

（1）改变变压器绕组结构和绕制方法减小漏感

1）增强绕组间的耦合程度，可减小漏感。

2）绕组排列应平整密绕，并横跨骨架的整个宽度，以提高填充系数。

3）一次绕组使用漆包线，二次及辅助绕组采用三重绝缘线绕制。

4）采用"三明治"结构，将一次绕组与二次绕组交替绕制。

（2）减小磁心气隙，提高一次侧励磁电感量变压器的漏感基本不随气隙的变化而变化，所以漏感相对一次侧励磁电感的比例降低，漏感能量相应减少，削弱了对效率的影响。值得注意的是，一次侧励磁量增大的同时将加大开关管 S_1 的占空比，导致磁通密度变化幅度变大，故应预防变压器磁饱和。

（3）利用无源无损缓冲电路循环利用漏感能量

无源无损缓冲电路是指均由无源器件构成且几乎不产生损耗的电路。本优化设计采用 LCD 缓冲电路，具体过程将在 10.3.2 节详述。不用改变控制方式和主电路拓扑，只需将原先 RCD 钳位电路进行替换即可。不仅可减缓开关管电流及电压上升速率，减小开关损耗；而且还能将漏感能量回馈给电网，实现驱动电源效率的提升。

10.3.2　缓冲电路结构优化设计

RCD 钳位电路具有结构简单，成本低廉等优点，但是钳位电路吸收的能量，最终被钳位电阻 R_C 所消耗，损耗较大。因此，考虑采用 LCD 无源缓冲电路替代 RCD 钳位电路，不但能有效抑制开关管关断时的电压尖峰，而且能将能量无损地回馈到电网中，提高驱动电路的可靠性和整机效率。下面以 LCD 无损缓冲电路在开关管 S_1 上的应用为例来论述其工作原理和设计过程。

1. LCD 缓冲电路的工作原理

在如图 9-27 所示的电路中，引入由谐振电感 L_r、缓冲电容 C_r、二极管 VD_{a2} 及二极管 VD_{a3} 构成 LCD 缓冲电路的主电路拓扑，如图 10-8 所示，不同时刻对应的稳态工作波形如图 10-9 所示[6]。

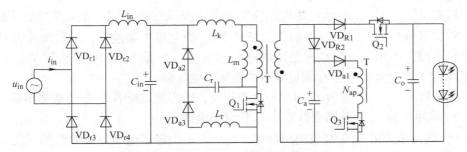

图 10-8　应用 LCD 缓冲电路的主电路拓扑

缓冲电容 C_r 用于抑制开关管 Q_1 的谐振电压尖峰，谐振电感 L_r 用于实现谐振过程中能量的存储，二极管 VD_{a2}、二极管 VD_{a3} 用于得到期望的振荡边缘。结合 9.3 节内容可知，主电路拓扑工作在电流断续导通模式。因此，每个开关周期可分为七个工作模式，下面进行简要分析：

模式 I [t_0，t_1]：开关管 Q_1 导通后，缓冲电容 C_r、电感 L_r、二极管 VD_{a3} 构成谐振支路，C_r 端电压下降至零时，电感 L_r 达到最大储能，之后电感向电容 C_r 充电。

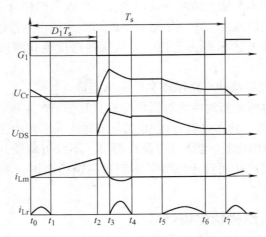

图 10-9 LCD 缓冲电路稳态工作波形

在 1/2 谐振周期时，谐振过程结束，电容 C_r 复位，极性左正右负。

模态 II $[t_1, t_2]$：开关管 Q_1 为导通状态，流经开关管 Q_1 及一次绕组电流线性增加。

模态 III $[t_2, t_3]$：当 $t = t_2^+$ 时，开关管 Q_1 开始关断，励磁电感 L_m、漏感 L_k 通过二极管 VD_{a2} 对电容 C_r 反向充电。

模态 IV $[t_3, t_4]$：当输出整流二极管 VD_{R1} 导通时，一次电感电压被钳位，电容 C_r、励磁电感 L_m、漏感 L_k、输入电源、二极管 VD_{a3} 和电感 L_r 构成谐振支路，漏源电压在突然下降后近似按线性规律降低。谐振结束时，电容 C_r 极性左负右正，电容电压为输入电压与反射电压的叠加值。

模态 V $[t_4, t_5]$：电容 C_r 端电压保持不变，流经二极管 VD_{R1} 的电流线性下降。

模态 VI $[t_5, t_6]$：当 $t = t_5^+$ 时，二极管 VD_{R1} 的电流下降至零，二次侧失去对一次绕组的钳位作用，电容 C_r、励磁电感 L_m、漏感 L_k、输入电源、二极管 VD_{a3} 和电感 L_r 构成支路放电，电容 C_r 端电压下降至输入电压值。

模态 VII $[t_6, t_7]$：电容 C_r 端电压保持不变，输出滤波电容 C_o 向负载提供能量。

2. 缓冲电容 C_r、谐振电感 L_r 及二极管的选择

1）缓冲电容 C_r 用于吸收漏感储能，C_r 的大小决定了电压尖峰的陡峭程度，所以电容不宜选择太小。

2）由前述谐振支路工作模态分析可知，

$$i_{Lr} = \sqrt{\frac{C_r}{L_r}} U_{in} \tag{10-35}$$

若电容 C_r 较大，将使开关管 Q_1 开通时附加电流峰值偏大，增加导通损耗。

3）为限制开关管 Q_1 开通时的电流，缓流电感 L_r 不宜太小；但也不能过大致使谐振周期过长。

综合以上分析可知，为保证谐振电流保持一个较小值，缓冲电容 C_r 容值增大的同时必须让 L_r 电感量相应增大；但增大谐振电感值势必会增加电感磁心的体积和重量[7]。因此，电容 C_r、电感 L_r 应权衡分析后选取一合适值。

根据模态 I $[t_0, t_1]$ 的分析，开关管 Q_1 导通后，缓冲电容 C_r、电感 L_r、二极管 VD_{a3} 构成谐振支路，整个过程可以近似看作半个谐振周期。电路正常工作的前提条件是保证储存在电容 C_r 上的能量在开关管关断前释放完毕，即

$$\frac{T_r}{2} = \pi \sqrt{L_r C_r} < D_1 T \tag{10-36}$$

缓冲电容 C_r 取值为[8]

$$C_r = \frac{I_{p,max} T}{30 U_{Cr,max}} = \frac{3.7 \times 10^{-5}}{30 \times 250} F \approx 4.9nF \tag{10-37}$$

式中，$I_{p,max}$ 为输入 $110V_{(有效值)}$ 条件下流经开关管 Q_1 峰值电流与电容 C_r 谐振峰值电流之和，且一般谐振峰值电流约为开关管峰值电流的 $1/3$ 至 $1/2$；D_1 为 Q_1 的占空比；T 为开关周期；$U_{Cr,max}$ 为电容 C_r 电压峰值。

根据实际，电容 C_r 选用 $4.7nF/1kV$ 高压瓷片电容，进而得谐振电感为

$$L_r = \frac{t_s^2}{\pi^2 C_r} = \frac{(0.1 \times 10^{-5})^2}{\pi^2 \times 4.7 \times 10^{-9}} H \approx 21.6\mu H \tag{10-38}$$

其中谐振复位时间 $t_s = (0.1 \sim 0.3) D_1 T$。根据实际条件，电感 L_r 选用 $22\mu H$ 表面贴片电感。

为确保 LCD 缓冲电路实现完全复位，需进行验算：

$$\frac{T_{r1}}{2} = \pi \sqrt{L_r C_r} = \pi \sqrt{22 \times 10^{-6} \times 4.7 \times 10^{-9}} = 1 \times 10^{-6} < D_1 T = 1.5 \times 10^{-6} \tag{10-39}$$

$$\frac{T_{r2}}{2} = \pi \sqrt{L_e C_r} = \pi \sqrt{(22+85) \times 4.7 \times 10^{-15}} = 2.2 \times 10^{-6} < (1-D_1)T = 8.5 \times 10^{-6} \tag{10-40}$$

式中，等效电感 $L_e = L_r + L_m$。

经验算，电路满足完全复位条件。

结合 LCD 缓冲电路工作模态，二极管 VD_{a2}、VD_{a3} 选用 KD US1J（$U_{RRM} = 600V$，$I_{AV} = 1A$）。

基于开关管 Q_3 的 LCD 缓冲电路的设计与开关管 Q_1 类似，不再赘述。

10.3.3　开关管器件优化选择

根据 10.2 节的分析比较，开关管损耗在总损耗中的比重最大，占比达到 33.5%。因此，通过优化降低开关管的损耗对提升驱动电源的整机效率具有举足轻重的作用。

从10.2.1节开关管损耗的计算过程可知，开通损耗、关断损耗、驱动损耗及输出损耗均和开关频率成正比，故降低开关频率f_s可以降低开关损耗。然而，理论分析和实践经验表明，电气产品中的变压器、电感和电容的体积重量与工作频率的二次根成反比，所以一般又要求通过提高工作开关频率的方式来减小驱动电源的体积、实现高功率密度，因此，通过降低工作频率来降低开关管损耗的方式受到制约。

选用性能更加优异的开关管替代原先使用的开关管是降低开关损耗行之有效的方法，原因如下：低导通电阻带来更低的导通损耗；栅极电荷量的降低意味着同等条件下，可以减少开关管寄生电容充放电带来的损耗；在满足EMI条件下，更快的上升和下降时间将大大降低开关损耗。可见，优化开关管对提升驱动电源的效率具有重要意义。9.4节案例电路优化前后开关管参数对比见表10-1。

表10-1　案例电路优化前后开关管参数对比

器件		参数	导通电阻 R_{DS}/Ω	栅极电荷量 Q_g/nC	上升时间 t_r/s	下降时间 t_f/s	输出电容 C_{oss}/pF
开关管 Q_1	前	FQPF8N60C	1	28	60.5	64.5	105
	后	STP18N65	0.20	31	7	9	32
开关管 Q_2	前	IRF840	0.65	41	65	75	145
	后	AOT12N30	0.31	12.8	31	20	90
开关管 Q_3	前	FQP9N90C	1.12	45	120	75	175
	后	AOT11N70	0.72	37.5	74	62	146

注：表中"前"指优化前使用的器件型号；"后"指优化采用的器件型号。

10.3.4　整机性能测试

经过对主电路工作参数的重新设定，电路结构的优化替换，元器件的择优选取，驱动电路整机效率有了较大幅度的提高，优化前后效率随输入电压变化的实测结果如图10-10所示。

从图10-10可以看出：优化前驱动电源效率较低，始终徘徊在52%～58%之

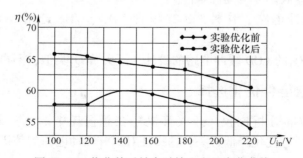

图10-10　优化前后效率随输入电压变化曲线

间；通过优化使驱动电源的效率提高了约10%，在输入电压有效值为100V时，抬高到65%以上。

前面在驱动电路损耗分析时，未对整流桥、滤波电感和电容等元器件进行功率损耗计算，也没有对PCB不合理布线所造成的功耗做分析，另外分立器件构成的控制电路相比于集成芯片控制电路会有更大的功率损失，若在这些方面进行对应的优化，效率仍将有较大的提升空间。与此同时，若将用于平衡脉动功率的三端口Flyback变换器工作于CCM，同样有助于驱动电源整机效率的提升。

美国能源部发布的"能源之星"（ENERGY STAR）固态照明文件规定：家庭住宅照明的LED驱动电源的功率因数必须大于0.7，商业照明中必须大于0.9。因此，根据实验测试数据绘制功率因数随输入电压变化曲线，如图10-11所示。

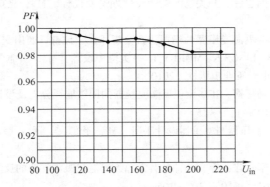

图 10-11　功率因数随输入电压变化曲线

从图10-11中可以看出：在全范围输入电压下，功率因数始终保持在0.98以上，完全满足"能源之星"PF值规定。值得注意的是，由于在整流桥之后加入了LC输入滤波电路，导致功率因数随输入电压的增加而略有降低。

LED对输出电流的恒流精度有较高的要求，根据实验测试数据绘制输出电流随输入电压变化曲线，如图10-12所示。

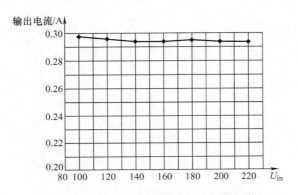

图 10-12　输出电流随输入电压变化曲线

结合图10-12中实验数据可知，当输入电压有效值从100V递增至220V时，输出电流波动范围为297.2～293.5mA，平均值 I_{o_ave} 约为294.8mA。所以，输出电流纹波系数 δ 为

$$\delta = \frac{I_{o\_max} - I_{o\_min}}{I_{o\_ave}} = \frac{3.7}{294.8} = 1.25\% \tag{10-41}$$

在宽范围输入电压下，驱动电源输出电流基本不受输入电压变化影响，纹波系数仅为1.25%，具有良好的恒流精度。

参 考 文 献

[1] 周洁敏，赵修科，陶思钰. 开关电源磁性元件理论及设计 [M]. 北京：北京航空航天大学出版社，2014.

[2] 唐冬林. 大功率开关电源变压器的铜损仿真分析 [D]. 成都：西南交通大学，2011.

[3] PRESSMAN A I，BILLINGS K，MOREY T. 开关电源设计 [M]. 王志强，肖文勋，虞龙，等译. 3 版. 北京：电子工业出版社，2010.

[4] 刘树林，曹晓生，马一搏. RCD 钳位反激变换器的回馈能耗分析及设计考虑 [J]. 中国电机工程学报，2010，30(33)：9-15.

[5] MCLYMAN C W T. 变压器与电感器设计手册 [M]. 龚邵文，译. 4 版. 北京：中国电力出版社，2014.

[6] 李奇南，凌跃胜，李永建，等. 一种具有无源无损能量吸收支路的反激变换电路 [J]. 华北电力大学学报，2005，32(9)：102-105.

[7] 谢少军，李飞. 软开关隔离型 Boost 变换器研究 [J]. 电工技术学报，2005，20(8)：48-54.

[8] 陈永真，宁武，孟丽囡. 单管变换器及其应用 [M]. 北京：机械工业出版社，2006.